Helmut Hornung
Wunderbarer Sternenhimmel

Helmut Hornung

Wunderbarer Sternenhimmel

Das Weltall entdecken und verstehen

Mit zahlreichen Zeichnungen und Karten
von Martin Rothe

Anaconda

Die Deutsche Nationalbibliothek verzeichnet diese Publikation in der
Deutschen Nationalbibliografie; detaillierte bibliografische Daten sind
im Internet unter http://dnb.d-nb.de abrufbar.

© 2014 Anaconda Verlag GmbH, Köln
Alle Rechte vorbehalten.
Umschlagmotiv: Hale-Bopp Comet over Mount Whitney, California
© Aaron Horowitz/Corbis
Umschlaggestaltung: Druckfrei. Dagmar Herrmann, Bonn
Satz und Layout: Fotosatz Amann, Memmingen
Printed in Czech Republic 2014
ISBN 978-3-7306-0136-5
www.anacondaverlag.de
info@anacondaverlag.de

Für Margarita,
Julia und Manuel

Vorwort

Der Sternenhimmel hat die Menschen zu allen Zeiten fasziniert. Schon vor Jahrtausenden dachten die alten Hochkulturen über ihre Stellung im Kosmos nach und versuchten, die Geheimnisse des Firmaments zu enträtseln. Heute fällt es uns schwer, dieser Faszination nachzugehen. Das hat einerseits einen praktischen Grund: Die Pracht eines klaren, dunklen Himmels ist vielen Zeitgenossen schlichtweg verwehrt, weil die künstliche Beleuchtung unserer Städte die Nacht zum Tag macht und das Licht der Gestirne überstrahlt. Andererseits leben wir in einer Zeit, in der wenig Muße bleibt für die Beschäftigung mit Dingen, die scheinbar außerhalb unserer Erfahrungswelt liegen.

Die letzte Behauptung lässt sich schnell entkräften: Das Weltall beeinflusst unser Leben in viel größerem Ausmaß, als man auf den ersten Blick vermuten könnte. Man denke nur an das ständige Wechselspiel der Jahreszeiten oder an die erstaunliche Tatsache, dass sämtliche Atome unseres Körpers aus dem Universum stammen, ja, dass die meisten davon in Sternen erbrütet worden sind.

Mit diesem Buch in der Hand mag auch Zeitmangel als Argument nicht gelten: Die Texte basieren auf rund 250 Beiträgen, die seit Januar 1994 unter der Rubrik »Sternenhimmel« monatlich in der *Süddeutschen Zeitung* erschienen. Sie sind kurz und prägnant, denn mehr als drei bis fünf Minuten verwendet ein Leser der Tagespresse selten auf einen einzigen Artikel.

Bleiben noch die buchstäblich trüben Aussichten für Himmelsbeobachter: Um die unterschiedliche Höhe der Sonne, die

Phasengestalt des Mondes oder die gemächliche Bewegung eines hellen Planeten wie der Venus zu verfolgen, bedarf es keines perfekten Firmaments. Darüber hinaus bleibt immer die Möglichkeit, am fernen Ferienort in den Bergen oder am Meer bei gutem Wetter zu einem pechschwarzen Himmel aufzublicken und über die funkelnde Pracht der Gestirne zu staunen.

Dieses Buch will zeigen, warum die Astronomie eine so große Anziehungskraft auf die Menschen früherer Epochen ausgeübt hat. Und weshalb es lohnt, sich aktuell mit dem Weltall zu beschäftigen. Die einzelnen Beiträge in den vier Abschnitten enthalten eine gewisse Redundanz, weil sie unabhängig voneinander in beliebiger Reihenfolge gelesen werden können – je nachdem, ob man sich gerade für die Mythen alter Völker (Abschnitt II) oder die Mysterien neuer Forschung (Abschnitt III) interessiert. Oder ob man mit Sternkarten und Fernglas selbst zu einer Exkursion über den Himmel aufbrechen möchte (Abschnitt I) und dabei vielleicht sogar zu einem begeisterten Hobbyastronomen (Abschnitt IV) wird.

Inhalt

I. Der Himmel im Jahreslauf

Sternkarten – Wegweiser durch kosmische
Landschaften   11

1. Der Frühlingshimmel   15
2. Der Sommerhimmel   21
3. Der Herbsthimmel   25
4. Der Winterhimmel   31

II. Das Firmament erzählt

Ausflug in die Welt der Sagen   35

1. Frühlingsbilder   40
2. Sommerbilder   50
3. Herbstbilder   67
4. Winterbilder   76
5. Nordpolbilder   86
6. Horizontbilder   94
7. Unscheinbare Bilder   96
8. Veraltete Bilder   98

III. Ein Panoptikum des Universums

Auf den Spuren der Schöpfung   100

1. Astronomisches Kaleidoskop: Von Himmelserscheinungen und ihrer Beobachtung   106
2. Im Reich der Sonne: Planeten, Asteroiden und Kometen   149
3. Blick zu den Sternen: Wie sie entstehen, leben und vergehen   227
4. An den Grenzen der Unendlichkeit: Das Universum von Anfang bis Ende   270

IV. Tipps für die Astropraxis   309

1. Beobachtungen mit bloßem Auge   310
2. Beobachtungen mit dem Fernglas   311
3. Beobachtungen mit dem Teleskop   313

Anhang

Weitere Literatur und Internetadressen   318
Verzeichnis der Sternbilder   322
Personenregister   326
Sachregister   330

I. Der Himmel im Jahreslauf

Sternkarten – Wegweiser durch
kosmische Landschaften

Wer mit dem Auto in einer fremden Gegend unterwegs ist und kein Navi besitzt (ja, das soll es vereinzelt noch geben!), der orientiert sich anhand von Karten. Haupt- und Nebenstraßen sind ebenso eingezeichnet wie Ortschaften oder landschaftliche Merkmale, also Flüsse, Seen oder Berge. Die Karten zu lesen, fällt eigentlich nicht schwer. Dennoch kommt es vor, dass wir uns verfahren, weil wir eine Kreuzung nicht gefunden oder die falsche Abzweigung genommen haben. Die tatsächliche Umgebung erscheint eben doch anders als ihr gezeichnetes Abbild im Atlasformat. Schwierig wird es, wenn die Karte eine Landschaft wiedergeben soll, die buchstäblich nicht von dieser Welt ist: den gestirnten Himmel. Der Kartograf des Firmaments hat mit vielen Problemen zu kämpfen.

1. Das Himmelsgewölbe erscheint uns wie eine aufgeschnittene Halbkugel, an deren Innenseite die Sterne funkeln. Wir blicken von unten in diese kosmische Käseglocke hinein, befinden uns scheinbar in deren Zentrum. Die Karte auf einer Buchseite ist aber nicht gewölbt, sondern sie liegt flach vor uns. Das führt zu Verzerrungen.

2. Der runde Kartenrand entspricht dem Horizont. Aber welchem? Jeder Beobachter hat buchstäblich seinen eigenen, und der hängt von der geografischen Breite ab, also von seinem Standort auf der Erde. So mag ein Sterngucker in München tief im Süden einen Stern sehen, der in Hamburg überhaupt nicht den Sprung über den Horizont schafft. Aus diesem Grund müssen wir in Mitteleuropa für immer auf das berühmte Kreuz des Südens verzichten, während die Neuseeländer niemals den Kleinen Wagen mit dem Polarstern zu Gesicht bekommen.

3. Jede nicht drehbare Sternkarte gleicht lediglich einer Momentaufnahme des Himmels. Denn in Folge der Erdrotation ziehen die Sterne in jeder Stunde um jeweils 15 Grad (etwa 30 Vollmonddurchmesser) von Osten nach Westen. In 24 Stunden ist das ein voller Umschwung, entsprechend 360 Grad. Außerdem wandert die Erde einmal pro Jahr um die Sonne. Dadurch verschiebt sich die sichtbare Sternenkulisse von Tag zu Tag. Wenn wir sie im monatlichen Abstand immer zur selben Uhrzeit beobachten, sehen wir, wie sie jeweils um 30 Grad nach Westen gewandert ist. Um denselben Himmelsausschnitt im Visier zu haben, müssen wir beispielsweise Ende September zwei Stunden früher auf Exkursion am Firmament gehen als zum Monatsanfang (30 Grad entsprechen zwei Stunden Zeitdifferenz).

4. Wären in den Karten alle in unseren Breiten mit bloßem Auge sichtbaren Sterne eingezeichnet – ungefähr 3000 – würden Laien schnell die Orientierung verlieren. Ebenso unübersichtlich wäre es, alle ungefähr 60 Sternbilder des mitteleuropäischen Himmels zu zeigen, weil der Anfänger manche davon wegen ihrer schwachen Sterne kaum identifizieren kann.

Die Karten in diesem Buch sind daher bewusst einfach gehalten und sollen dem Neuling helfen, seine ersten tastenden Schritte über den Fixsternhimmel zu unternehmen. Der Horizont bezieht sich auf einen Beobachtungsort im zentralen Deutschland. Stellvertretend für die vier Jahreszeiten stehen die Monate Januar (Winter), April (Frühling), Juli (Sommer) und Oktober (Herbst). Die abgebildeten Karten gelten nur zu den angegebenen Daten und Uhrzeiten genau. Die Konturen der Konstellationen folgen der in der Astronomie üblichen Darstellungsweise. Die Größe der Kreise ist ein Maß für die scheinbare Leuchtkraft der Sterne – je dicker der Klecks, desto heller das Lichtpünktchen. Die Hauptsterne der markanten Figuren tragen Eigennamen. Die Milchstraße ist als graues Band schematisch eingezeichnet. Mond und Planeten bleiben unberücksichtigt, weil sie ihre Positionen am Himmel ständig verändern, was an ihrer relativen Nähe zur Erde liegt. Finden Sie am Firmament einen auffallend hellen Stern, der in den Karten fehlt, handelt es sich wahrscheinlich um einen Planeten.

Viele Leser mögen sich fragen, weshalb auf Sternkarten im Gegensatz zu einem Atlas Osten und Westen vertauscht sind. Das hat schon seine Richtigkeit! Schließlich lassen uns Landkarten aus der Vogelperspektive auf die Erde hinabblicken, mit der Sternenkarte hingegen schaut man von unten zum Himmel hinauf. Um das Firmament und sein gezeichnetes Abbild in Einklang zu bringen, halten wir die Karte in etwa 30 Zentimeter Abstand senkrecht vor unsere Augen. Süden steht jetzt auf der Karte unten und wir richten uns so aus, dass die vermerkten Himmelsrichtungen Osten und Westen mit den entsprechenden Punkten am echten Horizont übereinstimmen. Jetzt ist links von uns Osten, rechts Westen – genau wie auf der Karte. Vor uns liegt Süden.

Um den nördlichen Himmel zu beobachten, drehen wir uns einmal um 180 Grad, halten die Karte wieder vor uns, stellen sie aber diesmal kopfüber, sodass Norden auf der Karte unten steht. Osten (rechts) und Westen (links) entsprechen jetzt wieder der Karte. Beim Blick nach Norden stimmt so zwar die Stellung der Konstellationen, nicht aber deren Beschriftung, die nun auf dem Kopf steht. Der besseren Übersichtlichkeit bei der Beobachtungsvorbereitung wegen haben wir auf mehrere Darstellungen einer Karte mit jeweils angepasster Schriftrichtung verzichtet; für jede Jahreszeit wird nur eine Kartenansicht abgebildet.

An die Beschreibung des jahreszeitlichen Sternenhimmels schließen sich jeweils Tipps zur Beobachtung von interessanten, meist schon mit bloßem Auge sichtbaren Objekten an. Beim Aufspüren helfen sogenannte Aufsuchekärtchen, kleine Ausschnitte aus der jeweiligen Sternkarte in größerem Maßstab. Um sie im Dunklen zu lesen, ohne sich durch grelles Licht die Augen für die Beobachtung des Nachthimmels zu verderben, sei die Beleuchtung mit einer schwach rötlich schimmernden Quelle empfohlen. Gute Dienste erweist hier eine Taschenlampe, die mit der Hülle eines dunkelroten Luftballons abgedeckt wurde.

Am Ende jedes der vier Kapitel sind unter der Rubrik »Mythologie« all jene Sternbilder aufgeführt, die zum jeweiligen Jahreszeitenhimmel gehören und deren Geschichten in Abschnitt II (»Das Firmament erzählt«) geschildert werden.

1. Der Frühlingshimmel

Die lauen Abende mit oftmals sehr klarem Himmel locken im Frühling zu Exkursionen über das Firmament. Aber wie sollen wir uns in diesem Sternenmeer zurechtfinden, das eine mondlose Nacht auf dem Land, fernab den Lichtern der Großstadt, bietet?

Zur ersten Orientierung suchen wir eine Figur, die jeder kennt: den Großen Wagen, der Teil des Großen Bären ist. Im Frühjahr steht er hoch über unseren Köpfen (siehe Karte, S. 16). Die Deichsel zeigt in Richtung Osten. Zunächst interessieren uns aber seine beiden hinteren Kastensterne. Verlängern wir die gedachte Verbindungslinie dieser beiden Lichtpünktchen um etwa das Vierfache nach Norden (in Richtung Kleiner Wagen), treffen wir auf den Polarstern. Er weist den Weg nach Norden, und um ihn scheint sich das Himmelsgewölbe zu drehen wie das Rad um seine Achsnabe.

Der Polarstern ist der äußerste Deichselstern des Kleinen Wagens (im Sternbild Kleiner Bär), der bei Weitem nicht so auffällt wie sein großes Gegenstück. Mit ein wenig Übung sollte es aber gelingen, ihn zu identifizieren. Ebenso wird es dem Anfänger mit den noch schwächeren Sternen des Bildes Drache ergehen, der sich zwischen Großem und Kleinem Wagen hindurchschlängelt.

Wir betrachten zunächst den nördlich gelegenen Himmel, die hier abgebildete Sternkarte ist dafür kopfüber zu lesen, sodass Norden auf der Karte unten steht und Westen (links von uns) sowie Osten (rechts von uns) in Natur und Karte übereinstimmen.

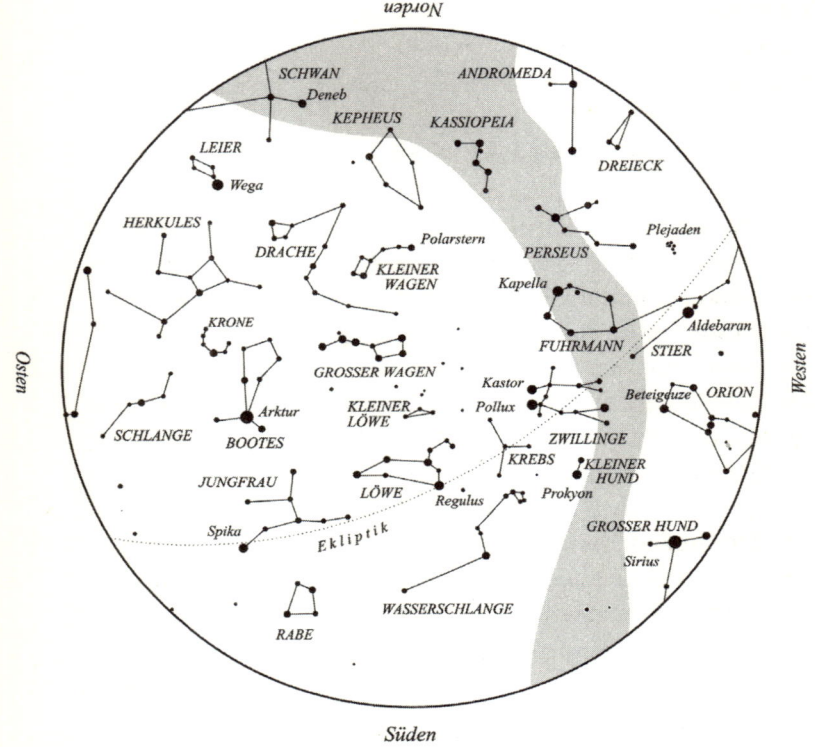

Mitte Februar: 01:30 Uhr (MEZ)
Mitte März: 23:30 Uhr (MEZ)
Mitte April: 22:30 Uhr (MESZ)

Auffällige Himmelskörper entlang der gestrichelten Linie (Ekliptik) sind mit hoher Wahrscheinlichkeit Planeten.

1. Der Frühlingshimmel

Links unten, tief über dem nordwestlichen Horizont blinkt Kassiopeia, deren fünf hellsten Sterne ein charakteristisches »W« formen; wegen der jahreszeitlichen Wanderung der Konstellationen gleicht es im Herbst eher einem »M«. Ziemlich genau über dem Nordpunkt am Horizont steht die schwach glimmende Figur des Kepheus, östlich davon, fast den Horizont berührend, funkelt einsam der Stern Deneb im Schwan. Folgen wir der Horizontlinie weiter nach Osten, kommen Leier mit der hellen Wega und der mächtige Held Herkules ins Blickfeld. Über dem nordwestlichen Horizont fliegt Perseus mit seinen geflügelten Sandalen. In dieser Gegend haben sich außerdem der Fuhrmann mit der gelblich strahlenden Kapella und, bereits tief gesunken, der Kopf des Stiers mit dem blutunterlaufenen Augenstern Aldebaran versammelt.

Legen wir noch einmal den Kopf in den Nacken und schauen uns den Großen Wagen an. Folgen wir dem leichten Schwung seiner Deichsel Richtung Osten, stoßen wir auf einen auffallend hellen orangeroten Stern: Arktur im Bootes. Die Form der Figur erinnert an einen Kinderdrachen, wie er im Herbst in die Lüfte steigt. Nahe bei Bootes steht die Sternenkette der Krone. Nun wandern wir mit den Augen Richtung Westen – oberhalb des Großen Wagens, vorbei am Kleinen Löwen – und treffen schließlich auf Kastor und Pollux. Diese beiden Hauptsterne der Zwillinge zeugen noch vom winterlichen Sternenhimmel, genauso wie Orion, der sich ganz im Westen gerade zum Untergang anschickt.

Drehen wir uns um 180 Grad, haben wir Norden im Rücken und den südlichen Himmel im Blick. Die Sternkarte können wir jetzt erneut so vor uns halten, dass Süden nach unten zeigt, das heißt: Wir müssen die Karte nicht länger auf den Kopf stellen. Osten ist jetzt links, Westen rechts. So stimmen Sternkarte und Natur wieder überein. Hoch im Süden prangt der Löwe – das Frühlingssternbild schlechthin. Selbst Laien erkennen diese Konstellation problemlos. Regulus, der Hauptstern des Löwen, leuchtet als weißer Lichtpunkt vom irdischen Firmament; diese Sonne – denn Sterne sind nichts anderes als Sonnen – ist etwa 80 Lichtjahre entfernt. Westlich des Löwen glimmen die schwachen Sternchen des Tierkreisbildes Krebs. Auch die darunterliegende Wasserschlange gehört eher zu den Unscheinbaren. Westlich von ihr sticht dagegen Prokyon, Hauptstern im Kleinen Hund, sofort ins Auge. Und dies gilt erst recht für Sirius im Großen Hund, dem hellsten Fixstern am Himmel. Sirius steht jedoch bereits sehr tief über dem südwestlichen Horizont. Halbhoch im Südosten funkelt bläulich weiß Spika, der Hauptstern im Bild Jungfrau. Darunter entdecken wir schließlich die viereckige Figur des Raben.

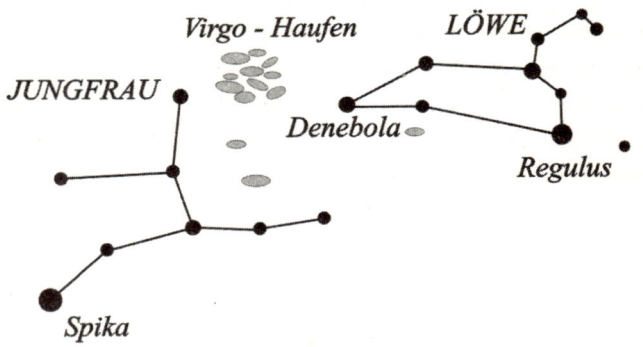

Beobachtungstipps

An der Schwanzspitze des Löwen glänzt Denebola (siehe Aufsuchekärtchen oben). Die Region, die sich von ihm bis zur Jungfrau (lat. *virgo*), erstreckt, birgt ein Geheimnis. Es offenbart sich aber nur mit einem Fernglas ausgerüsteten Sternfreunden: der Virgo-Galaxienhaufen. Wer diese Gegend systematisch abgrast, stößt gelegentlich auf winzig kleine blasse Nebelfleckchen. An die 2500 solcher diffusen Lichter haben sich zwischen Löwe und Jungfrau zusammengeschart. Jedes ist eine eigene Welteninsel mit Milliarden Sternen und gigantischen Gas- und Staubwolken.

Unser Milchstraßensystem, die Galaxis, würde aus großer Entfernung ähnlich aussehen wie ein solcher Nebel. Groß ist die Distanz zum Virgo-Haufen in der Tat. Die Astronomen schätzen sie auf rund 75 Millionen Lichtjahre. Das Licht von diesen Galaxien ging zu jener Zeit auf die Reise, als der *Tyrannosaurus rex* noch durch die irdischen Wälder stapfte.

Wer im Virgo-Haufen stöbern möchte, sollte ein wenig Erfahrung im Beobachten mitbringen. Die Exkursion lohnt sich nur in einer wirklich sternklaren Nacht ohne jede störende Lichtquelle. In jedem Fall sollte das Auge zuvor mindestens eine halbe Stunde an die Dunkelheit adaptiert sein.

Mythologie

Becher, Bootes, Drache, Fuhrmann, Großer Bär, Großer Hund, Haar der Berenike, Herkules, Hinterdeck, Jungfrau, Kassiopeia, Kepheus, Kleiner Bär, Kleiner Hund, Krebs, Krone, Leier, Löwe, Orion, Perseus, Rabe, Schwan, Stier, Wasserschlange, Zwillinge

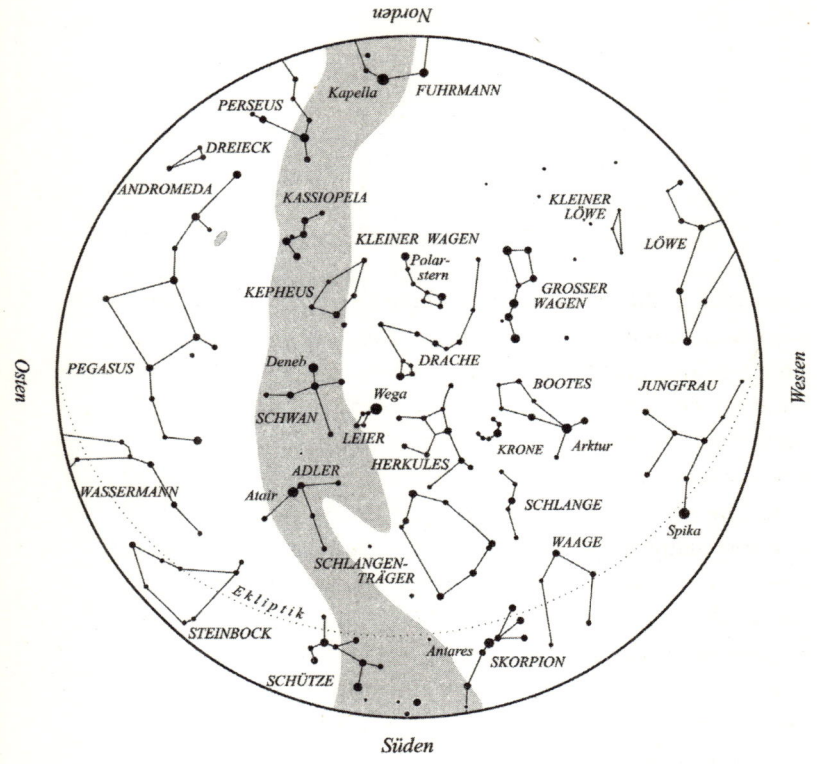

Mitte Mai: 03:30 Uhr (MESZ)
Mitte Juni: 01:30 Uhr (MESZ)
Mitte Juli: 23:30 Uhr (MESZ)

Auffällige Himmelskörper entlang der gestrichelten Linie (Ekliptik) sind mit hoher Wahrscheinlichkeit Planeten.

2. Der Sommerhimmel

Sterngucker, die im Sommer Ausflüge am Firmament unternehmen wollen, müssen sich gedulden. Die Sonne geht spät unter, und das Ende der Dämmerung fällt schon in die Nachtstunden. Es lohnt sich aber zu warten, bis es dunkel geworden ist. Nur dann erscheinen auch noch die schwächsten für das bloße Auge sichtbaren Sterne, nur dann taucht ein milchig schimmerndes Band aus dem samtschwarzen Meer des Himmels auf. In der warmen Jahreszeit steigt es ziemlich genau im Süden über den Horizont, verläuft hoch über unseren Köpfen und verschwindet im Norden aus dem Blickfeld. Milchstraße nennen die Astronomen dieses Band aus Myriaden von Lichtpünktchen. Es ist ein Teil unseres an das Firmament projizierten heimatlichen Sternsystems (Galaxis) mit kosmischen Gasnebeln, Staubwolken und ungefähr 200 Milliarden Sternen. Die Sichtbarkeit der Milchstraße ist ein guter Indikator für die Güte der Luftdurchsicht und für die Qualität des Beobachtungsplatzes. Natürlich sollte auch das Licht des Mondes unsere Exkursion nicht stören.

Wir wollen uns zunächst an der Milchstraße entlanghangeln und sie als Wegweiser benutzen. Ihre östlichen Ausläufer flankiert tief im Süden der Schütze, westlich davon funkeln die Scheren des Skorpions. In rotem Licht strahlt sein Hauptstern Antares; er ist ein wahrer Riese, in dessen Gashülle unsere Sonne samt der 150 Millionen Kilometer entfernten Erde bequem Platz fänden. Oberhalb des Skorpions treffen wir den ausgedehnten aber wenig auffälligen Schlangenträger. Östlich davon fliegen Adler und Schwan durch die Milchstraße. Die Figur des Adlers enthüllt sich weniger leicht als die des Schwans, der mit weit ausgebreiteten Schwingen gravitätisch über den Himmel zieht.

Auf den ersten Blick stechen die Hauptsterne der beiden Bilder ins Auge: Atair im Adler und Deneb im Schwan. Gemeinsam mit der weißlich funkelnden Wega in der Konstellation Leier bilden sie das Sommerdreieck. Dessen drei helle Eckpunkte – also Atair, Deneb und Wega – gehören zu den ersten Sternen, die im Sommer nach Einbruch der Dämmerung erscheinen.

Verharren wir einen Moment hoch im Süden und wandern von der Leier in Richtung Westen, heraus aus der Milchstraße, dann stoßen wir auf Herkules, die markante Sternenkette der Krone und auf Bootes mit dem orangeroten Arktur. Die Jungfrau und ihr Hauptstern Spika streben im Westen dem Untergang zu.

Im Südwesten stehen das Tierkreissternbild Waage sowie die Schlange. Beide Konstellationen werden wegen ihrer unscheinbaren Sterne leicht übersehen. Kehren wir zum Sommerdreieck zurück und nehmen den östlichen Horizont ins Visier. Hier sind wieder gute Augen und Fantasie gefragt, denn nur mit einiger Mühe kann der Anfänger die in dieser Himmelsregion durchweg schwach glimmenden Lichtpünktchen den Bildern Steinbock und Wassermann zuordnen.

Nun drehen wir uns ganz nach Norden, haben also Skorpion und Schütze im Rücken. Als erstes fällt der Große Wagen auf, der mit steil nach oben gerichteter Deichsel hoch über dem Nordwesthorizont steht. Die etwa vierfache Verlängerung seiner unteren Kastensterne führt zum Polarstern am Ende der Deichsel des Kleinen Wagens. Nahe bei ihm entdecken wir den Drachen.

Westlich vom Großen Wagen sinkt der Löwe unter den Horizont. Das schwache Sternendreieck des Kleinen Löwen steht noch etwas höher, aber nur Spezialisten werden es identifizieren. Leichte Beute sind dagegen Kepheus und die W-förmige Kassiopeia – und damit finden wir uns erneut inmitten der Milchstraße wieder. Schnell werfen wir noch einen Seitenblick

2. Der Sommerhimmel

nach Osten, zum geflügelten Ross Pegasus und der Königstochter Andromeda. Dann gleiten wir die Milchstraße nach unten und entdecken, knapp über dem Nordpunkt, einen hellen gelben Stern: Kapella im Fuhrmann, dessen größter Teil jedoch unter dem Horizont steht.

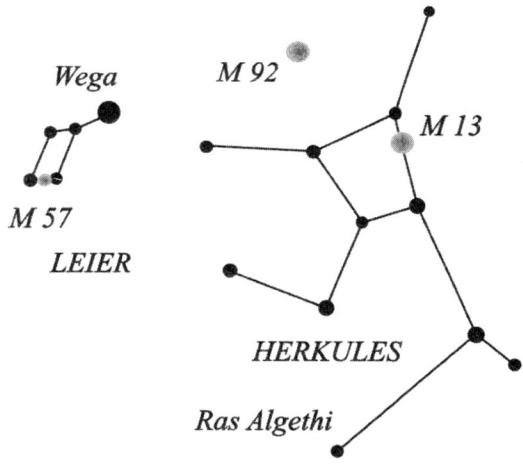

Beobachtungstipps

Das kleine Sternbild Leier besitzt die Form einer Raute. Wer mit dem Fernglas auf der Verbindungslinie der beiden südlichen Ecksterne entlangwandert, trifft etwa in der Mitte dieser Strecke auf ein schwaches Lichtpünktchen. Bei höherer Vergrößerung entpuppt es sich als zarter Rauchkringel, der im All schwebt. Der französische Forscher Charles Messier hat dieses Objekt als Nummer 57 in seinen Katalog aufgenommen. M 57, auch Ringnebel genannt, ist ein beliebtes Beobachtungsziel für Amateurastronomen. Es handelt sich bei ihm um den Prototyp eines Planetarischen Nebels – Gasschalen, die ein alternder Stern gegen Ende seines Lebens in den Weltraum geblasen hat. Der Ringnebel in der Leier steht etwa 2000 Lichtjahre von der Erde entfernt. Das heißt: Wir sehen ihn so, wie er vor 2000 Jahren ausgesehen hat, zur Zeit um Christi Geburt also.

Viel weiter hinaus ins Universum, nämlich rund 25 000 Lichtjahre, begeben wir uns beim Blick auf den Kugelsternhaufen M 13. Ihn finden wir im westlich der Leier gelegenen Herkules, halbwegs auf der Verbindungslinie der beiden westlichen Kastensterne. Das Fernglas zeigt ein verwaschenes Wölkchen; ein kleines Amateurteleskop löst die äußeren Partien in Sterne auf. Tatsächlich enthält M 13 eine Million Sonnen, die auf engem Raum zusammenstehen. Ebenfalls zur Klasse der Kugelsternhaufen zählt M 92 oberhalb der Schulter des Herkules. Mit dem bloßem Auge finden wir das Objekt kaum, mit einem Feldstecher haben wir aber leichtes Spiel.

Mythologie
Adler, Altar, Andromeda, Bootes, Delfin, Drache, Fuhrmann, Großer Bär, Herkules, Jungfrau, Kassiopeia, Kepheus, Kleiner Bär, Leier, Löwe, Pegasus, Schlange, Schlangenträger, Schütze, Schwan, Skorpion, Waage

3. Der Herbsthimmel

Im Herbst steht das Sommerdreieck am Abend noch hoch am Himmel, Atair, Deneb und Wega bilden die hellen Ecken. Sie gehören zu den Sternbildern Adler, Schwan und Leier. Der Schwan ist eine Art »Kreuz des Nordens« inmitten der Milchstraße. Sie verläuft zu unserer Beobachtungszeit in etwa von Südwesten nach Nordosten und erscheint nicht mehr ganz so prominent wie während der Sommermonate. Tief über dem Südhorizont funkelt an klaren Herbstabenden ein einsames Licht: Es ist Fomalhaut, der hellste Stern im Bild Südlicher Fisch, dessen übrige Sterne zu schwach sind, um in Erscheinung zu treten. Der Name Fomalhaut stammt wie die meisten anderen Sternbezeichnungen aus dem Arabischen und heißt so viel wie »Maul des Fisches«. Diese Sonne gehört zu einem Dreifachsystem mit den Sternen Fomalhaut A, B und C und ist etwa 25 Lichtjahre von der Erde entfernt.

Die Kulisse halbhoch im Süden dominieren Steinbock und Wassermann. Im Südwesten verschwindet der Schütze gerade aus dem Blickfeld, im Westen neigt sich der Schlangenträger dem Untergang zu. Auch Herkules und Krone sind ein gutes Stück in Richtung Horizont gerutscht. Dort, im Nordwesten, erkennen wir gerade noch den orangerot funkelnden Arktur im Bootes. Da wir schon so weit nördlich gekommen sind, drehen wir die Karte ganz um, sodass Norden nach unten zeigt. Die Sternbildnamen stehen jetzt zwar auf dem Kopf, dafür entspricht das Kartenbild dem Anblick der Natur.

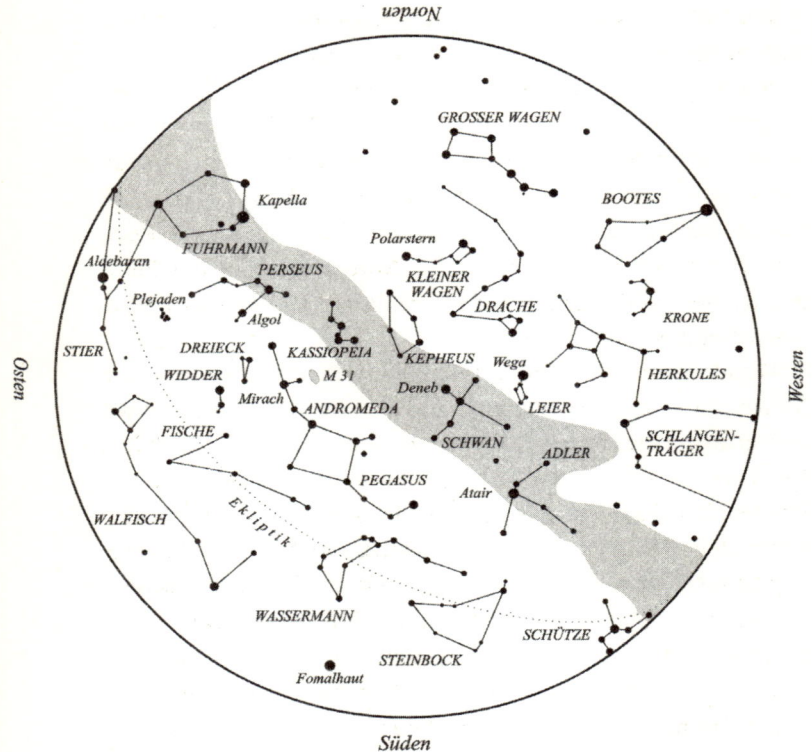

Mitte August: 01:30 Uhr (MESZ)
Mitte September: 23:30 Uhr (MESZ)
Mitte Oktober: 21:30 Uhr (MESZ)

Auffällige Himmelskörper entlang der gestrichelten Linie (Ekliptik) sind mit hoher Wahrscheinlichkeit Planeten.

3. Der Herbsthimmel

Der Große Wagen rollt gleichsam »im Rückwärtsgang« in geringem Abstand über den Horizont. Mithilfe der beiden hinteren Kastensterne, die wir etwa um das Vierfache nach oben verlängern, finden wir sofort den Polarstern. An ihm können wir unsere Himmelsrichtung prüfen, denn er weist ziemlich genau nach Norden. Zwischen Großem und Kleinem Wagen treffen wir auf das sehr ausgedehnte Bild Drache, dessen Leib eine Kette von schwachen Sternen bildet. Im Nordosten steht der Fuhrmann, die gelblich leuchtende Kapella ist der weitaus hellste Stern in der gesamten Region.

Wandern wir vom Fuhrmann höher in Richtung Zenit – dem fiktiven Himmelspunkt genau senkrecht über uns – kommen wir vorbei an Perseus und Kassiopeia und erreichen schließlich den Kepheus. Bevor wir den Kopf überdehnen, wenden wir uns wieder nach Süden und drehen die Karte zurück, sodass Süden unten steht. Hoch am Firmament prangt dort der kastenförmige Pegasus. An ihn schließt sich Andromeda an; der obere Eckstern des Pegasus zählt streng genommen schon zu ihr. Die beiden Konstellationen gehören zu den markantesten Herbstbildern. Andromeda war eine schöne Königstochter, die Perseus vor einem fürchterlichen Meeresungeheuer gerettet hat. Der tapfere Held steht ebenso am Himmel wie Andromedas Eltern Kassiopeia und Kepheus. Das Monster darf natürlich auch nicht fehlen, es trägt den Namen Walfisch und durchpflügt parallel zum südöstlichen Horizont die Wogen des Meeres. Auf alten Sternkarten wie jenen des englischen Astronomen John Flamsteed erscheint der Walfisch als grausiges Fantasiewesen. Zwischen ihm und dem Pegasus tummeln sich die Fische, die zwar kaum ins Auge stechen, aber zu den Sternbildern des Tierkreises zählen.

Zum Abschluss unseres Ausflugs wenden wir uns nach Osten. Mit einiger Übung erkennen wir die winzige Konstellation Dreieck und den nur aus zwei, drei hellen Sternen bestehenden Widder. Dafür blinkt tief über dem Nordosthorizont ein orangeroter Lichtpunkt: Aldebaran im Stier, der uns das Winterhalbjahr über begleiten wird. Schräg oberhalb von Aldebaran entdecken wir ein verwaschenes Fleckchen. Bei genauerem Hinsehen lösen wir es in ein halbes Dutzend Sterne auf: Die Plejaden, so heißen sie, bilden offiziell keine eigene Konstellation. Sie gehören zur Klasse der offenen Sternhaufen und umfassen mindestens 1200 Sterne.

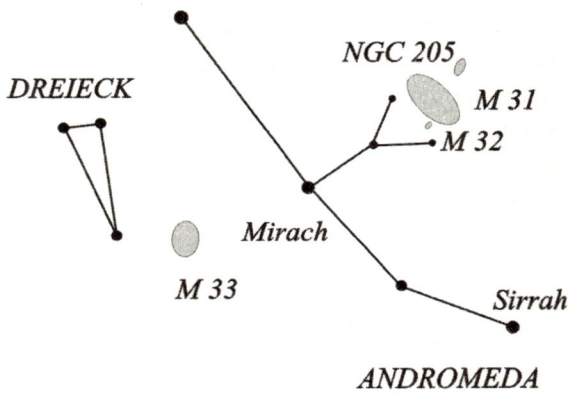

Beobachtungstipps

Das Wetter im Herbst beschert dem Beobachter oftmals Nächte mit der klarsten Durchsicht des Jahres. Je transparenter der Himmel ist, desto schwächere Sterne tauchen auf. Das Band der Milchstraße erscheint, und nebelhafte Objekte heben sich besonders deutlich vom Hintergrund ab. Eines dieser Wölkchen schwebt im Sternbild Andromeda. Kaum zu glauben, dass das bloße Auge in diesem Moment rund zweieinhalb Millionen Jahre in die Vergangenheit zurückschaut. Denn der »Andromedanebel« ist ein eigenständiges Milchstraßensystem, zweieinhalb Millionen Lichtjahre von der Erde entfernt. Im Katalog von Charles Messier heißt er M 31.

Um die Galaxie zu finden, starten wir unsere Entdeckungstour beim hellen Stern Mirach. Von ihm folgen wir der Linie, die zunächst nahezu rechtwinklig auf der Sternenkette der Andromeda steht und sich dann zu zwei weniger hellen Sternen aufgabelt. Im lichtstarken Fernglas füllt die Galaxie einen Großteil des Gesichtsfeldes aus.

Im Fernrohr fallen uns außerdem zwei schwache Nebelfleckchen auf, die M 31 flankieren: Das sind die Begleitgalaxien M 32 und NGC 205. Die Abkürzung NGC steht für *New General Catalogue of Nebulae and Clusters of Stars*, den der dänische Astronom John Ludwig Emil Dreyer zusammengestellt hat. Der Katalog enthält 7840 Sternhaufen, Nebel und Galaxien. Schräg unterhalb des Sterns Mirach entdecken geschickte Sterngucker mit dem Feldstecher ein ausgedehntes Nebelchen: die Spiralgalaxie M 33, die zur Konstellation Dreieck gehört.

Mythologie

Adler, Andromeda, Bootes, Drache, Fische, Füllen, Großer Bär, Herkules, Kleiner Bär, Kassiopeia, Kepheus, Krone, Leier, Pegasus, Perseus, Pfeil, Schütze, Schwan, Steinbock, Südlicher Fisch, Walfisch, Wassermann, Widder

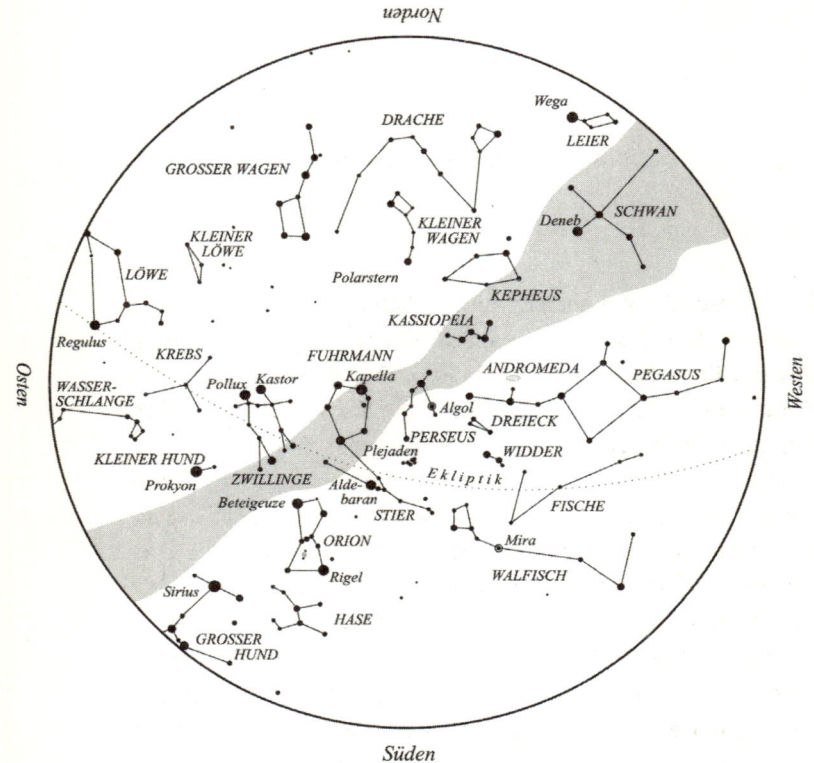

Mitte November: 00:30 Uhr (MEZ)
Mitte Dezember: 22:30 Uhr (MEZ)
Mitte Januar: 20:30 Uhr (MEZ)

Auffällige Himmelskörper entlang der gestrichelten Linie (Ekliptik) sind mit hoher Wahrscheinlichkeit Planeten.

4. Der Winterhimmel

Der Winterhimmel gleicht einem Schatzkästchen mit vielen Juwelen. Zunächst aber suchen wir den wohlbekannten Großen Wagen. Er steht im Norden, knapp über dem Horizont. Beim Blick in diese Richtung müssen wir die Karte auf den Kopf stellen, damit ihre Orientierung der Natur entspricht.

Ohne Probleme finden wir den Polarstern an der Deichselspitze des Kleinen Wagens. Es lohnt sich, die Figur länger zu studieren; sie erscheint nicht ganz so markant wie der Große Wagen. Der Körper des Drachens verläuft bogenförmig direkt über dem Nordpunkt, im eckigen Kopf sitzen die beiden hellsten Sterne des Bildes. Westlich davon leuchten zwei Relikte aus wärmeren Tagen: Leier und Schwan mit ihren hellen Hauptsternen Wega und Deneb. Ziehen wir weiter oben Richtung Westen, treffen wir auf die Andromeda und das Sternenviereck des Pegasus.

Jetzt nehmen wir uns die südliche Himmelsbühne vor, wofür wir die Karte wieder zurückdrehen können, sodass Süden unten steht. Dort bestimmt Orion die Szene. Neben dem Großen Wagen ist dieses Bild jedem Laien ein Begriff. Es prangt nun halbhoch im Südosten. Die drei Gürtelsterne, die beiden Schultern Beteigeuze (links) und Bellatrix (rechts) sowie der Fußstern Rigel (rechts unten) verleihen dem Helden der griechischen Mythologie am Himmel eine eindrucksvolle Gestalt. Der rötliche Beteigeuze – was vom Arabischen Beit al Gueze kommt und »Schulter des Kriegers« heißt – ist nicht nur der hellste Stern des Bildes, sondern auch in Wirklichkeit ein Gigant: Er besitzt die etwa 55 000-fache Leuchtkraft der Sonne. Und stünde er an ihrem Platz, so würde er den Raum bis zur Bahn des Planeten Mars ausfüllen. Beteigeuze verändert seine Helligkeit und ist rund 640 Lichtjahre von der Erde entfernt.

Die Astronomen sehen in diesem Roten Überriesen einen guten Kandidaten für eine Supernova, einen explodierenden Stern. Wann die »Bombe« Beteigeuze zünden wird, vermag niemand zu sagen. Vermutlich wird das in einigen Millionen Jahren geschehen. Aber ist Beteigeuze nicht schon längst detoniert und wissen wir bloß nichts davon, weil uns die Strahlen dieser kosmischen Katastrophe noch nicht erreicht haben? Das halten die Experten für eher unwahrscheinlich.

Der Orion ist nicht nur ein Ort von Sternentod, sondern hier steht mit dem Orionnebel auch eine Wiege neuer Sonnen. Wir erkennen das Objekt mit bloßem Auge als blasses Fleckchen im Schwertgehänge, schräg unterhalb des Gürtels.

Orion war ein Jäger, und südlich von ihm springt seine Beute herum: der Hase. Im Südosten steigt der Große Hund über den Horizont. Tief über dem Horizont funkelt in allen Farben Sirius, der hellste Fixstern am irdischen Firmament. Wesentlich höher blinkt im Osten Prokyon in der Konstellation Kleiner Hund. Hoch im Süden glänzt nun Aldebaran, das etwa 67 Lichtjahre entfernte Auge des Stiers. Die helleren Sterne dieses Bildes umschreiben eine V-förmige Figur. Die über Aldebaran hinaus nach Südwesten verlängerte Spitze weist uns den Weg zum Walfisch. Oberhalb von ihm stehen Fische, Widder und Dreieck. Steigen wir noch höher, kommt Perseus mit dem Teufelsstern Algol ins Visier. Ebenso wie Mira im Walfisch wechselt er seine Helligkeit. Die Astronomen bezeichnen solche Sonnen als veränderliche Sterne oder kurz Veränderliche.

Im Zenit, also direkt über unseren Köpfen, leuchtet die gelbliche Kapella in der Konstellation Fuhrmann. In Richtung Nordwesten schimmert das »W« oder »M« (das ist im wahrsten Sinne Ansichtssache) der Kassiopeia, und noch ein Stück weiter steht der unauffällige Kepheus. Östlich des Fuhrmanns entdecken wir

4. Der Winterhimmel

ohne große Mühe die Zwillinge Kastor und Pollux. Pollux ist einer der Sterne des Wintersechsecks, dem Gegenstück zum Sommerdreieck. Es besteht aus den Sternen Sirius, Rigel, Aldebaran, Kapella, Pollux und Prokyon. Im Osten stehen Krebs und Kleiner Löwe, über den Horizont klettern gerade Wasserschlange und Löwe. Sie künden vom nahenden Frühjahr – der Jahreskreis schließt sich.

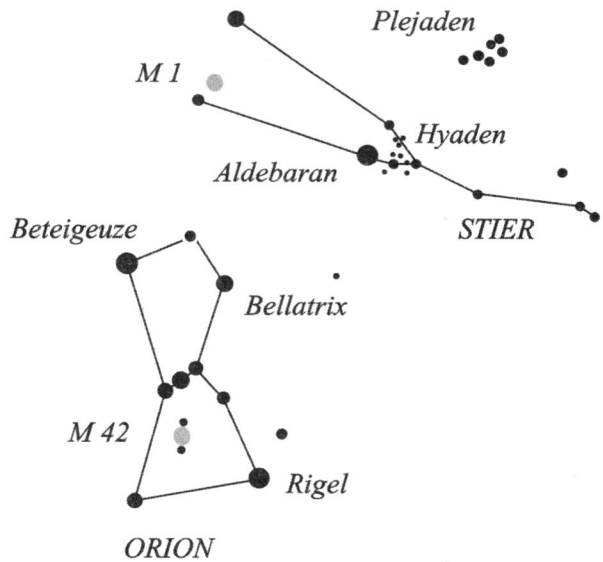

Beobachtungstipps

Geburt und Tod, Anfang und Ende liegen am winterlichen Firmament eng beisammen. Um den Kreislauf der Sterne zu studieren, sollten wir uns Zeit nehmen und einen Beobachtungsplatz fernab der Lichter der Stadt aussuchen. Im Gepäck haben wir ein Fernglas. Und nicht vergessen: Vor dem Beginn der Beobachtung müssen wir unsere Augen an die Dunkelheit eine Zeit lang gewöhnen, am besten eine halbe Stunde.

Zunächst suchen wir im Süden die Figur des Orions. Unser Blick gleitet vom Gürtel ins Schwert und verharrt an einem verwaschenen Fleckchen, dem circa 1500 Lichtjahre entfernten Orionnebel (M 42). Wir sehen nur seine hellsten Partien, der Wolkenkomplex ist in Wirklichkeit viel größer. Er besteht im Wesentlichen aus Wasserstoff, der sich hie und da zu neuen Sonnen zusammenballt. Im Feldstecher offenbart sich das Objekt als reich strukturiert, dunkle und helle Regionen wechseln sich ab. Im Zentrum blinkt das Oriontrapez, ein dichter Sternhaufen aus mehreren Sonnen, von denen wir vier erkennen können. Weil wir schon in der Gegend sind, sollten wir einen Blick auf die offenen Sternhaufen Plejaden und Hyaden werfen. Die Hyaden sind locker in V-Form um den Stier-Hauptstern Aldebaran verstreut.

Das Fernglas benötigen wir, um den Überrest eines Sterns aufzuspüren, der vor 960 Jahren als Supernova hochgegangen ist; jedenfalls erreichte das Licht im Jahr 1054 die Erde. Dieser Crabnebel, auch Krebs- oder Krabbennebel genannt, trägt die Messier-Nummer 1. Wir müssen ihn nahe dem linken Hornende des Stiers suchen. Im Feldstecher erscheint M 1 als kleines milchiges Etwas, fast wie ein ausgefranster Stern. Für den Anfänger stellt die erfolgreiche Beobachtung des Objekts eine gewisse Herausforderung dar – umso schöner, wenn man es tatsächlich gefunden hat.

Mythologie
Drache, Eridanus, Fische, Fuhrmann, Großer Bär, Großer Hund, Hase, Kassiopeia, Kepheus, Kleiner Bär, Kleiner Hund, Krebs, Leier, Orion, Pegasus, Perseus, Schwan, Stier, Walfisch, Widder, Zwillinge

II. Das Firmament erzählt

Ausflug in die Welt der Sagen

Der gestirnte Himmel ist ein Tummelplatz der Fantasie. Schon vor Tausenden von Jahren haben ihn unsere Vorfahren bestaunt. Das Firmament war ein Teil der Natur – unerreichbar und geheimnisvoll. Doch die Menschen wollten begreifen, was es mit der glitzernden Pracht auf sich hat. So begannen sie, die Gestirne zu beobachten. Regelmäßig zog der Mond in stets wechselnder Gestalt dahin. Einige seltsame Sterne (die Planeten, wie wir heute wissen) wanderten auf verschlungenen Pfaden gemächlich über den Himmel.

Die weitaus meisten der mehr oder weniger hellen Lichtpünktchen blieben unverrückbar an ihren Plätzen, waren scheinbar ans Firmament fixiert. Sie ließen sich zu Figuren verbinden, die wiederum als Ortsmarken für die Wege von Mond und Planeten dienten. Auf diese Weise sortierten die Menschen den Himmel. Das war die Geburtsstunde der Sternbilder.

Die babylonischen Priesterastrologen besaßen in der Zeit um 800 v. Chr. bereits erstaunliche Kenntnisse über die Bewegungen der Himmelskörper. Die Umlaufzeiten der damals bekannten Planeten Merkur, Venus, Mars, Jupiter und Saturn bestimmten sie mit ebenso hoher Genauigkeit wie die Längen von Monat und Jahr. Sonne, Mond und Planeten liefen auf ihren Wanderungen immer durch dieselben Sternfiguren. Die Babylonier fassten sie zu einem System von zwölf Konstellationen zusammen. Diese

Tierkreisbilder sind aber noch älteren Ursprungs. Offenbar gehen sie auf die Sumerer zurück, die seit Ende des 4. Jahrtausends v. Chr. die fruchtbare Ebene zwischen Euphrat und Tigris besiedelten. Hier, im Zweistromland, stand vor etwa 4000 Jahren die Wiege der noch heute gebräuchlichen Sternbilder.

Einer Theorie zufolge könnten auch die Minoer eine wichtige Rolle in der Geschichte der Sternbilder gespielt haben. Die Hochkultur erlebte ihre Blütezeit auf Kreta und den Inseln vor der griechischen Küste ungefähr zwischen 3000 und 1500 v. Chr. Die Minoer waren Seefahrer. Vielleicht verwendeten sie die Konstellationen als eine Art himmlische Lotsen. Das Navigieren nach den Sternen war über lange Zeit die einzige Möglichkeit der Orientierung auf See.

Die frühgriechischen Schriftsteller Homer und Hesiod erwähnen in ihren Werken bereits einige der Bilder ihrer zeitgenössischen babylonischen Sternkundigen wie den Orion oder den Großen Bären. Erst der Astronom Eudoxos von Knidos liefert im 4. Jahrhundert v. Chr. eine ausführliche Beschreibung der Konstellationen. Ihnen hat der Gelehrte zwei Werke gewidmet, die beide verloren gingen. Eines hieß *Phainomena* (»Himmelserscheinungen«). Diesen Titel trägt auch ein Lehrgedicht, das Aratos von Soloi verfasst hat. In Anlehnung an Eudoxos beschreibt Aratos darin Fixsterne, Planeten, meteorologische Erscheinungen sowie 47 Sternbilder und ihre Mythen.

Der Astronom Eratosthenes bestimmte nicht nur den Umfang der Erdkugel erstaunlich genau zu 37 000 Kilometern, sondern von ihm stammen wohl auch die *Katasterismen,* in denen er die Geschichten zu 42 Sternbildern erzählt. Jahrzehnte später tragen Dichter wie Ovid, Apollodoros, Apollonius von Rhodos und ein römischer Autor namens Hyginus, der im 1. Jahrhundert v. Chr. lebte und dessen Werk *Poetica Astronomica* erst 1482 in Venedig erschien, zur Verbreitung der griechischen Mythologie bei. Claudius Ptolemäus schließlich fasst das gesamte astronomische Wissen seines Kulturkreises im *Almagest* zusammen.

In der um die Mitte des 2. Jahrhunderts erschienenen Schrift führt er 1025 Sterne sowie 48 Konstellationen auf.

In dem monumentalen Werk finden sich mehr oder weniger alle in diesem Abschnitt beschriebenen Konstellationen – vom Adler bis zu den Zwillingen. Der *Almagest* bleibt über Jahrhunderte die Bibel der Astronomen. Die Araber bewahren das Erbe der griechischen Kultur. So übersetzen sie im 8. Jahrhundert auch das Opus des Ptolemäus in ihre Sprache. Die arabischen Gelehrten ändern nichts an den Sternbildern. Wohl aber fügen sie eine ganze Reihe von Sternnamen hinzu, die sich ebenfalls bis in unsere Zeit erhalten haben – etwa Rigel (von arab. *rijl*, Fuß) im Bild Orion.

Heute gibt es rund 240 Sterne mit Eigennamen, mehr als 200 davon stammen von den Arabern. In vorislamischer Zeit studierten Beduinen den Lauf der Gestirne, um etwa die Jahreszeiten zu bestimmen. Im Gegensatz zu den Babyloniern oder den Griechen hatten sie aber nicht die Bilder im Auge, sondern einzelne helle Sterne. Über die Jahrtausende haben sich die Namen kaum im Original erhalten: So etwa versuchten jene Übersetzer, die im Mittelalter arabische Schriften ins Lateinische übertrugen, die Namen möglichst lautgetreu wiederzugeben – was nicht immer gelang; außerdem unterliefen den Kopisten beim Abschreiben viele Fehler. Nach Erfindung des Buchdrucks ging der ein oder andere Astronom daran, die arabischen Sternbenennungen zu deuten und auf ihre vermeintlichen Grundformen zurückzuführen, die es aber häufig gar nicht gab. Und drittens fügten bis in die Neuzeit manche Forscher arabisch klingende Namen oder Namensteile hinzu.

Auch wenn die Namen poetisch anmuten – in der Forschung werden sie heute kaum verwendet. Vielmehr folgt die Bezeichnung einem im Jahr 1603 von Johann Bayer eingeführten System, wonach die Sterne einer jeden Konstellation gemäß ihrer Helligkeit sortiert und nach den Buchstaben des griechischen Alphabets und dem Genitiv des lateinischen Sternbildnamens benannt sind. So heißt der oben erwähnte Rigel schlicht Beta Orionis. Bei schwächeren Sternen und besonderen Typen – etwa sogenannten Veränderlichen – kommen dann Kombinationen aus Buchstaben, Ziffern und Katalognamen zum Einsatz.

Als die Europäer im 15. und 16. Jahrhundert aufbrachen, um eine neue Welt zu erobern, entdeckten sie auch einen neuen Himmel. Wie schon Tausende Jahre zuvor ordneten nun die Seefahrer die Sterne am Südhimmel zu Figuren. Zunächst gaben sie ihnen Namen von exotischen Tieren wie Chamäleon, Schwertfisch oder Tukan. Später verewigten sie vor allem wissenschaftliche Instrumente am Firmament: Mikroskop, Oktant oder Penduhr. Die Holländer Pieter Dirkszoon Keyser und Frederick de Houtman führten zwischen 1596 und 1603 zwölf Süd-Sternbilder ein, der Franzose Nicolas Louis de Lacaille im Jahr 1754 noch einmal 14. Auch der Nordhimmel bekam Zuwachs, als der Danziger Ratsherr und Astronom Johannes Hevelius Ende des 17. Jahrhunderts zwölf neue Konstellationen vorschlug, von denen sich sieben durchsetzten.

Vergleichsweise spät, im Jahr 1922, legte die Internationale Astronomische Union die Zahl der Sternbilder am gesamten irdischen Firmament auf 88 fest und wies ihnen sechs Jahre später rechtwinklig verlaufende Grenzen zu.

Ein völlig anderes System haben die alten Chinesen ersonnen. Ihre Sternbilder basierten – im Gegensatz zu den Konstellationen vieler anderer Kulturen – nicht nur auf mythischen Geschichten, sondern orientierten sich auch am Alltag der Menschen. Im Jahr 310 veröffentlichte der Astronom Chen Zhou eine vollständige Liste der Sternbilder, die sich im Dunhuang-Manuskript aus der Zeit um 800 wiederfinden. Dunhuang ist eine Oasenstadt an der Seidenstraße und berühmt für ihre uralten Höhlentempel.

Die Chinesen kannten am Firmament unterschiedliche Gebiete. Die Sternbilder rund um den Himmelspol etwa fassten sie unter dem Namen »purpurner Palast« zusammen und benannten die Figuren sowohl nach dessen Bewohnern (Kaiser, Kaiserin) als auch nach Gegenständen wie Möbeln oder Räumen. Daneben gab es noch den »höchsten Palast« nördlich und östlich dieses Zentrums sowie das Gebiet des »himmlischen Marktes«, das sich westlich und südlich davon erstreckte.

Außerdem existierten entsprechend den Himmelsrichtungen vier Symbole: die schwarze Schildkröte des Nordens, der blaue Drache des Ostens, der rote Vogel des Südens und der weiße Tiger des Westens. Diesen Symbolen waren jeweils sieben Wohnsitze zugeteilt. Innerhalb eines Bildes wurden die Sterne abhängig von ihrer Position nummeriert. Die hellen Sterne tragen auch Eigennamen, die wiederum der Mythologie oder Astrologie entspringen.

Die chinesischen Konstellationen fallen nicht mit den heute international gebräuchlichen 88 Sternbildern zusammen. Dennoch gibt es gelegentlich Überschneidungen: Das Bild der Zwillinge mit ihren beiden hellen Hauptsternen Kastor und Pollux etwa deuteten die Chinesen als den Affen Shih Chin; später sahen sie in dieser Himmelsgegend die beiden Prinzipien Yin und Yang verewigt. Die chinesische Nomenklatur des Himmels überdauerte Jahrtausende. Erst als das Kaiserreich endete und am 1. Januar 1912 die Republik gegründet wurde, übernahmen die Chinesen das westliche System der Sternbilder.

Dieser Abschnitt erzählt die klassischen Mythen von 45 Konstellationen. Die Darstellung erhebt keinen Anspruch auf Vollständigkeit, sondern will knapp und kurzweilig den jeweiligen Sagenstoff wiedergeben. Zu manchen Mythen gibt es mehrere Versionen, die sich teilweise sogar widersprechen oder ein und denselben Sachverhalt unterschiedlich darstellen. Ich habe mich meist nur für eine Fassung entschieden. Darüber hinaus haben viele Konstellationen auch in anderen Kulturkreisen als dem griechischen interessante Geschichten, im indischen oder ägyptischen zum Beispiel. Auch auf deren Schilderung verzichte ich in der Regel, um hier nicht den Rahmen zu sprengen.

1. Frühlingsbilder

Becher & Rabe

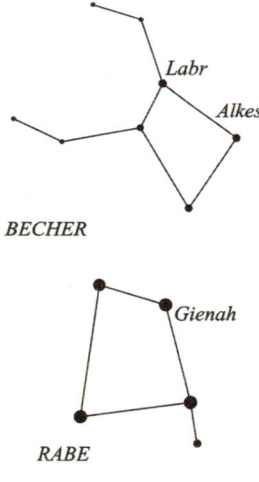

Zu Ehren des Göttervaters Zeus hat Apollon zu einem Festgelage geladen. Alle Speisen sind bereitet, nur Wasser fehlt noch. Da befiehlt der Gastgeber seinem Boten – einem Raben mit silbrig glänzendem Gefieder –, zu einer fernen Quelle zu fliegen und in einem prächtigen Gefäß frisches Wasser zu holen. Sogleich macht sich der Rabe auf den Weg. Kurz vor dem Ziel erspäht er einen Feigenbaum. Hungrig lässt sich der Rabe auf einem Zweig nieder. Doch die Früchte sind noch hart und ungenießbar. So wartet der Vogel einige Tage, bis sie reif werden. Ohne seinen Auftrag zu erfüllen, fliegt er nach dem köstlichen Mahl gemächlich zum Olymp zurück. Was aber soll er seinem Herrn berichten?

Der Rabe denkt sich eine feine Lügengeschichte aus: Er packt eine Wasserschlange und schwingt sich mit ihr und dem leeren Kelch in die Lüfte. Nach seiner Rückkehr erzählt er Apollon, dass die Schlange die Quelle bewacht und ihn am Schöpfen gehindert habe. Natürlich durchschaut Apollon dieses Märchen und bestraft seinen Boten fürchterlich: Er färbt dessen Federn schwarz und verurteilt das Tier zu lebenslangem Durst. Seitdem bringt der Rabe aus heiserer Kehle nur ein erbärmliches Krächzen hervor. Zeus schließlich versetzt den Vogel ans Firmament – zusammen mit der weiter westlich gelegenen Wasserschlange und dem in Richtung Rabe geneigten Gefäß, das als Sternbild Becher bekannt geworden ist.

Um den Raben rankt sich noch eine andere Sage, von der Ovid in seinen *Metamorphosen* berichtet. Einst kam Apollon in ein einsames Gebirgsdorf und verliebte sich dort in Koronis. Nach kurzer Zeit musste der Gott wieder zum Olymp. Weil er Koronis nicht mitnehmen konnte, ließ er seinen Raben zurück, der auf das Mädchen aufpassen sollte. Doch Koronis' Treue währte nicht lange. Nach ein paar Wochen verliebte sie sich in Ischys. Der Rabe sah alles mit an und beeilte sich, Apollon die schlechte Nachricht zu überbringen – vielleicht, so dachte er, schaut ja eine Belohnung dabei heraus. Doch da irrte der Rabe gewaltig: Apollon war so wütend über die Botschaft, dass er dem Vogel ein schwarzes Federkleid verpasste. Seit dieser Zeit gelten Raben als Unglücksboten.

Fuhrmann

König Oinomaos war ein meisterlicher Lenker von Pferdegespannen. Für seinen Schwiegersohn in spe hatte sich der antike Sagenkönig etwas Besonderes ausgedacht. Jeder, der um seine Tochter Hippodameia warb, musste gegen ihn im Rennen antreten. Für Oinomaos' Gegner bedeutete dies ein Spiel mit dem Tod.

Kapella

Denn, so lautete die Abmachung, sollte der König gewinnen, durfte er seinen Gegner mit der Lanze durchbohren. Ein Dutzend Prinzen hatten sich der Herausforderung bisher gestellt – allesamt verloren sie erst das Rennen und anschließend ihr

Leben. Trotzdem machte sich Pelops, der Sohn des Tantalos, auf den Weg zum Hof des Oinomaos. Dort verließ ihn kurzzeitig der Mut. Dann entschloss er sich, seinem Glück nachzuhelfen. Er brachte einen Gehilfen des Königs auf seine Seite und heckte eine List aus: Myrtilos, so hieß der Verbündete, sollte den Achsennagel am Gespann seines Herrn durch ein Stück Wachs ersetzen.

Der Plan gelang. Kurz nach dem Start begann das Wachs zu schmelzen, der Wagen des Oinomaos kippte um, die Pferde schleiften den König zu Tode. Pelops heiratete Hippodameia – und stürzte den Mitwisser Myrtilos von einem Felsen ins Meer. Weil der Getötete aber der Sohn des Hermes war, ließ ihn dieser am Himmel als Fuhrmann aufleben. In der Konstellation blinkt der helle Hauptstern Kapella, was im Lateinischen Ziege bedeutet. Nach einer Erzählung gehörte sie der Nymphe Amaltheia. Als Zeus vor seinem Vater Kronos in Sicherheit gebracht und in eine Höhle geschafft wurde, soll die Ziege den Säugling mit ihrer Milch genährt haben. Als Dank durfte sie zum Firmament aufsteigen.

Haar der Berenike

Diadem

Gemeinsam mit ihrem Bruder und Ehemann regierte Berenike II. im 3. Jahrhundert v. Chr. über Ägypten. Die Königin galt als großartige Reiterin und tapfere Kämpferin. Einige Tage nach der Hochzeit zog ihr Mann Ptolemaios III. Euergetes in den Krieg gegen die Seleukiden. Berenike gelobte, den Göttern ihr Haar zu opfern, sollte Ptolemaios gesund zurückkehren. Tatsächlich konnte sie ihren Mann wieder unversehrt in die Arme schließen.

Zum Dank schnitt sie ihr Haar ab und brachte es in den Tempel der Arsinoe in der Nähe des heutigen Assuan. Doch schon am nächsten Tag waren die Zöpfe auf geheimnisvolle Weise verschwunden. Der Astronom und Mathematiker Konon von Samos präsentierte eine überraschende Lösung: Das Haar der Berenike sei zum Firmament aufgestiegen und nahe der Konstellation Löwe zu einem eigenen Sternbild geworden.

Das ägyptische Königspaar hat wirklich gelebt, die Geschichte um die himmlische Verwandlung des Haars erzählt ein römischer Autor namens Hyginus, über den wir so gut wie nichts wissen. Bekannt geworden ist sein Werk *Poetica Astronomica*, in dem er die von Eratosthenes genannten Sternbilder beschreibt und durch eigene Geschichten ergänzt. Im Mittelalter und in der Renaissance waren Hyginus' Schriften über die Astronomie sehr beliebt.

Das Haar der Berenike gehört also nicht zu den klassischen Konstellationen der alten Griechen. Vermutlich in Anspielung auf die Geschichte von Hyginus bezeichneten sie die Sterne zwischen Bootes und Löwe als »eine nebelige Masse, die man die Locke nennt«. Erst im Jahr 1551 machte sie der niederländische Kartograf Gerhard Mercator zu einem eigenen Bild. Der Hauptstern trägt den passenden Namen Diadem.

Hinterdeck

Die *Argo* war ein wundersames Schiff. Göttin Athene selbst gab Anweisungen zum Bau und setzte in den Bug einen sprechenden Eichenbalken. Iason ließ die Galeere fertigen, um mit ihrer Hilfe eine Aufgabe seines Onkels Pelias zu lösen. Der hatte vor vielen Jahren Iasons Vater vom Thron gestoßen. Nun forderte Iason sein Recht als König von Iolkos zurück. Pelias

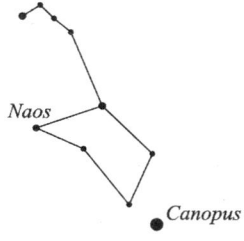

behauptete, erst müsse ein goldenes Widderfell zurückgebracht werden, das in einer Höhle in Kolchis am Schwarzen Meer von einem fürchterlichen Drachen bewacht wurde.

Iason stellte sich der Herausforderung und versammelte die größten Helden seiner Zeit um sich. Kastor und Pollux (gr. Polydeukes), Herkules (gr. Herakles) und Telamon, der Sänger Orpheus und der Seher Idmon waren unter der fünfzigköpfigen Besatzung. So durchpflügte die *Argo* die Wellen der Ägäis. Bald schon wartete auf Lemnos die erste Versuchung: Die Argonauten ließen sich von der Schönheit der Insulanerinnen verzaubern und vergaßen ihren hehren Auftrag.

Erst nach Monaten gelang es Orpheus, die Männer mit seinem Leierspiel wieder auf das Schiff zu locken. Wenig später nahte neues Unheil in Form von König Amykos, der den Seefahrern den Zutritt zu seiner Quelle verwehrte. Doch Pollux bezwang ihn im Faustkampf und fesselte ihn an einen Baum. Die größte Gefahr lauerte am Ausgang des Bosporus zum Schwarzen Meer: die Symplegaden. Das waren zwei Felsen, die sich wie die Flügel einer gewaltigen Schiebetür schlossen, sobald etwas sie passieren wollte, und so jedes Schiff zermalmten. Dank des Beistands von Athene und einer List – die Argonauten schickten eine Taube voraus und folgten in dem Moment, als das Felsentor gerade wieder aufging – blieb die *Argo* nahezu unversehrt. Glücklich in Kolchis angekommen, musste Iason auf Geheiß von König Aietes weitere Aufgaben lösen. Dank Aietes' Tochter Medea kam Iason endlich ans Ziel. Das Goldene Vlies im Gepäck flohen die Argonauten und gelangten schließlich wieder nach Iolkos. Die Göttin Athene versetzte *Argo* ans Firmament.

Am Himmel ist das einstmals so stolze Schiff heute in drei Teile zerfallen – in die Sternbilder Vela (Segel), Carina (Kiel) und Puppis (Hinterdeck). Von unseren Breiten aus sehen wir nur das unscheinbare Hinterdeck, an einem klaren Märzabend steht es tief im Süden.

Kleiner Hund

Zur Zeit des Königs Pandion lebt in Attika der fleißige Bauer Ikarios. Eines Tages kommt der Gott Dionysos zu ihm und bittet um Unterschlupf.  Gerne gewährt Ikarios die Gastfreundschaft. Als Dank weiht Dionysos den Landmann in die Kunst des Weinbaus ein. Ikarios erweist sich als gelehriger Schüler. Nach der ersten Lese füllt er das köstliche Getränk in Ziegenhäute und fährt über Land. Überall lässt er die Menschen von seinem Wein probieren – auch die Hirten, denen er begegnet. Damit nimmt das Unheil seinen Lauf. Die Hirten trinken einen über den Durst und glauben, Ikarios wolle sie vergiften. Im Rausch bringen sie den Weinbauern um. Als Ikarios von seiner Reise nicht zurückkehrt, machen sich seine Tochter Erigone und ihr Hund Maira auf, ihn zu suchen. Nach Tagen findet Maira den Leichnam des Ikarios. Aus Kummer erhängt sich Erigone.

Als die Mörder des Bauern sehen, was sie angerichtet haben, fliehen sie auf die Insel Keos vor der attischen Küste. Nicht nur die Ruchlosen trifft dort eine fürchterliche göttliche Rache: Sengende Hitze verbrennt das Land, Epidemien und Hungersnot suchen das ganze Volk heim. In seiner Verzweiflung fleht König Aristaios den Zeus um Hilfe an. Der schickt einen Wind, der 40 Tage lang weht und das Land kühlt. Außerdem rät der Gott Apollon, Vater des Aristaios, jährlich ein Fest zu Ehren von Ikarios und Erigone zu begehen.

Der treue Gefährte Maira wird als Sternbild Kleiner Hund ans Firmament versetzt. Mit bloßem Auge erkennt der Beobachter nur zwei Sterne dieser Konstellation: Prokyon und Gomeisa. Der hell strahlende Prokyon ist etwa elf Lichtjahre von der Erde entfernt. Große Fernrohre enthüllen einen schwach leuchtenden Begleitstern, der Prokyon einmal in 41 Jahren umkreist. Er gehört zu den Weißen Zwergen. Das sind ausgebrannte Sonnen, in denen die Materie so dicht gepackt ist, dass ein Fingerhut voll auf der Erde Tausende Tonnen wiegen würde.

Krebs

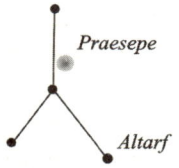

Herkules (gr. Herakles) ist wieder einmal in Schwierigkeiten. In den Sümpfen von Lerna ringt er mit der Wasserschlange Hydra. Nach langem Kampf scheint Herkules das vielköpfige Ungeheuer zu besiegen. Das jedoch will Hera, die Gattin des Zeus, unter allen Umständen verhindern: Schließlich ist Herkules einem Techtelmechtel ihres Mannes mit der schönen Alkmene entsprungen. So schickt Hera der Hydra einen großen Krebs zu Hilfe, der Herkules in den Fuß zwickt. Doch der wackere Held versteht keinen Spaß und zertritt das lästige Vieh. Auch Hydra bringt er dank seines Neffen und Wagenlenkers Iolaos zur Strecke. Hera bleibt nur noch, die Getöteten an den Himmel zu versetzen.

So kurz der Auftritt des Krebses war, so schwach leuchten seine Sterne. Wer das Bild sehen will, muss von einem dunklen Platz aus beobachten und eine Nacht ohne störendes Mondlicht abwarten. Der Krebs gehört zum Tierkreis. Die Sonne wandert vom 20. Juli bis zum 10. August durch diese Konstellation. Vor Jahrhunderten erreichte unser Tagesgestirn auf seiner Jahresbahn im Krebs die höchste Stellung am Firmament. Daher sprechen wir noch heute vom »Wendekreis des Krebses«. In dem unscheinbaren Bild finden wir bei idealen Bedingungen ein zartes Wölkchen; dahinter verbirgt sich der offene Sternhaufen Praesepe (Krippe).

Krone

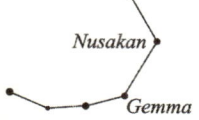

Ein schrecklicher Fluch lastet auf Athen. Jedes Jahr müssen die Bewohner dem Minotauros sieben Mädchen und sieben Jünglinge opfern. Ein Stier hat dieses Monster mit Pasiphae, der Frau des Königs Minos von Kreta, gezeugt. Um das Mischwesen aus Mensch und Tier vor den Augen seines Volkes zu verbergen, hat es Minos in ein Labyrinth sperren lassen. Wieder einmal steht der Tag der Opferung bevor. An Bord des Schiffs von Athen nach Kreta ist neben König Minos auch ein junger Mann namens Theseus. Von ihm heißt es, er sei der Sohn des Meeresgottes Poseidon.

Minos möchte es genau wissen: Er wirft seinen goldenen Ring ins Wasser und befiehlt Theseus, ihn zu holen. Der fackelt nicht lange, springt in die Fluten – und wird von den Meeresnymphen freundlich empfangen. Die Nereïden geben ihm nicht nur den Ring zurück, sondern sie schenken ihm auch eine goldene, mit indischen Edelsteinen besetzte Krone. Kein Geringerer als der Gott Hephaistos selbst soll sie gefertigt haben.

Glücklich auf Kreta gelandet, verguckt sich Theseus prompt in die Königstochter Ariadne. Als sie von ihrem Geliebten erfährt, dass er sich in das Labyrinth wagen und dem Minotauros den Garaus machen will, gibt sie ihm einen Knäuel mit. Den soll Theseus am Eingang befestigen und auf dem Weg durch die finsteren Gänge abwickeln. Gesagt, getan. Es dauert nicht lange, bis Minotauros den »Braten« riecht. Schon will er sich auf Theseus stürzen, da wird er für einen Moment von der glitzernden Krone geblendet. Theseus erwürgt das Monster mit bloßen Händen – und findet dank des Ariadnefadens sofort ins Freie zurück. Das junge Paar segelt auf die Insel Naxos.

Nach einer der vielen Versionen der Sage erscheint Theseus dort Athene mit schlechten Nachrichten: Ariadne sei bereits dem Gott Dionysos versprochen. Theseus flieht und lässt Ariadne samt Krone auf Naxos zurück. Bei der Vermählung mit Dionysos schleudert der aus Übermut das Schmuckstück gen Himmel – wo es noch heute blinkt.

Löwe

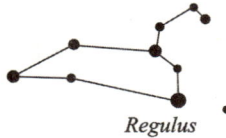

Sein Fell war hart wie Stahl, seine Krallen bestanden aus Diamanten. In seinem Revier auf der südgriechischen Halbinsel Peloponnes herrschte er mit unerbittlicher Strenge. Kurz: Der Löwe von Nemea galt als schreckliches Monster. Auch Eurystheus, König von Argos, hatte von dem Untier gehört und nutzte es für seine Pläne. Denn am Hof lebte Herkules (gr. Herakles), der um die rechtmäßige Thronfolge gebracht worden war. Um den hochwohlgeborenen Sklaven zu beschäftigen, vor allem aber um ihn loszuwerden, dachte sich Eurystheus zwölf todsichere Aufgaben für ihn aus – so jedenfalls will es eine Version der vielen Mythen, die sich um Herkules ranken. Als erstes sollte er den furchtbaren Löwen zur Strecke bringen.

Der Held reiste also nach Nemea, pirschte sich an die Höhle des Löwen heran und wartete vor dem Eingang. Als das Tier angesprungen kam, machte Herkules kurzen Prozess und erwürgte es mit bloßen Händen. Als Beweis für seine Tat zog der Großwildjäger seiner Beute das Fell ab. Der Löwe, von der Mondgöttin Selene geboren, kehrte wieder an den Himmel zurück. Dort steht er noch heute. Die Figur gehört zu den markanten Bildern. Es fällt im Gegensatz zu manch anderen nicht schwer, darin eine mächtige Gestalt (warum nicht einen Löwen?) zu erkennen.

Wasserschlange

Hydra, ein schreckliches Ungeheuer, lebte in den Sümpfen nahe der Stadt Lerna. Viele Menschen und Tiere der Umgebung hatte es bei seinen Raubzügen schon getötet. Das Volk war verzweifelt. Herkules, so befahl schließlich König Eurystheus, solle dem Monster den Garaus machen. Gemeinsam mit seinem Neffen Iolaos zog der Held los, um wieder mal eine seiner Aufgaben zu erledigen. Pallas Athene, die Göttin der Weisheit, verriet den beiden die Höhle, in der Hydra hauste. Herkules schlich sich an und schoss brennende Pfeile durch die Felsspalte. Sogleich erschien das neunköpfige Wesen, aus dessen gierigen Mündern giftiger Atem drang. Herkules stürzte sich darauf und begann, mit wuchtigen Schwerthieben die Köpfe abzuschlagen. Doch wo Herkules einen Kopf abhieb, wuchsen aus der blutenden Wunde sogleich zwei neue nach. In seiner Not rief der wackere Kämpfer nach Iolaos. Der sollte ein Feuer entfachen und ihm brennende Äste bringen. Damit stocherte er in den Halsstümpfen der Hydra herum. Und tatsächlich: Keiner der Köpfe spross mehr nach.

Als Herkules schon beinahe gesiegt hatte, tauchte ein Krebs auf und kniff ihn in den Fuß. Doch der Held zertrat das Tier und tötete auch noch die Hydra. Ebenso wie Herkules und der Krebs wurde die Hydra ans Firmament versetzt. Wasserschlange heißt das Sternbild bei uns. Es ist die größte aller 88 Konstellationen, die heute von der Internationalen Astronomischen Union gelistet werden. Der Kopf liegt südwestlich von Regulus im Löwen, die Schwanzspitze zwischen den Bildern Waage und Zentaur. Die Wasserschlange enthält überwiegend sehr lichtschwache Sterne; daher ist auf der Karte nur ein Teil der Figur eingezeichnet. Der hellste Stern am Knick des Leibes heißt Alphard. Der Name ist gut gewählt, bedeutet er doch so viel wie »der Einsame« – das bloße Auge findet in seiner Umgebung kein anderes helles Lichtpünktchen.

2. Sommerbilder

Adler

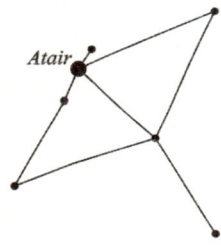

Prometheus muss fürchterliche Qualen erdulden. An einen Felsen im Kaukasus geschmiedet, ist er wehrlos den Angriffen eines Adlers ausgesetzt. Täglich stürzt sich der Greifvogel auf sein Opfer, reißt ihm mit dem Schnabel die Haut auf und frisst an seiner Leber. Nachts wächst das Organ wieder nach, und bei Sonnenaufgang beginnt die Tortur aufs Neue. Der Göttervater Zeus selbst hat diese harte Strafe verfügt. Denn Prometheus, Sohn des Titanen Iapetos und der Okeanide Klymene, war ein Menschenfreund. Ja, er hatte den Menschen überhaupt erst geschaffen – aus Lehm aus der Gegend von Panopeia in Böotien. Athene hauchte den Figürchen den Atem des Lebens ein, und Prometheus brachte seinen Geschöpfen Kultur und Wissenschaften bei. Das gefiel den Göttern gar nicht.

Um das niedere irdische Geschlecht im Dunkeln zu halten, versagte ihm Zeus das Feuer. Prometheus wollte das nicht länger mitansehen, raubte das Feuer aus dem Olymp und brachte es, in einem hohlen Fenchelstamm verborgen, auf die Erde. Natürlich kam der Diebstahl heraus, Prometheus wurde nackt an den Felsen gekettet.

Eines Tages verschlägt es Herkules in das abgelegene Gebirge. Der Held ist auf dem Weg zu einem streng bewachten

Wunderbaum, um von ihm die goldenen Äpfel der Hesperiden zu pflücken. Diese unmöglich scheinende Aufgabe hat er im Auftrag von König Eurystheus zu erledigen. Als Herkules den Prometheus sieht, überkommt ihn großes Mitleid. Er erlegt den Adler mit einem Pfeil und befreit den Titanen von seinem Leiden. Zeus versetzt den Adler unter die Sterne.

Der Vogel hat einer anderen Sage zufolge den Göttervater bei einem seiner amourösen Abenteuer geholfen: Zeus hatte sich in Ganymed, den Sohn des Königs Tros, verguckt. Daher beschlossen die Götter, dass der Jüngling unter ihnen wohnen und als Mundschenk dienen sollte. Der Göttervater schickte den Adler los, um Ganymed zu entführen; der ist jetzt im Sternbild Wassermann verewigt. Und mit ein wenig Fantasie erkennt man, wie sich der benachbarte Adler gerade auf ihn stürzt.

Altar

Um das Jahr 150 v. Chr. schrieb Claudius Ptolemäus das gesamte astronomische Wissen seiner Zeit auf. Das Buch wurde unter dem arabischen Titel *Almagest* berühmt und galt bis ins Mittelalter als Standardwerk. Es enthält einen Katalog mit 1025 Sternen, die der griechische Astronom in 48 Konstellationen geordnet hat. Unter ihnen ist auch der Altar, ein unscheinbares Sternbild mit interessanter Geschichte. Sollen doch einst die Götter vor dem Kampf gegen die Titanen an diesem Altar ihr Bündnis besiegelt haben.

Vor undenklichen Zeiten regierte Kronos über die Welt, nachdem er zuvor seinen Vater Uranos entmachtet hatte. Aber Kronos war in Sorge: Eine Prophezeiung verhieß, dass ihn eines seiner Kinder stürzen werde. So begann er kurzerhand, den Nachwuchs aufzufressen – Hestia, Demeter, Hera, Hades und

Poseidon. Entsetzt sah Rhea der Untat ihres Mannes zu und griff schließlich ein: Sie brachte ihren Sohn Zeus in die Höhle eines Berges auf der Insel Kreta und wickelte einen Stein in eine Windel. Kronos ließ sich täuschen und schluckte das vermeintliche Baby hinunter.

Zeus wuchs heran und begab sich eines Tages zum Palast seines Vaters. Er zwang ihn, seine verschlungenen Geschwister zu erbrechen – die tatsächlich als ausgewachsene Götter quicklebendig aus Kronos' Schlund purzelten. Damit nicht genug: Zeus errichtete einen Altar und schwor die Geschwister darauf ein, die grausame Herrschaft ihres Vaters und der anderen Titanen zu beenden.

Zeus und seine Mitstreiter verbündeten sich mit den einäugigen Zyklopen und den hunderthändigen Hekatoncheiren, die Kronos in die Höhlen des Tartaros eingesperrt hatte. Die Zyklopen versorgten die Götter mit wunderbaren Waffen: einem Helm der Dunkelheit für Hades, einem Dreizack für Poseidon und Blitzen für Zeus. So ausgestattet, tragen die Götter nach zehnjährigem Kampf den Sieg davon – und teilen gleich den Kosmos unter sich auf: Hades wird Herr der Unterwelt, Poseidon gebietet über das Meer und Zeus über den Himmel.

Zum Andenken versetzt Zeus den Altar ans Firmament. Dort glimmen seine Sterne südlich des Bildes Skorpion. In alten Karten wird die Konstellation oft mit einer Rauchfahne dargestellt. Das erinnert an eine andere Geschichte, wonach der Kentaur Cheiron auf dem Altar einen Wolf geopfert haben soll. Der Altar klettert in unseren Breiten nicht über den Horizont. Wer ihn sehen will, muss sich nach Südeuropa begeben, wo das Sternbild tief am Himmel steht. Daher wurde es in klassischen Sagen beschrieben – und aus diesem Grund ist es hier aufgeführt.

Bootes

Göttervater Zeus führte ein strenges Regiment. Das bekamen auch Demeter, die Göttin der Feldfrucht, und der Sämann Iasion zu spüren. Die zwei hatten sich ineinander verliebt und sofort ein »Bett im Kornfeld« gesucht. Doch die Affäre flog auf. Zeus, der keine Beziehungen zwischen Göttern und Menschen zulassen wollte, erschlug Iasion mit einem Blitz. Demeter aber gebar zwei Söhne: Philomelos und Plutos. Während Plutos zum Gott des Reichtums avancierte, schlug Philomelos eine Laufbahn als Bauer ein und erfand Wagen und Pflug. Demeter versetzte Philomelos unter die Sterne. Dort lenkt er nun sein Gefährt, den Großen Wagen, über das Firmament. Allerdings unter dem Namen Bootes.

Arktur

Zu dem Sternbild gibt es eine zweite Version. Danach ist Bootes niemand anderer als Arkas, der Sohn von Zeus und Kallisto. Als Kind musste er Grausames mitmachen: Um zu testen, was Zeus so alles drauf hatte, wurde Arkas von den Söhnen des Königs Lykaon, dem Vater der Kallisto, zerstückelt und dem Obergott während eines Gastmahls als Speise vorgesetzt. Natürlich erkannte Zeus das Fleisch seines Sohnes. Rasend vor Wut tötete er die Königssöhne, verwandelte Lykaon in einen Wolf und flickte Arkas wieder zusammen. Später versetzt ihn Zeus ans Firmament, weil er beinahe seine Mutter umgebracht hätte, die in eine Bärin verwandelt worden war. Doch das ist eine andere Geschichte.

Der Bootes gehört zu den sehr alten Sternbildern. Die meisten Mythen bringen die Figur in Verbindung mit dem benachbarten Großen Wagen. Bootes bedeutet so viel wie Ochsentreiber oder Rinderhirt. In mancher Überlieferung führt er daher nicht einen Wagen über den Himmel, sondern sieben Dreschochsen um den Göpel, das heißt: die sieben hellen Sterne des Großen Wagens um den Himmelspol. Und schließlich gilt Bootes noch als Bärenhüter. Denn der Große Wagen ist keine eigene Konstellation, vielmehr gehört er zu dem ausgedehnteren Bild Großer Bär.

Delfin

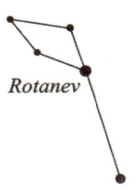

Arion war ein Superstar. Wie kein Zweiter verstand er es, die Leier zu schlagen. Jetzt kehrte Arion von einem Gastspiel auf Sizilien mit dem Schiff zurück in seine griechische Heimat. Die Tournee war erfolgreich gewesen, und Arion hatte die Taschen voller Gold. Das sollte ihm beinahe zum Verhängnis werden: Die Seeleute verschworen sich und wollten dem erfolgreichen Barden ans Leder. Mit gezückten Schwertern forderten sie von Arion die Herausgabe seiner Schätze. Der Sänger wusste, dass er den Überfall nicht überleben würde und heckte eine List aus: Er bat, noch ein letztes Mal auf der Leier spielen zu dürfen – was ihm der Anführer der Räuber prompt gewährte.

Arion hob an und verzauberte nicht nur die Matrosen, sondern lockte mit seiner wunderbaren Musik auch noch eine Herde Delfine an. Darauf hatte der Star gewartet. Im Vertrauen auf die Götter sprang er über Bord – und landete auf dem Rücken eines Delfins. Das Tier trug ihn geschwind übers Meer nach Hause. Dort ging Arion unversehrt an Land, stellte einige Tage darauf die Räuberbande und ließ sie zum Tode verurteilen. Den Delfin aber versetzten die Götter ans Firmament.

Der Naturforscher und Schriftsteller Eratosthenes erzählt zu dem Sternbild eine andere Sage. Sie führt weit zurück in die Vorzeit, zur großen Revolution. Damals stürzten Zeus, Poseidon und Hades ihren Vater Kronos und teilten sein Reich untereinander auf. Poseidon bekam das Meer und baute vor der Insel Euböa einen prunkvollen Wasserpalast. Zu seinem Glück fehlte dem Gott nur noch eine Frau. So ging er auf Brautschau und verliebte sich in Amphitrite, eine der 50 Nereïden. Doch die Meeresnymphe gab Poseidon einen Korb und flüchtete zu ihren Schwestern. Der verschmähte Liebhaber engagierte als Brautwerber einen Delfin. Dem gelang es tatsächlich, Amphitrite aufzuspüren und umzustimmen. Nach der Hochzeit durfte sich der Delfin als Belohnung unter den Sternen tummeln.

Herkules

Alkmene galt als die schönste und klügste unter den sterblichen Frauen. Deswegen hatte Zeus ein Auge auf sie geworfen. Eines Nachts besuchte sie der listenreiche Obergott in Gestalt ihres Gatten Amphitryon. Alkmene wurde schwanger und gebar einen Jungen, der später Herkules (gr. Herakles) genannt wurde. Um ihm himmlische Kräfte zu verleihen, legte ihn Zeus seiner schlafenden Gemahlin Hera an die Brust. Sogleich begann das Baby heftig zu saugen. Hera erwachte und stieß den fremden Säugling von sich. Milch spritzte ans Firmament – die Milchstraße entstand. Fortan empfand Hera eine tiefe Abneigung gegen Herkules. Sie sandte sogar giftige Schlangen an dessen Wiege, um ihn zu töten. Der kräftige Junge jedoch packte die Nattern am Kopf und erwürgte sie.

Hera gab nicht auf und setzte alles daran, Herkules das Leben schwer zu machen. Als er längst zu einem erwachsenen Mann geworden war, belegte sie ihn mit einem bösen Zauber, unter dem er seine Frau und seine Kinder ermordete. Um seine schreckliche Tat zu sühnen, trat er für zwölf Jahre in die Dienste von König Eurystheus. Zwölf Arbeiten erledigte Herkules für ihn. Diese Heldentaten brachten ihm großen Ruhm ein. Daraus erklärt sich auch sein Name, der so viel bedeutet wie »der durch Hera Berühmte«.

Die Aufgaben des Herkules galten als unlösbar. So musste er beispielsweise den nemëischen Löwen töten, die neunköpfige Hydra bezwingen, eine Hirschkuh mit goldenen Hörnern, einen wilden Eber und den mächtigen kretischen Stier einfangen oder die Äpfel aus dem Garten der Hesperiden klauen. Zu den bekanntesten, geradezu sprichwörtlichen Taten gehörte das Ausmisten der Ställe von König Augeias. Herkules schaffte es an einem Tag, indem er einen Fluss durch das gewaltige Gebäude leitete.

Nach diesen Mühen heiratete Herkules seine zweite Frau Deianeira. Eines Tages glaubte sie, ihr Mann habe ein Techtelmechtel mit einer anderen. Um ihn wieder für sich zu gewinnen, zog sie ihm ein Hemd an, das sie mit dem Blut eines Zentauren getränkt hatte; es barg einen Zauber, der Herkules an Deianeira binden sollte. Als sich das Blut am Körper des Herkules erwärmte, begann es jedoch, seinen Körper zu zerfressen. Der Held, rasend vor Schmerz, verbrannte sich selbst auf dem Scheiterhaufen. Zeus versetzte Herkules unter die Sterne. Das Bild ist eine der ältesten Konstellationen. Schon eine Darstellung aus dem Jahr 3500 v. Chr. zeigt eine kniende Männergestalt.

Jungfrau

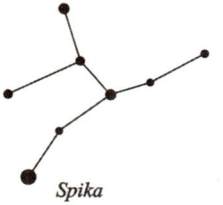
Spika

Persephone war ein außergewöhnlich schönes Mädchen und der ganze Stolz ihrer Mutter Demeter. Das blieb auch Hades nicht verborgen, dem Gott der Unterwelt. Er setzte sich in den Kopf, Persephone zur Frau zu nehmen. Demeter aber wollte ihr Töchterlein ganz und gar nicht mit einem solch finsteren Gesellen verheiratet wissen. Auf dem heiligen Boden Siziliens, so dachte Demeter, wäre Persephone in Sicherheit. Doch die Fruchtbarkeitsgöttin hatte ihre Rechnung ohne Hades gemacht. Eines Tages, als das Mädchen auf einer Wiese Blumen pflückte, tat sich die Erde auf. Der Gott der Unterwelt erschien mit einem prächtigen Vierspänner, packte Persephone und verschwand mit ihr in sein geheimnisvolles Reich.

Demeter merkte bald, dass irgendetwas nicht stimmte. Nachdem sie am Ätna Fackeln entzündet hatte, machte sie sich auf, um nach der Tochter zu suchen. Ihre tiefe Trauer ließ die Felder unfruchtbar werden. Nach mehr als einer Woche rastlosen Umherstreifens durch die ganze Welt fragte sie den Sonnengott. Der erzählte Demeter, was sich zugetragen hatte. Die Göttin erfuhr außerdem, dass ihre Tochter in der Unterwelt vom Samen des Granatapfels gegessen hatte – damit konnte es für sie kein Zurück mehr geben. Demeter war außer sich. In ihrer Not wandte sie sich an Zeus, Persephones Vater. Zähe Verhandlungen begannen. Schließlich einigte man sich auf einen Kompromiss: Danach sollte Persephone jeweils die Hälfte des Jahres bei ihrer Mutter, die restlichen sechs Monate bei ihrem Mann verbringen. Zeus jedenfalls versetzte seine Tochter ans Firmament.

Das Sternbild Jungfrau galt in fast allen Kulturen als Symbol der Fruchtbarkeit. Die Babylonier sahen in der Konstellation eine Kornähre. In alten Karten symbolisiert sie den hellsten Stern der Jungfrau. Er trägt den Namen Spika, die lateinische Bezeichnung für Kornähre.

Leier

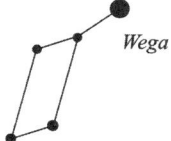

Gegen Morgengrauen kommt in einer Höhle im Kylleneberg ein Baby zur Welt. Bereits wenige Stunden nach seiner Geburt klettert der

Säugling aus seiner Wiege und krabbelt ins Freie, um die Welt zu erkunden. Das erste Lebewesen, auf das er trifft, ist eine Schildkröte. Er packt das Tier, zerrt es in seine Grotte und tötet es. Dann zerteilt er den Panzer, spannt sieben Saiten aus Schafsdarm über den Rückenschild und beginnt sogleich, auf der eben erfundenen Leier zu klimpern.

Hermes, so heißt der brutale Lausbub, ist natürlich kein gewöhnliches Kind. Er hat göttliche Eltern: Zeus und Maja, eine der Plejaden. Der aufgeweckte Bengel sollte noch allerhand Verwirrung stiften. Nach einem seiner Schelmenstücke schenkt er seinem Halbbruder Apollon, dessen Kuhherde er entführt hat, die Leier zur Versöhnung. Dieser vermacht sie schließlich Orpheus. Nach dessen tragischem Ende – er wird von den Mänaden, den Begleiterinnen des Gottes Dionysos, buchstäblich zerrissen und ins Meer geworfen – kommt die Leier unter die Sterne.

Der kleine Rhombus zählt zu den auffälligsten Konstellationen am Sommerhimmel. Ihr etwa 26 Lichtjahre entfernter Hauptstern Wega strahlt sehr hell in bläulich weißem Farbton. Die Babylonier nannten sie Dilgan, »Botschafter des Lichts«.

Schlange

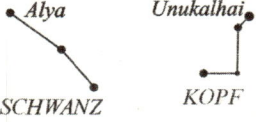

Hades haderte mit seinem Schicksal: Schon wieder hatte ihm Asklepios einen seiner Untertanen weggeschnappt. Denn Asklepios, Sohn des Apollon, war ein berühmter Arzt geworden, der sogar Tote auferwecken konnte und dies auch reichlich tat. Das aber passte Hades, dem Gott der Unterwelt, gar nicht. So rief er in seiner Verzweiflung den Göttervater Zeus um Hilfe. Der fackelte mal wieder nicht lange und schleuderte einen tödlichen Blitz gegen den erfolgreichen Mediziner. Die Menschen trauerten und errichteten zu seiner Verehrung überall Tempel, den berühmtesten in Epidauros. Dort wurden die Patienten in Schlaf versetzt – und dann geschah etwas Wunderbares: Der zu einem Gott gewordene Asklepios erschien ihnen im Traum als Schlange und nannte die Diagnose. Verwandelte sich die Schlange danach in einen Jüngling, wachten die Patienten auf und waren gesund. Daher hielt man in den Tempeln heilige Schlangen.

Auch um den Wanderstab des Asklepios schlängelt sich eine. Und noch heute gilt dieses Symbol als Zeichen der Heilkunst. Tatsächlich hatte das Tier in Asklepios' Leben eine Rolle gespielt. Damals, als er Glaukos, den Sohn von König Minos, kurieren wollte, krochen zwei Schlangen auf ihn zu. Eine trug ein Heilkraut im Maul. Als er es auf Glaukos' toten Körper legte, kam wieder Leben in ihn. Am Himmel erscheint Asklepios als Sternbild Schlangenträger, um den sich eine der Schlangen windet. Die Konstellation stammt aus ägyptischer Zeit und gliedert sich in Kopf und Schwanz der Schlange, genannt Serpens Caput und Serpens Cauda. Damit ist das Bild sehr ausgedehnt, besteht aber weitgehend aus schwachen Sternen. Im Juli steht es bei uns um Mitternacht hoch im Süden.

Schlangenträger

Apollon hat sich unsterblich in die Königstochter Koronis verliebt. Der Gott kriegt, was er will – und lässt anschießend seine Geliebte allein. Schließlich muss er in Delphi seiner Profession als Chef des Orakels nachgehen. Eine Krähe soll derweilen über die Treue von Koronis wachen. Tatsächlich hält die Wochenend-Beziehung nicht sehr lange: Die Frau beginnt ein

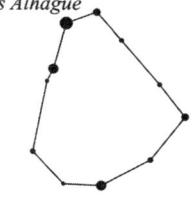

Verhältnis mit dem charmanten Ischys. Aufgeregt flatternd, berichtet die Krähe Apollon von dem Seitensprung. In seinem Zorn verflucht er den Vogel, dessen ursprünglich weißes Gefieder daraufhin rabenschwarz wird. Seit dieser Zeit gelten Rabenvögel als Unglücksboten. Apollon eilt nach Thessalien, tötet Koronis mit einem Pfeil und wirft sie auf den Scheiterhaufen – was er sofort bereut. Denn Koronis ist von ihm schwanger.

Schon umzüngeln Flammen den Leichnam, da holt Apollon in letzter Sekunde das Kind aus Koronis' Schoß. Asklepios nennt er den Buben und gibt ihn in die Obhut von Cheiron, der im Peliongebirge haust; der Zentaur lehrt Asklepios das Jagen und führt ihn in die Heilkunst ein. Bald übertrifft der Schüler darin seinen Meister. Sogar Tote kann er zum Leben erwecken, etwa Glaukos. Der Sohn von König Minos ist in ein Honigfass gefallen und erstickt. Als Asklepios den leblosen Körper untersucht, kriechen zwei Schlangen auf ihn zu. Eine erschlägt er mit seinem Stab und legt auf ihren Körper ein Heilkraut, das die andere im Maul getragen hat. Der Zauber wirkt, die Schlange wird wieder lebendig. Nach diesem tierischen Test versucht es Asklepios bei Glaukos – und siehe da, die Magie funktioniert auch bei ihm.

Später rettet der Wunderheiler den mit dem Wagen tödlich verunglückten Hippolytos. All das gefällt Hades überhaupt nicht. Der Gott der Unterwelt und Herrscher über die Toten bangt um sein Reich. Er beschwert sich bei Zeus, der Asklepios mit einem Blitz umbringt. Apollon will das unrühmliche Ende seines Sohns nicht hinnehmen: Er tötet die drei Zyklopen, die für Zeus die Blitze schmieden. Um Apollon zu besänftigen, versetzt Zeus den Asklepios an den Himmel. Dort sehen wir ihn als Schlangenträger während des Sommerhalbjahrs. Die Schlange, die neben dem Stab zum Symbol der Medizin geworden ist, windet sich als schwache Sternenkette um die Figur.

Schütze

Wilde Wesen hausten an den Hängen des Peliongebirges. Halb Mensch, halb Pferd, gehörten sie zur Gattung der Zentauren. Ihr Urvater Ixion verliebte sich in Hera, die Gemahlin des Zeus. Dem Obergott passte das ganz und gar nicht. Als sich der ungezügelte Held an Hera heranmachen wollte, schickte Zeus die Wolkengöttin Nephele. Blind vor Begehren stürzte sich Ixion auf sie und zeugte den ersten Zentauren. Der schwängerte alle Stuten im Peliongebirge und wurde damit zum Vater der grimmigen, triebhaften Zentauren.

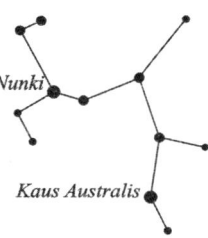

Cheiron aber war eine Ausnahme – vielleicht, weil er andere Eltern hatte: Kronos, den König der Titanen, und die Meeresnymphe Philyra. Cheiron galt als überaus weise und gebildet. Er verstand sich trefflich auf die Heilkunst, liebte die Musik und die Jagd. In seiner Höhle unterwies er Fürsten- und Göttersöhne. Zu seinen Schülern gehörten Iason und Achilles ebenso wie Herkules, Asklepios und Orpheus.

Eines Tages besuchte Herkules den Zentaur Pholos. Zu einem reichen Mahl ließen sie sich den Wein schmecken. Das erfuhren die anderen Zentauren. Um zu verhindern, dass ihnen Herkules zu viel von dem köstlichen Rebensaft wegtrank, griffen sie Pholos' Gast mit Steinen an. Der Held verteidigte sich mit Pfeil und Bogen. Einige Zentauren flüchteten in die Höhle von Cheiron. Herkules verfolgte sie – und schoss aus Versehen auf Cheiron. Zu allem Unglück hatte Herkules seine Pfeile im Blut der Hydra getränkt, und gegen dieses Gift war kein Kraut gewachsen. Weil Cheiron nicht sterben konnte, musste er unsägliche Schmerzen erleiden. Endlich zeigte Zeus Mitleid und versetzte ihn unter die Sterne, wo er als Schütze fortlebt.

Es muss aber nicht unbedingt der weise Zentaur sein, den wir in klaren Sommernächten tief im Süden sehen. Eratosthenes behauptet, es handle sich um den Satyr Krotos, der unter den Musen am Berg Helikon lebte und das Bogenschießen erfand. Alte Sternkarten stellen den Schützen tatsächlich mit Pfeil und Bogen dar. Die Konstellation jedenfalls ist uralt, schon die Sumerer kannten sie. Wenn Krotos der Himmelsschütze ist, dann könnte Cheiron im Zentaur verewigt sein, der das südliche Firmament schmückt. Beobachter in Mitteleuropa erspähen das Sternbild allenfalls tief am abendlichen Maihimmel, vernebelt vom Dunst über dem Südhorizont.

Schwan

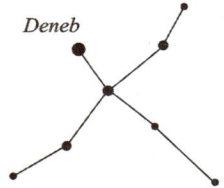

Zeus ist wieder einmal in einer amourösen Affäre unterwegs, hat er doch ein Auge auf die Nymphe Nemesis geworfen. So begibt er sich in die Tiefen des Okeanos und wirbt bei ihrer Mutter Nyx, Göttin der Nacht, um die schöne Jungfrau. Doch Nyx willigt nicht ein. Immer lauter streitet sie mit Zeus. Nemesis nutzt den Disput, hüllt sich in den Mantel der Nacht und flieht in Gestalt eines Fisches. Der Göttervater aber lässt sich nicht täuschen. Auch er nimmt Fischgestalt an und verfolgt Nemesis durch das Wasser. Sie flieht über Land, wobei sie sich in verschiedene Tiere verwandelt. Zeus bleibt Nemesis dicht auf den Fersen. Das arme Mädchen weiß schließlich keinen Rat mehr und verwandelt sich in eine Wildgans. Der Obergott lässt sich davon keineswegs abschrecken. Flugs wird er zu einem prächtigen Schwan mit weiten Schwingen.

Nemesis hat keine Chance: Zeus holt sie ein und vergewaltigt sie. Nemesis legt ein Ei. Ein Hirte findet es im Wald und übergibt es der Königin Leda von Sparta. Aus dem Ei schlüpft die schöne Helena – um die später der Trojanische Krieg entbrennen soll.

2. Sommerbilder

Zur Erinnerung an die Untat des Zeus wurde der Schwan ans Firmament versetzt.

Das Sternbild ist ein gutes Beispiel dafür, wie viele unterschiedliche Mythen sich um die himmlischen Konstellationen ranken. Daher sollen einige kurz wiedergegeben werden. In der Geschichte, die Hyginus erzählt, verwandelt sich Nemesis nicht in Tiere. Zeus dagegen ist in die Gestalt eines Schwans geschlüpft und tut so, als würde er von einem Adler verfolgt. Nemesis gewährt ihm Unterschlupf, was der göttliche Schwan weidlich ausnutzt. In der Schnellversion hat es Zeus gar nicht auf Nemesis abgesehen, sondern auf die Königin von Sparta. Die verführt er am Ufer des Flusses Eurotas. In der Antike und seit der Renaissance wird diese Szene (»Leda mit dem Schwan«) häufig dargestellt. Leda soll übrigens nicht nur Helena, sondern auch deren Schwester Klytämnestra sowie Kastor und Pollux (gr. Polydeukes) geboren haben.

Und dann gibt es noch eine Geschichte, in der Zeus gar keine Rolle spielt. Vielmehr ist der Schwan der beste Freund von Phaethon, dem Sohn des Sonnengottes. Der war mit dem väterlichen Sonnenwagen tödlich verunglückt, und sein Freund trauerte sehr um ihn. Zum Trost darf er mit weit ausgebreiteten Schwingen als Schwan über das Sternenzelt fliegen. Der Himmel erzählt viele Sagen!

Skorpion

Die Umstände seiner Ermordung sind bis heute ungeklärt, ebenso Motiv und Tatort. Es mag auf Chios gewesen sein oder auf Kreta. Jedenfalls weilte Orion, Frauenschwarm und Lebemann, auf einer dieser Inseln. Dort ging er seiner

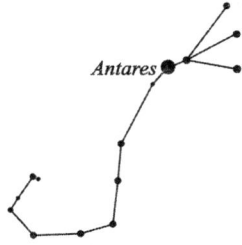

Lieblingsbeschäftigung nach: der Jagd. Was aber geschah bei diesem Ausflug? Hatte Orion tatsächlich versucht, die Göttin Artemis zu vergewaltigen? Oder hatte er sich nur in sie verliebt? Schickte Artemis selbst den Killer? Steckte gar Hades dahinter, der Gott der Unterwelt? Vielleicht hatte Orion geprahlt, dass er jedes wilde Tier mit Leichtigkeit erlegen könne – was wiederum die Erdgöttin Gaia erzürnte.

Die Berichte der Protokollanten – Aratos, Eratosthenes und Hyginus – widersprechen sich. Einigkeit herrscht unter den drei Autoren nur hinsichtlich des Tathergangs: Von Hades gesandt, entstieg der Erde ein mächtiger Skorpion und stach Orion in den Fuß. Das tödliche Gift wirkte schnell, worauf Göttervater Zeus den Playboy ans Firmament versetzte. Dort liefert er sich mit seinem Mörder einen ewigen Wettlauf: Geht der Skorpion im Osten auf, sinkt Orion im Westen unter den Horizont.

Seit mehr als 5000 Jahren reckt der himmlische Skorpion seinen Stachel empor. Die Sumerer hatten die auffällige Sternenfigur Gir-tab (Skorpion) getauft. Die Chinesen sahen darin den Drachen Azur und die polynesischen Maori einen Fischerhaken. In einer klaren Julinacht finden wir den Skorpion tief im Süden. Von unseren Breiten aus erscheinen jedoch nur ein Teil des gepanzerten Körpers und die mächtigen Scheren; Schwanz und Stachel bleiben stets unter dem Horizont verborgen. Mitten im Körper strahlt der Hauptstern Antares. Die Griechen gaben ihm diesen Namen (»dem Mars ähnlich«), denn wegen seiner tief orangenen Farbe erinnerte er sie an den Roten Planeten.

2. Sommerbilder

Waage

Zwölf Sternbilder zählt der Tierkreis. Alle sind sie nach lebenden Wesen benannt – mit Ausnahme der Waage. Und im Gegensatz zu vielen anderen Bildern lässt sich dieser nicht sehr auffälligen Konstellation, die wir im Juli am südlichen Nachthimmel finden, keine antike Sage zuordnen. Dennoch hat sie eine lange, wechselvolle Ge‑ 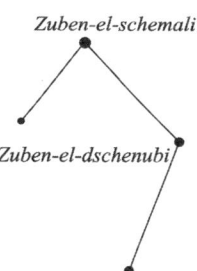 schichte. Schon vor 4000 Jahren haben die Sumerer die Sterne in dieser Region als Zib-Ba Anna, als Himmelswaage bezeichnet. Zwei Jahrtausende später erinnerten sich die Römer an diese Idee. Bei ihnen galt die Waage als etwas Besonderes: Der Mond soll bei der Gründung Roms in diesem Sternbild gestanden haben. Und außerdem hielt sich die Sonne zum Zeitpunkt des Herbstanfangs darin auf. Daher erkannte der Schriftsteller Marcus Manilius im 1. Jahrhundert das Bild als »Zeichen, in dem die Jahreszeiten im Gleichgewicht sind und die Stunden der Nacht und des Tages einander die Waage halten«.

Trotz dieser pragmatischen Sichtweise erschien in den ersten Jahrhunderten nach Christus die eine oder andere Sternkarte mit geflügelten Wesen, die eine kleine Waage in Händen halten. Solche Darstellungen mögen auf Dike zurückgehen, die griechische Göttin der Gerechtigkeit. Möglicherweise spielte dabei der Jenseitsglaube der alten Ägypter eine Rolle, in deren Totenbüchern ein Waagenmann vorkommt.

In diesem Sinn wirkte der schakalköpfige Gott Anubis als Richter. Er überwachte den Ritus der Einbalsamierung und vollzog das Seelenabwägen: Auf die eine Waagschale legte er das Herz des Verstorbenen, auf die andere eine Straußenfeder, das Zeichen der Wahrheits- und Gerechtigkeitsgöttin Maat. Das Herz galt als Sitz der Seele. War es schwerer als die Feder, weil der Mensch zeit seines Lebens gesündigt hatte, wurde es von

Ammit verschlungen. Die Seelenfresserin war ein ziemlich scheußliches Mischwesen aus Krokodil, Löwe und Nilpferd. Die unscheinbare Waage steht westlich des Skorpions, halbwegs zwischen dessen Hauptstern Antares und der hellen Spika in der Jungfrau.

3. Herbstbilder

Andromeda

In Zeiten, da noch leibhaftige Götter und Helden am Himmel regieren, leben in Äthiopien König Kepheus und seine Gemahlin Kassiopeia. Der ganze Stolz des Königspaares ist seine Tochter Andromeda. Eines Tages behauptet Kassiopeia, sie sei viel schöner als die Nereïden. Doch das passt den Meerjungfrauen gar nicht. Tief gekränkt bitten sie Poseidon, die eitle Königin für diese ungeheuerliche Behauptung zu bestrafen. Der fackelt nicht lange: Er schickt den Walfisch los. Kein gewöhnlicher Wal, sondern Cetus, ein schreckliches Monster, taucht kurz darauf an den Gestaden Äthiopiens auf. Mit dem mächtigen Schwanz schlägt es auf das Wasser, Menschen und Tiere werden ins Meer gespült, Schiffe versinken in den Fluten.

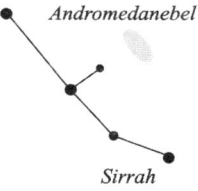

Andromedanebel

Sirrah

Was soll König Kepheus gegen diese fürchterliche Plage tun? In seiner Not wendet er sich an das Orakel von Delphi: »Du kannst Dein Land nur retten, wenn Du Andromeda dem Ungeheuer opferst«, lautet sein Spruch. Schweren Herzens entschließt sich der König, seine Tochter an einen von der Brandung umspülten Felsen zu schmieden. Schon schwimmt Cetus mit geblähten Nüstern heran. Doch Hilfe naht aus der Luft. Perseus, der Sohn des Zeus und der Danaë, stürzt sich – mit seinen geflügelten Sandalen am Himmel dahinjagend – mutig auf Cetus und treibt sein Schwert tief in dessen Nacken. Das Monster stirbt, Andromeda kommt frei und wird mit Perseus vermählt. Am Herbsthimmel sind sie alle versammelt: Kepheus und Kassiopeia, Andromeda, Perseus und der Walfisch. Furcht einflößend wirkt Cetus allerdings nicht gerade. Wir müssen schon eine dunkle Nacht abwarten und gut hinschauen, um die ausgedehnte Figur aus schwachen Sternen überhaupt zu erkennen.

Füllen

Kitalpha

Hoch am Firmament prangt jetzt das ausgedehnte Sternenviereck Pegasus. Das geflügelte Ross hat ein Geschwisterchen: das Füllen. Diese zweitkleinste Konstellation am Himmel wird nicht zuletzt wegen ihrer schwachen Sterne leicht übersehen. Der griechische Astronom Ptolemäus führt das Füllen in einer Liste von 48 Sternbildern, die er im 2. Jahrhundert n. Chr. veröffentlicht hat. Um das Füllen ranken sich mehrere Geschichten. Eine berichtet von einer Stadt ohne Namen. Zeus persönlich kümmerte sich schließlich um die Taufe: Er beschloss, dass die Stadt entweder nach Poseidon benannt werde oder nach Athene. Seine Entscheidung wollte er jedoch von den Geschenken abhängig machen, die er von den beiden Namenspatronen erwartete.

So ging der ungestüme Meeresgott Poseidon daran, aus dem Schaum der Wellen ein Pferd zu formen – das erste überhaupt. Athene hingegen, die Göttin der Weisheit, schenkte dem Zeus einen Olivenbaum. Dem Obergott fiel die Wahl nicht schwer: Er bevorzugte den Olivenbaum, Symbol des Friedens, und gab der Stadt den Namen Athen. Poseidons Pferd aber fand einen Platz am Firmament.

Einem anderen Mythos zufolge ist das Füllen niemand anderer als Hippe, die Tochter des Zentauren Cheiron. Hippe war von

Aiolos verführt worden und wurde prompt schwanger. Aus Furcht vor ihrem Vater floh sie in die Berge, wo sie ihre Tochter Melanippe zur Welt brachte. Doch Cheiron verfolgte die unglückliche Hippe, die von den Göttern Hilfe erflehte. Artemis hatte ein Einsehen: Sie verwandelte Hippe in eine Stute und versetzte sie unter die Sterne.

Pegasus

Medusa, eine der drei Gorgonen, ist eine Schönheit. Viele Freier werben vergeblich um sie. Einzig Poseidon, Gott der Meere, hat eine Chance. Er verführt die junge Frau im Tempel 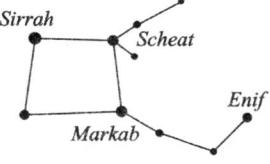 der Athene – und besiegelt damit ihr Schicksal. Denn Athene will die Schändung ihres Heiligtums nicht hinnehmen. Sie verwandelt Medusa in ein schreckliches Ungeheuer: Schlangen züngeln fortan auf ihrem Kopf, ihr Blick lässt jeden, den er trifft, zu Stein erstarren. Mit ihren Schwestern muss Medusa ein Dasein am Rand der Welt fristen.

Als viele Jahre später Perseus das Ungeheuer überlistet und ihm das Haupt abschlägt, entspringt dem Körper das geflügelte Pferd Pegasus (gr. Pegasos). Sogleich erhebt es sich in die Lüfte und fliegt zum Berg Helikon. Dort tritt es mit dem Huf ins Gestein, worauf die Quelle Hippokrene zu sprudeln beginnt, aus der sich die Dichter Inspiration holen. Eines Tages, als Pegasus an der Quelle von Peirene trinkt, nähert sich ihm Bellerophon. Mit einem goldenen Zaumzeug zähmt der Sohn des Königs Glaukos das widerspenstige Pferd und macht sich mit ihm auf, die Feuer speiende Chimaira zu erledigen. Wild entschlossen stürzen sich Bellerophon und Pegasus auf das Wesen, das ganz Lykien in Atem hält. Mit einem gezielten Stich ins Herz macht der Held dem Untier den Garaus. Ob dieses Sieges will Bellerophon den Himmel stürmen. Er gibt Pegasus die Sporen. Sein Ziel: der Olymp. Das aber passt den Göttern gar nicht. Pegasus wirft den übermütigen Reiter ab und steigt allein zum Olymp auf. Dort nimmt sich der mächtige Zeus des ungestümen Flügelrosses an. Es muss für ihn den Keulenwagen ziehen und wird zum Dank ans Firmament versetzt.

Pfeil

Die einst karge Insel Delos verwandelte sich plötzlich in ein Blumenmeer und war in goldenen Schimmer getaucht: Soeben hatte Leto einen gesunden Knaben geboren, den Lichtgott Apollon. Sein Vater Zeus stieg vom Olymp herab, um mit den anderen Göttern bei Nektar und Ambrosia die Geburt zu feiern. Bald schon verließ Apollon seine Heimat und zog – mit einer Leier, einem silbernen Bogen und goldenen Pfeilen im Gepäck – über das Meer in ferne Länder, um den Menschen das Licht zu bringen und sie mit seinem Gesang zu unterhalten.

Eines Tages kam Apollon an einer Höhle vorbei, deren Finsternis selbst er nicht zu durchdringen vermochte. Tief im Innern hörte er ein fürchterliches Schnaufen – das konnte nur Python sein, der schrecklichste aller Drachen. Hera, die Frau des Zeus, hetzte ihn einst auf Leto, nachdem sie von dem Seitensprung ihres Mannes erfahren hatte. Doch Leto rettete sich auf die Insel Delos, wo sie Apollon zur Welt brachte. Vorsichtig lockte der jetzt das Untier ins Freie. Schon riss Python sein Feuer speiendes Maul auf, um Apollon zu verbrennen. Doch der Gott war schneller: Einer seiner goldenen Pfeile traf den Drachen in den Schlund. Python stürzte zurück in seine Höhle und ward nie mehr gesehen. Am Ort des Kampfes wurde die Stadt Delphi gegründet, in deren Tempel die Göttin Pythia das Schicksal der Menschen weissagte. Apollons Pfeil aber landete unter den Sternen.

So klein und unscheinbar die Konstellation ist, so viele Sagen ranken sich um sie. So soll Apollon mit einem Pfeil nicht nur Python getötet haben, sondern später auch die einäugigen Zyklopen; sie hatten geholfen, die Blitze zu schmieden, mit denen Zeus Apollons Sohn Asklepios ins Jenseits beförderte. Asklepios war ein großer Heiler und pfuschte damit dem Hades ins Handwerk. Prompt beschwerte sich der Gott der Unterwelt bei seinem Chef – mit den bekannten Folgen (s. Schlange und Schlangenträger). Nach einem anderen Mythos erschoss Herkules mit dem himmlischen Pfeil einen Adler, der täglich an der Leber des Titanen Prometheus fraß, weil er den Menschen das Feuer gebracht hatte und dafür von Zeus grausam bestraft wurde.

Steinbock

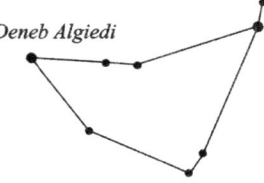

Die Giganten blasen zum Sturm auf den Olymp. Typhon, ein hundertköpfiges Ungeheuer, ist einer der Anführer. Die Götter fliehen vor den Riesen, die mit ihren Schlangenleibern wahrlich ekelerregend aussehen, und nehmen auf Anraten des Hirtengotts Pan die Gestalt von Tieren an. Zeus wird zum Leithammel, Apollon zum Raben. Pan selbst springt in den Fluss und verwandelt den unteren Teil seines Körpers in einen Fisch. Schließlich entschließt sich Zeus doch zum Kampf mit Typhon.

Zunächst zieht der Obergott den Kürzeren. Der Riese reißt ihm die Sehnen aus Händen und Füßen und verschwindet. Aber Pan und sein Kollege Hermes flicken den Geschundenen wieder zusammen. Der nimmt sofort die Verfolgung seines

Widersachers auf, schleudert Blitze und tötet ihn am Ende. Zeus begräbt das Monster unter dem Vulkan Ätna. Dort liegt Typhon noch heute – und stößt gelegentlich Rauchwolken gegen den Himmel. Aus Dankbarkeit darüber, dass Pan die Ehre der Götter gerettet hat, versetzt ihn Zeus als Steinbock unter die Sterne.

Die Sage der Griechen aus grauer Vorzeit bringt Pan also mit einem amphibischen Wesen in Verbindung. Die Sumerer und Babylonier sahen darin ebenfalls ein seltsames Geschöpf – halb Fisch, halb Ziege. Die Römer haben diesen Ziegenfisch in Steinbock (lat. *capricornus*) umbenannt.

Südlicher Fisch

Die syrische Fruchtbarkeitsgöttin Derceto hatte eine heiße Affäre mit dem jungen Kaistros, dem sie eine Tochter gebar. Als die Vaterschaft ruchbar wurde, fürchtete sich Derceto vor der Schande, ein Kind von einem Menschen bekommen zu haben. So tötete sie ihren Liebhaber, verließ ihre Tochter und stürzte sich in den heiligen See Askalon in Palästina. Darin verwandelte sie sich in eine Meerjungfrau: den Südlichen Fisch. In dieser Version der Sage, die der griechische Schriftsteller Diodoros Sikulos im 1. Jahrhundert v. Chr. erzählt, wird Dercetos Tochter von Tauben gerettet. Sie bringen den Säugling an einen sicheren Ort und ziehen ihn mit Milch und Käse auf, den sie von Hirten stibitzen.

Als diese den Tauben folgen, entdecken sie das Baby. Der königliche Oberhirte Simmas gibt ihm den Namen Semiramis und zieht es groß. Später sollte Semiramis eine berühmte Königin werden und die Stadt Babylon erbauen lassen. Die Geschichte um Derceto und Semiramis erklärt laut dem römischen Autor

Hyginus, weshalb die Syrer keinen Fisch essen und die Tauben als göttlich verehren.

Einer anderen Erzählung zufolge stürzt sich Derceto zwar in den See, wird aber von einem großen Fisch gerettet. Der wiederum landet zum Dank am Himmel, ebenso wie seine beiden Sprösslinge, die Tierkreis-Fische. Dieser Südliche Fisch soll direkt vom babylonischen Gott Oannes abstammen. In alten Karten wird das Fabelwesen mit weit geöffnetem Maul dargestellt, in das der Wassermann – ein anderes Sternbild – aus einem Krug Wasser gießt. Das Fischmaul markiert am Firmament der helle Fomalhaut, der bei uns in den Monaten Oktober und November knapp über dem Horizont im Süden funkelt.

Fomalhaut, der Hauptstern der Konstellation, ist ungefähr 25 Lichtjahre von der Erde entfernt und besitzt die 15-fache Leuchtkraft unserer Sonne. Vor einigen Jahren haben Astronomen mit dem Weltraumteleskop *Hubble* um Fomalhaut eine Staubscheibe mit 40 Milliarden Kilometer Durchmesser aufgespürt – Anzeichen eines jungen Planetensystems. Mittlerweile kennt man zwei Begleitsterne, Fomalhaut B und C, wobei Letzterer ebenfalls von einer Scheibe aus Gas, Staub und kometenähnlichen Objekten umgeben ist.

Walfisch

Das Monster am Firmament fällt nicht auf. In klaren Novembernächten glimmt es schwach im Süden. Kaum zu glauben, dass dieses Wesen mit geblähten Nüstern und peitschendem Schwanz einst die Wellen durchpflügte. 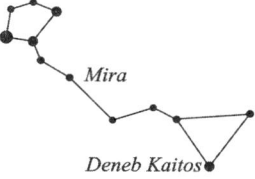 Doch so will es die Sage – und die beginnt mit einer Beleidigung: Kassiopeia, die eitle Königin von Äthiopien, behauptete von sich, schöner zu sein als die Nereïden. Die Töchter des Meeres waren sauer und beschwerten sich bei Poseidon. Sogleich befahl der Gott dem Walfisch, vor den Gestaden Äthiopiens mächtig »Wind« zu machen – was der auch tat: Schiffe gingen unter, Menschen und Tiere wurden von der Küste ins Meer gespült.

Der Walfisch war kein Wal im zoologischen Sinn. Schon die Babylonier sahen im Cetus – so der lateinische Name – einen Drachen, der im Euphrat sein Unwesen trieb. Die Araber nannten das Bild Elkaitos (Ungeheuer) und gaben seinen Sternen eindeutige Namen wie Baten Kaitos (Bauch des Untiers). Seltsam, dass die Ägypter aus der Reihe tanzten: Sie sahen in der Figur fünf Strauße. Und gelegentlich taucht Cetus als dreischwänziger Hund auf. Johann Bayer porträtiert den Walfisch in seinem Sternatlas aus dem Jahr 1603 als eine Mixtur aus Drache, Stier und Schlange.

Die Geschichte in Äthiopien übrigens ging gut aus: Um sein Volk von der Plage zu erlösen, wollte König Kepheus seine Tochter Andromeda opfern. An einen Felsen gekettet, bot er sie dem Cetus zum Fraß dar. Da nahte aus der Luft Perseus, befreite Andromeda in letzter Sekunde und erstach den Walfisch – der seitdem am Himmel fortlebt.

Wassermann

Im ehernen Zeitalter herrschten rohe Sitten. Die Menschen betrogen, mordeten und lehnten sich gegen die Götter auf. Zeus sah dem Treiben nicht lange zu: Er schickte eine gewaltige Sintflut, um die Ungehorsamen zu bestrafen. Wolkenbrüche stürzten vom Himmel, Flüsse traten über die Ufer und spülten

Häuser und Tiere fort. Die Fluten ertränkten alle Menschen – bis auf Deukalion, den Sohn des Prometheus, und seine Gattin Pyrrha. Beide hatten gottergeben gelebt und waren rechtzeitig gewarnt worden. In einem hölzernen Schiff entkamen sie der Katastrophe. Als das Wasser allmählich zurückging, strandeten sie am Berg Parnass.

Die Erde war jedoch wüst und leer. In ihrer Verzweiflung wandten sich Deukalion und Pyrrha an das Orakel der Themis: »Werft die Gebeine der großen Mutter hinter Euch«, lautete der geheimnisvolle Spruch. Das letzte Menschenpaar verstand die Botschaft. Die »große Mutter« musste die Erde, ihre »Gebeine« konnten nur die Steine sein. Tatsächlich verwandelten sich die von Deukalion geschleuderten Brocken in Männer, die von Pyrrha weggeworfenen in Frauen. So wurden die beiden zu den Stammeltern eines neuen Geschlechts. Allerdings stand es bei den Griechen um die Emanzipation nicht sehr gut: Nur Deukalion bekam einen Platz am Firmament. Dort sehen wir ihn als das Sternbild Wassermann.

Die Konstellation spielte nicht nur vor Tausenden von Jahren eine Rolle. Moderne Sterndeuter beschwören heute das Zeitalter des Wassermanns, dem auch das Lied *The Age of Aquarius* aus dem Musical *Hair* gewidmet ist. Was bedeutet das? Der sogenannte Frühlingspunkt, der Ort, an dem die Sonne auf ihrer Jahresbahn um den 21. März den Himmelsäquator kreuzt, liegt derzeit im Bild der Fische. In etwa 600 Jahren wird der Frühlingspunkt wegen der stetigen Bewegung der Erdachse in den Wassermann weitergerückt sein. Dann soll für die Menschheit eine neue Ära anbrechen. Wer den Wassermann am Firmament aufspüren will, braucht eine klare Nacht ohne Streulicht. Die Sterne sind schwach, selbst Sadalmelik und Sadalsuud springen nicht gerade ins Auge.

4. Winterbilder

Eridanus

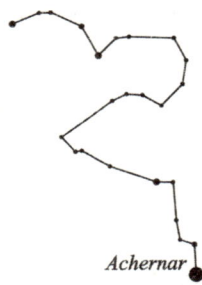

Seit undenklichen Zeiten regiert der Sonnengott Helios mit segensreicher Hand. Täglich spannt er seine vier feurigen Rösser an und lenkt den Sonnenwagen von Osten nach Westen über das Firmament. Sein Sohn Phaethon begleitet ihn gelegentlich auf diesen Dienstreisen. Eines Tages will der Filius selbst die Zügel in die Hand nehmen.

Nach langem Zaudern willigt Helios ein – nicht, ohne Phaethon viele gute Ratschläge auf den Weg mitzugeben. Als Eos – die Göttin der Morgenröte – erscheint, schwingt sich Phaethon auf den prunkvollen, mit Edelsteinen besetzten Wagen und treibt die Pferde an. Aber die Tiere merken sofort, dass etwas nicht stimmt. Ohne ihren vertrauten Lenker rennen sie wild schnaubend los. Phaethon wird auf seinem Kutschbock ganz schwindelig. Bald gerät das Gespann aus der Bahn. Statt Richtung Süden rast es nach Norden, vorbei an den Sternen des Großen Bären und des Drachen.

Jetzt schlagen die Rösser einen Haken und bewegen sich auf den Skorpion zu. Längst hat Phaethon die Kontrolle verloren. Als er auch noch den Furcht einflößenden Skorpion auf sich zukommen sieht, ist es aus: Der Göttersohn lässt die Zügel schießen. Der Wagen steuert auf die Erde zu und versengt das Land. Meere trocknen aus, Libyen wird zur Wüste. Jetzt greift Zeus ein. Um weiteres Unheil zu verhindern, tötet er Phaethon mit einem Blitz. In hohem Bogen fliegt Helios' Sohn durch die Luft, stürzt mit brennendem Haar in den Fluss Eridanus und versinkt darin. Phaethons Schwestern, die Heliaden, weinen um ihren Bruder, und ihre Tränen werden zu Bernstein.

Zum Gedenken an die Höllenfahrt des Phaethon wird der Eridanus unter die Sterne versetzt. Er schlängelt sich vom Fuß des Orion in Richtung Walfisch, macht abrupt kehrt und verschwindet von unseren Breiten aus gesehen unter dem Horizont. Eridanus ist ein sehr altes Sternbild. Schon die Ägypter sahen darin einen Totenfluss oder auch den Nil. Eridanus besteht aus schwachen Sternen und ist daher recht unscheinbar.

Fische

Im Himmel ist die Hölle los. Typhon macht Jagd auf die Götter. Tartaros, der Herrscher der Finsternis, zeugte dieses mächtige Untier mit der Erdgöttin Gaia. Typhon ist ein geflügeltes Mischwesen, halb Mensch, halb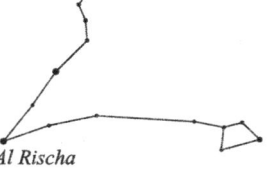
Schlange. Sein Maul spuckt Lava, seine Arme spannen sich über den gesamten Erdkreis. Hin und wieder verfinstern seine Flügel sogar die Sonne. Eines Tages hatte Typhon die Waffen des Göttervaters – Blitz und Donnerkeil – gestohlen, um den Olymp zu stürmen. Doch Zeus gelang es durch einen Trick, sein Inventar zurückzuholen. Rasend vor Wut zieht Typhon zur Wohnstatt der Götter.

Um dem Untier zu entfliehen, empfiehlt der Hirtengott Pan seinen Kollegen, sich in Tiere zu verwandeln. Zeus wird zum Widder, Apollon zum Raben, Hera zur Kuh, Artemis zur Katze, und Pan selbst schlüpft in die Gestalt eines seltsamen Fischwesens. Doch Typhon hat es vor allem auf die schöne Aphrodite abgesehen. Ihren Sohn Eros im Arm, flieht sie an die Gestade des Euphrat. Erschöpft sucht sie dort Zuflucht im hohen Schilf.

Da vernimmt sie von fern ein Rascheln. Nur der Wind ist es, doch Aphrodite überfällt Todesangst. Sie packt Eros, fleht die Nymphen um Beistand an und springt in den Fluss. Offenbar haben die Nymphen ein Einsehen mit der verzweifelten Göttin. Plötzlich tauchen zwei Fische auf, die mit einem Strick verbunden sind. Aphrodite klammert sich daran fest und braust mit dem Gespann durch die Fluten.

Zum Dank für diese Tat werden die Fische später an den Himmel versetzt. Die Sache mit Typhon geht für die Götter gut aus. Zeus besiegt das Monster, wirft es ins Meer und schleudert die Insel Sizilien auf sein Haupt. Dort, unter dem Vulkan Ätna, liegt Typhon noch heute begraben und spuckt immer wieder Lava. Die Fische stehen im Dezember hoch am abendlichen Sternhimmel. Im Jahr 7 v. Chr. begegneten sich die Planeten Jupiter und Saturn drei Mal in dem unscheinbaren Bild. Heute halten manche Forscher diese Große Konjunktion für den wahren Stern von Bethlehem.

Großer Hund

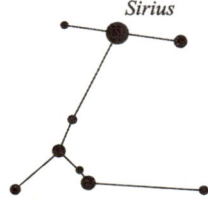

Lailaps war ein Wunderhund: So schnell wie der Wind jagte er seiner Beute hinterher, kein Tier konnte ihm entkommen. Klar, dass der Hund quasi vom Himmel stammte. Der Göttervater Zeus, so geht die Sage, soll ihn seiner Geliebten Europa geschenkt haben. Ihr hatte er sich in Gestalt eines weißen Stiers genähert. Das Mädchen spielte mit ihm, schwang sich schließlich auf seinen Rücken, und der Stier schwamm nach Kreta. Dort gebar Europa dem Zeus zwei Söhne: Rhadamanthys und Minos. Minos tötete seinen Bruder im Kampf und setzte sich die Königskrone von Kreta auf. Später heiratete er Pasiphae, die Tochter des Sonnengottes. Um ihren Gemahl ganz an sich zu binden, belegte sie ihn mit einem Zauber. Jede Frau, die er berührte, starb – sie selbst natürlich nicht. Doch Prokris, die Gattin des Kephalos, vermochte den unglücklichen Herrscher zu heilen. Zum Dank schenkte er ihr den Hund Lailaps, den er selbst von seiner Mutter bekommen hatte.

Eines Tages hörte Kephalos von einem Fluch, der auf dem Königreich Theben lag. Ein fürchterlicher Fuchs verwüstete das ganze Land; wegen seiner Schnelligkeit war er nicht zu fassen. So machte sich Kephalos mit Lailaps auf nach Theben. Wäre doch gelacht, wenn der Hund den Fuchs nicht zur Strecke bringen sollte. Die wilde Jagd ging los. Doch kaum hatte Lailaps den Fuchs gefangen, befreite sich dieser und entkam. Der unentschiedene Wettkampf wäre auf ewig weitergegangen, hätte Zeus nicht eingegriffen. Ohne lange zu zögern, verwandelte er die beiden Tiere in Steinfiguren und versetzte den Hund an den Himmel.

Sirius im Großen Hund ist der hellste Stern am irdischen Firmament. »Er speit Flammen und verdoppelt die sengende Wirkung der Sonne«, schreibt der römische Autor Marcus Manilius. Tatsächlich markierte sein Aufgang in der Morgendämmerung im antiken Griechenland den Beginn der größten Sommerhitze. Diese Bedeutung hat sich bis heute erhalten, bezeichnen wir doch den Zeitraum vom 23. Juli bis zum 23. August als »Hundstage«.

Hase

Der Winterhimmel bietet nicht nur die prächtigsten Sternbilder des Jahres, sondern er steckt voller Mythen. Der Fluss Eridanus, Walfisch, Wassermann, Zwillinge, Stier und natür-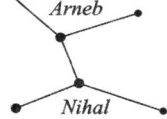

lich der Himmelsjäger Orion gehören zu den Figuren, um die sich die antiken Sagen spinnen. Dabei übersehen die Beobachter leicht eine unscheinbare Konstellation unterhalb des prächtigen Orion: den Hasen.

Über ihn erzählt der römische Autor Hyginus in seiner *Poetica Astronomica*: Einst galt die griechische Insel Leros als hasenfreie Zone – bis zu dem Tag, da irgendjemand eine trächtige Häsin mitbrachte. Also begannen die Bauern damit, Hasen zu züchten. Das erwies sich als schlechte Idee. Denn bald herrschte auf Leros eine wahre Hasenplage. Die Tiere entwickelten einen ungeheuren Appetit und fraßen alle Felder leer. Jetzt regte sich unter den Bewohnern Unmut, denn auf den Tisch kam immer nur Hasenbraten ohne Beilagen. Manche sollen das Essen verweigert haben, Hyginus spricht sogar von einer Hungersnot. Nun wurde es Ernst: In einer Treibjagd hetzten die Insulaner ihre Hasen ins Meer.

Nach dem Befreiungsschlag baten sie die Götter, wenigstens eines der Tiere ans Firmament zu versetzen – als Erinnerung daran, dass es einst zu viele davon gegeben hatte.

Älter als Hyginus' Fassung der Geschichte ist die Darstellung des Eudoxos von Knidos. Der erwähnt den Hasen bereits im 4. Jahrhundert v. Chr. und bringt ihn mit Orion in Verbindung. Nachdem der Jäger vergeblich der Großen Bärin und dem Löwen nachgestellt hatte, soll er sich den Hasen als Beute auserkoren haben.

Eine andere Legende berichtet, dass es der Held nicht übers Herz brachte, den Hasen zu töten. So schützt Orion das zu seinen Füßen kauernde verängstigte Tier davor, von dem wilden Hund zerrissen zu werden. Obwohl das Bild aus schwachen Sternen besteht, hat es die Fantasie angeregt: Die Ägypter sahen darin das Boot des Osiris, die Perser eine Schafherde, die Araber vier Kamele.

Orion

Orion war Playboy durch und durch. Der Sohn des Meergottes Poseidon und der Euryale, Tochter des kretischen Königs Minos, galt als der größte und schönste aller Männer. Sein Vater verlieh ihm die Fähigkeit, über das Wasser zu gehen. Weil er sonst nichts zu tun hatte, verlegte er sich aufs Jagen. Mit seiner unzerbrechlichen Bronzekeule streifte er durch die Wälder, um wilde Tiere zu erlegen.

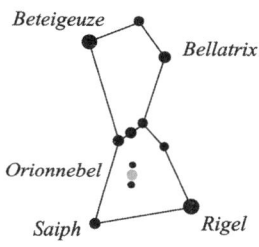

Seine Beutezüge führten ihn eines Tages auch auf die Insel Chios. Dort traf er die schöne Merope und warb um sie – ohne Erfolg. Aus Frust betrank er sich und wurde zudringlich. Als ihn Merope abwies, verlor er die Beherrschung und versuchte, sie zu vergewaltigen. Am nächsten Morgen erfuhr Oinopion, Meropes Vater, von der schändlichen Tat. Er ließ Orion gefangen nehmen, blendete ihn und verbannte ihn von seiner Insel. Orion irrte hilf- und ziellos umher und erreichte schließlich die Schmiede des Hephaistos auf der Insel Lemnos. Der hatte Mitleid mit dem Geblendeten und gab ihm seinen Diener Kedalion als Führer mit. Auf Orions Schultern sitzend, leitete Kedalion ihn nach Osten. Als die Sonne aufging, trafen ihre Strahlen die blinden Augen und machten sie wieder sehend.

Doch Orion hatte nichts gelernt. Sogleich verdrehte er Eos, der Göttin der Morgenröte, den Kopf. Damit zog er sich den Zorn der Jagdgöttin Artemis zu. Voller Wut tötete die Schwester des Apollon den Lebemann mit einem Pfeil. Aus gut informierten Kreisen verlautet aber auch, dass Orion den Angriff überlebt und sich in Artemis verliebt habe. Dieses Tête-à-tête passte wiederum den anderen Göttern nicht. Hades schickte einen Skorpion, der den mächtigen Jäger in den rechten Fuß stach. Orion hauchte sein Leben aus. Zeus versetzte ihn an den Himmel. Dort steht er noch heute und schwingt seine Keule. Auf manchen Sternkarten sind ihm der Große und der Kleine Hund als Jagdhunde zugeordnet.

Der Schürzenjäger gehört zu den bekanntesten Akteuren im Sternentheater. Seine Figur mit den drei Gürtel- und den beiden Schultersternen Beteigeuze und Bellatrix sowie dem hellen Rigel am linken Fuß fallen jedem Laien sofort auf. Der Orion ist eines der ältesten Sternbilder. Schon Homer und Hesiod berichten im 8. Jahrhundert v. Chr. von ihm. Die alten Ägypter brachten die Konstellation mit den Göttern Horus und Osiris in Verbindung.

Stier

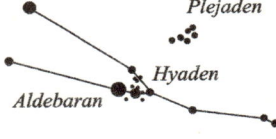

Der weiße Stier hat mächtige Halsmuskeln, seine Hörner sind durchsichtig wie ein heller Edelstein. Friedlich trabt er zur Küste Phöniziens, dorthin, wo die Königstochter Europa und ihre Freundinnen zu spielen pflegen. Die Mädchen haben keine Angst. Europa pflückt Blumen und hält sie dem Tier ans Maul. Bald lässt sich der zutrauliche Stier von ihr kraulen und Kränze um die Hörner schlingen. Schließlich klettert Europa auf den Rücken des Stiers. Der trottet jetzt langsam zum Ufer, watet durchs seichte Wasser und beginnt schließlich zu schwimmen. Europa ruft um Hilfe. Aber der mächtige Körper des Stiers durchpflügt bereits das offene Meer.

Zeus' List hat wieder einmal funktioniert. Denn kein anderer als der griechische Göttervater selbst war in Tiergestalt geschlüpft, um die schöne Europa zu entführen. Nach zwei Tagen kommen der Stier und seine süße Last an die Gestade Kretas. Göttervater Zeus verwandelt sich in einen Jüngling und nimmt

Europa zur Geliebten. Sie bringt Rhadamanthys und Minos zur Welt, der als König von Kreta berühmt werden sollte.

Der Stier gehört zu den auffälligen Konstellationen, nicht zuletzt wegen des hellen, orangerot leuchtenden Aldebaran. Den Griechen erschien der Stern nach seinem Aufgang über dem Meer wegen der horizontnahen Lufttrübung tiefrot. Daher sahen sie in ihm das blutunterlaufene Auge des Stiers, der Europa durch Poseidons Reich trägt. In dem Sternbild lag von 4000 bis 1700 v. Chr. der Frühlingspunkt, der Ort am Himmelsäquator also, an dem die Sonne um den 21. März steht. Darüber hinaus werten die Plejaden und die Hyaden das Bild auf. Beide gehören sie zur Klasse der offenen Sternhaufen und stellen keine eigenen Konstellationen dar. Die Plejaden sind die sieben Töchter des Atlas, denen Orion nachstellte. Auch die Hyaden – fünf Schwestern oder sieben, ihre Zahl schwankt mit den Autoren – sollen Atlas zum Vater haben. Sie säugten Dionysos in seiner Höhle und wurden zum Dank an den Himmel versetzt, von wo sie es regnen lassen (»Regengestirn«).

Widder

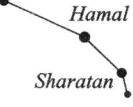

Mit der Ehe von König Athamas und Nephele klappte es nicht so recht. Schließlich verstieß Athamas seine Gemahlin und heiratete die Prinzessin Ino. Damit nahm das Unglück seinen Lauf. Die Kinder aus erster Ehe, Phrixos und Helle, erlebten unter ihrer Stiefmutter die Hölle. Eines Tages entschloss sich Ino sogar, die beiden zu töten. Sie ließ zunächst mit magischen Kräften das Getreide verdörren. Als das Land unter großer Hungersnot litt, schickte König Athamas einen Boten nach Delphi, um das Orakel um Rat zu bitten. Doch Ino hatte den Boten bestochen. Nach seiner Rückkehr musste er verkünden, dass einzig der Opfertod von Phrixos und seiner Schwester Helle das Land retten könne.

Nach langem Zögern bestieg der König mit seinen Kindern den Berg Laphystios. Als sie schon am Opferaltar standen, griff ihre leibliche Mutter Nephele ein. Sie sandte einen geflügelten Widder mit goldenem Fell vom Himmel. Die Geschwister kletterten auf den Rücken des Tiers, das sie durch die Lüfte trug. Über der Meerenge zwischen Europa und Asien verlor Helle den Halt. Sie stürzte in die Tiefe und ertrank. Seither heißt diese Stelle Hellespont. Phrixos landete unversehrt auf Kolchis. Dort opferte er den Widder dem Zeus, der ihn unter die Sterne versetzte. Um das Goldene Vlies entspinnt sich die Argonautensage.

Der Widder gehört zu den zwölf Bildern des Tierkreises. Die Sonne wandert heute vom 19. April bis zum 14. Mai durch diese Konstellation. Zur Zeit des antiken Griechenlands lag der Frühlingspunkt in diesem Bild, einer der beiden Schnittpunkte zwischen Himmelsäquator und Jahresbahn der Sonne (Ekliptik). In ihm steht das Tagesgestirn zu Frühlingsanfang (Tagundnachtgleiche) um den 21. März. Am winterlichen Firmament prangt der Widder am späten Abend im Süden. Um die ganze Figur zu erkennen, braucht man viel Fantasie und eine klare Nacht. Nur die beiden hellen Sterne Hamal (arab. Lamm) und Sharatan (arab. Zweifaches) fallen deutlich ins Auge.

Zwillinge

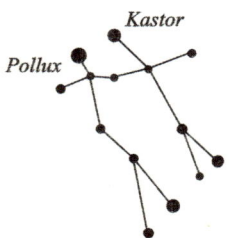

Zwillinge als Halbbrüder? Die Mythologie macht's möglich! Leda hatte dem Spartanerkönig Tyndareos mehrere Kinder geboren, darunter die Zwillinge Kastor und Pollux (gr. Polydeukes). Aber Helden und Heroen der griechischen

Sagenwelt scheren sich wenig um die Gesetze der Biologie. Denn Polydeukes, so berichten manche Autoren, hatte nicht Tyndareos, sondern Zeus zum Vater. Als Göttersohn war er unsterblich, im Gegensatz zu Kastor. Die Zwillinge selbst jedenfalls kannten keinen Klassenunterschied, sie waren unzertrennlich. Gemeinsam nahmen sie an der Argonautenfahrt teil. Dabei hat Polydeukes den Amykos, einen Sohn des Poseidon, im Boxkampf besiegt. Auch sonst bestanden die Zwillinge viele Abenteuer.

Ihr letztes war der Kampf mit den Brüdern Idas und Lynkeus, deren Verlobte Kastor und Polydeukes frech entführt hatten. Idas und Lynkeus verfolgten sie und stellten sie zum Kampf. Lynkeus stürzte sich auf Kastor und durchbohrte ihn mit dem Schwert. Tödlich getroffen, sank er zu Boden. Polydeukes bat Zeus, seinen Halbbruder ausnahmsweise in den Olymp aufzunehmen. So weit wollte der Göttervater aber nicht gehen.

Schließlich einigte man sich darauf, dass Polydeukes und Kastor jeweils einen Tag im Himmel, den anderen im Hades verbringen dürfen. Die Aufenthaltsgenehmigung am abendlichen Firmament dauert allerdings das gesamte Winterhalbjahr. Dann kann man die Zwillinge zwischen den Bildern Fuhrmann und Kleiner Hund bewundern. An der Spitze der Figur funkeln die Hauptsterne Kastor und Pollux.

Vor Jahrhunderten glaubten die Seefahrer, dass sich die Zwillinge bei Stürmen als Elmsfeuer auf den Schiffen zeigten. Nach dem römischen Schriftsteller Plinius dem Älteren sollen sie »ein gutes Gelingen der Reise« bedeuten. Der Ursprung dieses Glaubens liegt wohl in der Argonautensage. Denn als das Schiff *Argo* einst in Seenot geriet, sollen Kastor und Pollux die Besatzung, der sie ja selbst angehörten, gerettet haben.

5. Nordpolbilder

Von den Sternbildern, die sich Frühling, Sommer, Herbst oder Winter zuordnen lassen, unterscheiden wir jene, die in unseren Breiten während des ganzen Jahres über dem Horizont stehen. Dies ist ihrer unmittelbaren Nähe zum Himmelspol geschuldet, der das Zentrum des nördlichen Himmels bildet. Er liegt dort, wo die verlängerte Erdachse dem Eindruck nach das Firmament berührt, ganz in der Nähe des Polarsterns, um den sich alle Sternbilder zu drehen scheinen.

Drache

Etamin

Die Erdgöttin Gaia hatte Hera zu ihrer Hochzeit einen wunderbaren Baum geschenkt. Hera pflanzte ihn an den Hängen des Atlasgebirges westlich des Okeanos und beauftragte die Töchter des Atlas und der Hesperis, ihn zu bewachen. Denn jedes Jahr trug der Baum drei goldene Äpfel. Doch die Hesperiden konnten der Versuchung nicht widerstehen und stibitzten die Früchte der ewigen Jugend. Als sie von dem Diebstahl erfuhr, wurde Hera sehr zornig. Sie schickte nach dem Drachen Ladon. Das Ungeheuer soll geflügelt gewesen sein und 100 Köpfe gehabt haben. Aus den Mäulern züngelten Flammen, die Schuppen seines Panzers waren hart wie Stahl. Und der Drache schlief niemals. Hera erschien er als idealer Wächter. Tatsächlich schlängelte sich Ladon sogleich um den Apfelbaum und wich fortan nicht von der Stelle.

Da taucht eines Tages Herkules (gr. Herakles) im Atlasgebirge auf. Er hatte von König Eurystheus zwölf Aufgaben bekommen, die unlösbar erschienen. Eine davon sollte sein, die Äpfel vom Baum der Hera zu pflücken. Die Sonne steht schon tief am Horizont, als Herkules den Garten der Hera betritt. Langsam nähert er sich dem Wunderbaum. Schon schießt Ladon hervor. Wie besessen haut Herkules mit dem Schwert auf das Monster ein und bringt es nach erbittertem Kampf schließlich zur Strecke. Weil der Held den Rat erhalten hatte, die Goldäpfel nicht selbst vom Baum zu holen, bittet er Atlas darum. Bis der mit den Früchten zurückkehrt, muss Herkules für ihn das Firmament tragen. Nach einiger Zeit erscheint Atlas mit der wertvollen Beute.

Herkules beeilt sich, dem Atlas die schwere Himmelslast zurückzugeben und macht sich mit dem Schatz davon. Hera versetzt den Drachen Ladon unter die Sterne. Dort windet er sich zwar nicht mehr um den Apfelbaum, wohl aber um den nördlichen Himmelspol. Auch hat er nur noch einen Kopf, den vier Sterne markieren und der auf das Bild Herkules gerichtet ist. Während der Drachentöter im Winter unter den Horizont sinkt, bleibt Ladon als Sternbild Drache das ganze Jahr über sichtbar.

Großer Bär

Niemals möge die Bärin im Meer ein Bad nehmen! Voller Verachtung für ihre Nebenbuhlerin Kallisto, die Zeus unter die Sterne versetzt hat, stößt Hera diesen Fluch

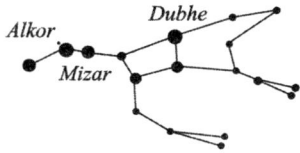

aus. Und so geschieht es. Nie sinkt die Große Bärin – im Deutschen hat sich fälschlicherweise der Name Großer Bär eingebürgert – in mittleren nördlichen Breiten unter den Horizont. Zu den populärsten Konstellationen gehört Ursa Maior jedoch aus einem anderen Grund: Die sieben hellsten Sterne bilden nicht nur Körper und Schwanz der Bärin, sondern ähneln in ihrer Anordnung einem Wagen mit Deichsel. Der Große Wagen zählt nicht zu den 88 Sternbildern, die die Internationale Astronomische Union 1922 festgelegt hat; dennoch taucht er in den meisten Karten als eigene Figur auf, zumal die übrigen Sterne von Ursa Maior nur sehr schwach leuchten. Bereits die Babylonier bezeichneten das Bild als Himmelswagen, bei den alten Germanen galt er als Gefährt Wotans. Die Amerikaner nennen die Konstellation Big Dipper, Großer Schöpflöffel.

Um Ursa Maior ranken sich viele Sagen. Die bekannteste beschreibt Heras Eifersucht auf die schöne Kallisto. Das Mädchen gehört zum Gefolge der Jagdgöttin Artemis. Eines Tages nimmt Zeus die Gestalt von Artemis an, nähert sich ihr und enthüllt seine wahre Identität. Ehe sich Kallisto versieht, ist es auch schon passiert. Kallisto wird schwanger und bringt Arkas zur Welt. Hera bleibt der Fehltritt ihres Mannes nicht verborgen. Doch ihre Wut richtet sich ganz auf Kallisto, die sie schließlich aufsucht. Zornentbrannt schleudert Hera die unglückliche Frau zu Boden und verwandelt sie in eine Bärin.

15 Jahre lang streift Kallisto durch die Wälder, immer auf der Flucht vor Jägern. Eines Tages wird sie wieder gejagt – von keinem anderen als ihrem Sohn Arkas, der sie nicht erkennt. Schon hebt er den scharfen Speer, um sie zu durchbohren. Da greift in letzter Sekunde Zeus ein und trägt beide zum Firmament empor. Arkas verwandelt sich in Bootes, der die Bärin über den Himmel verfolgt.

Kassiopeia & Kepheus

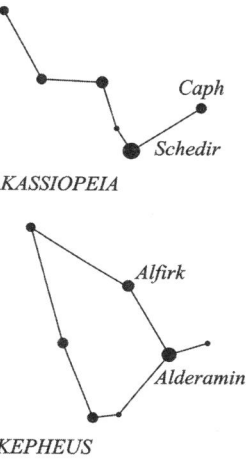

Lange schon regierten Kassiopeia und Kepheus über das sagenhafte Äthiopien, das sich von der südöstlichen Küste des Mittelmeers bis zum Roten Meer erstreckte. Kepheus stammte von der Nymphe Io ab und trug die Krone eines persischen Königs. Seine Gemahlin Kassiopeia war überaus schön, aber auch eitel und prahlsüchtig. Als sie eines Tages ihr langes Haar bürstete, nahm das Verhängnis seinen Lauf: In einem Anflug von Hochmut behauptete sie, viel besser auszusehen als die Meerjungfrauen.

Das blieb den Nereïden genannten Wesen nicht verborgen. Und eine der 50 Schwestern, Amphitrite, hatte Beziehungen in höchste Kreise, war sie doch mit dem Gott Poseidon verheiratet. Aufgeregt berichteten ihm die Nereïden von Kassiopeias ungeheurer Behauptung und forderten Rache. Poseidon schickte sofort das Wassermonster Cetus los, um die Küsten Äthiopiens zu verwüsten. Mit seinem mächtigen Schwanz peitschte Cetus das Meer auf, überflutete das Land und riss Schiffe in die Tiefe.

Ein Orakel wies Kepheus an, seine Tochter Andromeda dem Monster zu opfern, um das Reich zu retten. Das Königspaar ließ Andromeda an einen Felsen schmieden, Cetus schwamm heran – und wurde von Perseus erstochen, der gerade mit seinen Flügelsandalen vorbeigeflogen kam. Zur Belohnung forderte Perseus Andromeda zur Frau. Die war eigentlich ihrem Onkel Phineus versprochen. Während des Hochzeitsbanketts platzte Phineus herein und forderte seine Rechte.

Als sich Kepheus weigerte, brach ein fürchterliches Gemetzel los. Kepheus zog sich dezent zurück und überließ Perseus das

Feld. Der siegte schließlich und prangt heute am Firmament wie alle anderen Protagonisten der Geschichte auch. Kassiopeia und Kepheus übrigens sind das einzige Ehepaar unter den Sternbildern. Und die Konstellation Cetus nennen wir Walfisch.

Kleiner Bär

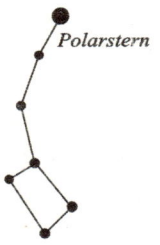

»Sieh mal, da blinkt der Polarstern!« Selbst wem der Himmel gar nicht vertraut ist, glaubt, wenigstens eines der scheinbar Millionen Lichtpünktchen zu kennen. Die meisten halten den Polarstern für hell und meinen, dass er besonders schön funkelt. Nichts davon stimmt. Polaris, so der lateinische Name, lässt sich mit bloßem Auge zwar recht gut beobachten, aber Dutzende anderer Sterne leuchten deutlich heller als er. Der sagenhafte Ruf des Polarsterns mag von seiner Position am Firmament herrühren: Er steht weniger als ein Grad vom Himmelspol entfernt und markiert so die Nordrichtung. Zudem entspricht seine Höhe über dem Nordhorizont stets der geografischen Breite des Beobachtungsorts.

Schon in der Antike diente Polaris als Navigationshilfe für Seefahrer. Der gesamte Himmel dreht sich täglich einmal um ihn. Und er markiert die Schwanzspitze des Kleinen Bären, dessen hellste Sterne wiederum den Kleinen Wagen bilden. Dabei handelt es sich um kein Sternbild im eigentlichen Sinn, sondern um einen sogenannten Asterismus – analog dem Großen Wagen in der Konstellation Großer Bär.

Den Kleinen Bär in die Astronomie eingeführt hat offenbar der Grieche Thales von Milet im 6. Jahrhundert v. Chr. Er soll, so berichtet ein Dichter, »die kleinen Sterne des Wagens vermessen haben, nach dem die Phönizier segelten«. Um den Kleinen Bär ranken sich unterschiedliche Mythen. Einer erzählt von Kallisto, mit der Zeus eine Affäre anfing. Daraus entsprang Arkas. Als junger Mann lernte er mit Pfeil und Bogen umzugehen wie kein Zweiter. Eines Tages kam Hera, die Frau des untreuen Göttervaters, hinter die Beziehung und verwandelte Kallisto aus Wut in eine Bärin.

Ausgerechnet ihr begegnete Arkas auf einem seiner Jagdausflüge – und zielte nichts ahnend auf sie. Doch Zeus hatte alles beobachtet. In letzter Sekunde packte er das Tier am Schwanz und schleuderte es zum Himmel. Auf dieselbe Art soll er den gemeinsamen Sohn Arkas ans Firmament versetzt haben. Dort prangen sie noch heute als Großer und Kleiner Bär.

Folgt man den lateinischen Quellen, müsste man die beiden Bilder Große und Kleine Bärin nennen, denn dort heißen sie Ursa Maior und Ursa Minor (lat. *ursa*, Bärin). Auch in der griechischen Überlieferung werden bisweilen beide Sternbilder weiblichen Wesen zugeordnet. Nach einer Version der Sage symbolisiert die Kleine Bärin eine treue Dienerin Kallistos. Und wieder einer anderen Legende zufolge hieß die Kleine Bärin ursprünglich Ida und war eine jener beiden Nymphen, die Zeus in der Höhle des Berges Dikte großzogen. Seine Mutter Rhea hatte ihn dort vor den Nachstellungen seines Vaters Kronos versteckt. Die zweite, ältere Nymphe trug den Namen Adrasteia und wurde zur Großen Bärin.

Perseus

König Akrisios von Argos ist Schlimmes prophezeit worden: Er soll eines Tages von seinem Enkel getötet werden. Um diesem Fluch zu entgehen, sperrt er seine Tochter Danaë kurzerhand in einen schwerbewachten Ker-

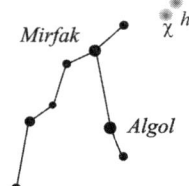

ker. Danaë ist sehr schön, und Zeus hat längst ein Auge auf sie geworfen. Für einen Göttervater sind dicke Mauern kein Hindernis. So besucht Zeus seine Auserwählte in Gestalt eines Regens aus Gold. Zum Entsetzen ihres Vaters gebiert Danaë einen Sohn, den sie Perseus tauft. Da packt Akrisios den Säugling und seine Tochter in eine hölzerne Kiste und setzt sie auf dem Meer aus. Tagelang schaukeln die beiden über die Wogen, bis sie an den Gestaden der Insel Seriphos stranden.

Dort findet ein Mann namens Diktys die Erschöpften und nimmt sie bei sich auf. Der Gastgeber ist der Bruder des Königs Polydektes, der sich in Danaë verliebt. Jahre sind vergangen, und diese Liaison passt dem mittlerweile zum Mann herangewachsenen Perseus überhaupt nicht. Um den renitenten Sohn loszuwerden, schmiedet der König einen Plan: Perseus soll ihm das Haupt der Medusa bringen, eine von drei Schwestern, die an den Hängen des Berges Atlas hausen. Durch seinen Vater hat der Held jedoch einen guten Draht zu den Göttern. Sie versehen ihn mit Bronzeschild, Diamantschwert, Tarnkappe und geflügelten Sandalen. Diese Ausrüstung kann Perseus gut gebrauchen, denn Medusa ist ein Monster: Schlangen züngeln auf ihrem Haupt, und ihr Blick lässt jeden, den er trifft, zu Stein erstarren.

Perseus gelangt schließlich zu ihrem Lager. Er nähert sich der Schlafenden mit dem Rücken, im Schild ihr Spiegelbild. Mit einem Hieb haut er Medusa den Kopf ab, aus dem das geflügelte Pferd Pegasus entspringt. Perseus verstaut das Haupt, schwingt sich auf seinen Sandalen in die Lüfte – und kommt gerade recht, um Andromeda zu retten. Ihr Vater Kepheus, König von Äthiopien, hat sie an einen Felsvorsprung über dem Meer schmieden lassen. Dort soll sie einem Meeresungeheuer geopfert werden, um den Fluch, der über dem Land liegt, aufzuheben. Perseus stürzt herab, befreit Andromeda und nimmt sie mit auf die Insel Seriphos.

Mit dem Haupt der Medusa versteinert Perseus den Tyrannen Polydektes und setzt dessen Bruder Diktys als König ein. Perseus und Andromeda heiraten und haben vier Kinder. Eine Geschichte mit Happy End? Nicht ganz. In einem sportlichen Wettkampf schleudert Perseus einen Diskus und trifft damit versehentlich seinen Großvater Akrisios. Der sinkt zu Boden und stirbt. Die Prophezeiung hat sich erfüllt.

Das Sternbild ist nicht nur wegen des veränderlichen Sterns Algol bei Amateurastronomen beliebt, sondern auch wegen der beiden offenen Sternhaufen h und χ Persei. Schon im Fernglas entfalten die beiden Objekte ihre funkelnde Pracht.

6. Horizontbilder

Wer an einem klaren Abend im April mit bloßem Auge das Firmament abtastet, findet mit etwas Glück und bei hervorragender Durchsicht tief im Süden ein paar schwach schimmernde Sterne. Sie gehören zu zwei Konstellationen mit ungewöhnlichen Namen: Luftpumpe und Kompass. Im Laufe des Jahres erscheinen auf der horizontnahen Himmelsbühne jeweils für wenige Wochen noch sechs weitere Figuren, die ebenfalls eine Nebenrolle spielen: Bildhauer und Grabstichel, Mikroskop und Ofen, Taube und Zentaur. Wegen ihrer in unseren Breiten extrem südlichen Position heißen sie Horizontbilder.

Selbst am Himmel über Griechenland – der Wiege der klassischen Sternensagen – waren sie schwer sichtbar. Daher fehlen sie im *Almagest*, dem Verzeichnis, das der Gelehrte Ptolemäus im 2. Jahrhundert v. Chr. aufstellte. Eine Ausnahme bildet der Zentaur. Er symbolisiert Cheiron, das berühmteste dieser Mischwesen mit menschlichem Oberkörper und Pferdeleib. Die Zentauren galten als rohe Gesellen. Cheiron dagegen war gebildet und in der Heilkunst ebenso bewandert wie in der Musik und der Jagd. So starb er nicht im Kampf, sondern durch ein Versehen. Ein Pfeil des Herkules traf ihn ins Knie. Gelegentlich wird Cheirons Geschichte zur Konstellation Schütze erzählt.

Das Sternbild Taube ist eine Erfindung des Holländers Petrus Plancius aus dem Jahr 1592. Mit gutem Willen kann man die Konstellation für jenes Tier halten, das es der Besatzung des Schiffs *Argo* als »Testpilot« ermöglichte, das Felsentor der Symplegaden zu passieren. Die Namen der übrigen Horizontbilder weisen allesamt auf ihre Geburt in der Neuzeit hin. Kompass oder Mikroskop gab es in der Antike noch nicht. Die Luftpumpe soll an ein Instrument des Physikers Denis Papin erinnern. Der Ofen symbolisiert ein Gerät, wie es in chemischen Labors stand. Der Grabstichel wird auf alten Karten als Gravurwerkzeug dargestellt, der Bildhauer oftmals als Künstleratelier mit Skulptur, Schlegel und Meißel. Hinter all diesen Namen steckt Nicolas Louis de Lacaille. Der französische Astronom reiste im Jahr 1750 nach Südafrika und veröffentlichte nach seiner Rückkehr eine Karte des südlichen Firmaments mit 14 neuen Sternbildern.

7. Unscheinbare Bilder

Am Firmament versammeln sich Helden, Fabelwesen und allerlei mystische Dinge. Doch die Sternbilder fielen nicht vom Himmel, sondern wurden im Lauf der Jahrtausende von Astronomen aus unterschiedlichen Kulturen dort fixiert. Viele – vor allem die der Nordhalbkugel – verkörpern Gestalten aus der Sagenwelt. Zu anderen gibt es keine Erzählungen aus der klassischen Mythologie, etwa zum Dreieck, das die Griechen nach der Form des vierten Buchstabens in ihrem Alphabet Deltoton nannten. Manche Konstellationen wurden erst im 16. oder 17. Jahrhundert getauft, so die Bilder Einhorn und Giraffe von dem holländischen Theologen Petrus Plancius. Alle bestehen sie aus sehr schwachen Sternen, sind also im wörtlichen Sinne unscheinbar.

Auf der Liste der neueren Konstellationen finden sich auch sieben Figuren, die ein Bierbrauer, Ratsherr und Astronom aus Danzig erfunden hat: Johannes Hevelius. Die meisten seiner Bilder tragen Tiernamen wie Jagdhunde und Füchschen, Eidechse, Kleiner Löwe und Luchs. Eines heißt Sextant – nach dem Instrument, mit dem Hevelius die Position der Sterne bestimmte. Eines ist zu Ehren des polnischen Königs Jan Sobieski III. benannt. Es symbolisiert den Schild, den der König im Jahr 1683 in der Schlacht am Kahlenberg bei der Befreiung Wiens von türkischen Belagerern trug. Den unscheinbaren himmlischen Schild finden wir im Spätsommer im Süden, ein wenig unterhalb des Adlers. Amateurastronomen kennen die Konstellation wegen zweier offener Sternhaufen, die im Teleskop einen hübschen Anblick bieten.

7. Unscheinbare Bilder

Johannes Hevelius war zu seiner Zeit nicht nur als Taufpate von Sternbildern bekannt. Der Patriziersohn studierte Jura, traf auf seinen Reisen durch Europa aber auch berühmte Astronomen und baute selbst Teleskope. Er montierte sie in einem Observatorium, das die Dächer dreier seiner Häuser überspannte. Aufsehen erregte Hevelius mit seinen Luftfernrohren: Um optische Fehler auszugleichen, verwendete er Linsen mit Brennweiten bis zu 45 Metern. Solche Himmelsmaschinen stellte der Astronom vor den Toren Danzigs auf und beobachtete damit den Mond, den Planeten Saturn sowie Kometen und Finsternisse.

8. Veraltete Bilder

John Hill muss ein Mann mit bizarrem Humor gewesen sein. Im Jahr 1754 ersann der englische Naturforscher 13 neue Sternbilder und gab ihnen Namen wie Blutegel, Spinne oder Regenwurm. Verständlich, dass seine Nomenklatur keine Freunde fand. Hill war nicht der einzige, der den Himmel für neue Konstellationen öffnen wollte. Vor allem im 17. und 18. Jahrhundert erlebte die Kartografie des Firmaments eine Blüte. Während die einen ihrer Fantasie freien Lauf ließen, verfolgten die anderen ernste Absichten – so der Augsburger Julius Schiller, der die antiken Tierkreisbilder kurzerhand in die zwölf Apostel umbenannte. Sein Vorschlag setzte sich ebenso wenig durch wie jener des englischen Astronomen und Kometenentdeckers Edmond Halley. Der erfand die Karlseiche (Robur Carolinum), um seinem Herrscher König Karl II. zu schmeicheln. Die Sterne für die Karlseiche holte sich Halley aus dem Bild Argo.

Die Galeere *Argo* wiederum erlebte am Himmel im wahrsten Sinne Schiffbruch: Ursprünglich gehörte sie zu den 48 klassischen Konstellationen der Griechen; mit ihr fuhren Iason und die Argonauten nach Kolchis, um das Goldene Vlies zu holen. Im Sternenkatalog des französischen Forschers Nicolas Louis de Lacaille aus dem Jahr 1763 taucht die Argo nicht mehr auf, dafür finden sich in dem Werk die einzelnen »Wrackteile«: Schiffsheck (Puppis), Schiffskiel (Carina) und Segel (Vela) – und diese Bilder gibt es noch heute.

Verschwunden sind dagegen Konstellationen wie Zerberus, Hahn, Rentier, Druckerei oder Friedrichs Ehre. Mit letzterer wollte Johann Elert Bode im Jahr 1787 dem preußischen König Friedrich dem Großen ein himmlisches Denkmal setzen. Im Jahr 1922 hatte das Gerangel um die Sternbilder ein für allemal ein Ende: Die Internationale Astronomische Union beschloss eine offizielle Liste mit 88 Konstellationen.

III. Ein Panoptikum des Universums

Auf den Spuren der Schöpfung

Die Menschen der Neuzeit haben den Himmel entzaubert. Rote Riesen, Weiße Zwerge und Schwarze Löcher regieren statt Götter, Helden und Ungeheuer am Firmament. Geblieben ist das Bestreben zu erfahren, woher wir kommen und wohin wir gehen. Die Antworten auf diese Fragen sind eng verwoben mit der Religion, mit dem Glauben an ein Wesen oder eine Macht außerhalb der wahrnehmbaren Realität. So hat jede Kultur ihren eigenen Schöpfungsmythos geschaffen. Vor einigen Jahrhunderten begann der Mensch den Schleier zu lüften, der den gestirnten Himmel über ihm verhüllte. Er tat dies mithilfe von mathematischen Gesetzen und zunehmend auch durch praktische Beobachtung. Erst seit ein paar Jahrzehnten sind wir in der Lage, das Universum und seine Entwicklung wenigstens grob zu überblicken. Die Schöpfungsgeschichte der Naturwissenschaft zu Beginn des 21. Jahrhunderts hört sich etwa so an:

Vor knapp 14 Milliarden Jahren werden Raum und Zeit geboren. Entstanden aus einer zufälligen Fluktuation im Quantenvakuum, einem Punkt im Nichts, dehnt sich das Universum aus. Es gleicht einer Suppe aus Materie, Antimaterie, Lichtteilchen und starker Strahlung. Seit dem Urknall sind 10^{-43} Sekunden (42 Nullen nach dem Komma folgt die Ziffer eins) vergangen. In ebenfalls unvorstellbar kurzer Zeit bläht sich der Kosmos einen Augenblick später von der Größe eines Atomkerns zu der unseres Sonnensystems auf. Danach verläuft seine Expansion gleichmäßig. Eine Sekunde nach dem Urknall beginnen Protonen und Neutronen aneinander festzukleben, die Atomkerne von Wasserstoff und Helium entstehen. 380 000 Jahre vergehen, bis die Atomkerne Elektronen einfangen und sich auf diese Weise Wasserstoff- und Heliumatome bilden können. Das Universum wird transparent. Die Lichtteilchen schwärmen als Botschafter der heißen Geburt in alle Richtungen aus.

Neun Milliarden Jahre sind seit dem Urknall vergangen. Längst treiben im unvorstellbar weiten Ozean des Alls Materie-Inseln aus Milliarden Sternen sowie interstellaren Gas- und Staubwolken. In einer dieser Galaxien schält sich im Zentrum eines langsam rotierenden Nebels ein Stern heraus. In der diskusförmigen Scheibe, die den heißen Gasball umgibt, verklumpt die Materie zu Planeten. Einer davon umkreist die Sonne im Abstand von etwa 150 Millionen Kilometern: die Erde. Noch gleicht ihre Oberfläche einem brodelnden Inferno aus glühendem Gestein. Brocken aus dem All prasseln nieder und kneten den zähflüssigen Brei durch. Äonen fließen dahin, bis sich die Kruste verfestigt. Immer noch speien gewaltige Vulkane Lava. Gase und Wasserdampf entsteigen dem feurigen Schlund der Erdkugel und umhüllen sie. Schließlich ergießt sich aus den Wolken sintflutartiger Regen. Das Wasser füllt Becken und Vertiefungen in der Kruste. Meere entstehen.

Irgendwann, etwa elf Milliarden Jahre nach der Geburt des Universums, taucht in den Urgewässern etwas völlig Neues, geradezu Unerhörtes auf: Leben. Sein Ursprung liegt wohl für immer im Dunkel der Erdgeschichte. Seine ersten Spuren finden sich heute in Meeresablagerungen, es sind Archäen und einfache Bakterien. Eine Milliarde Jahre vergehen. Cyanobakterien bevölkern jetzt die Urozeane. Diese Lebewesen gleichen chemischen Fabriken. Sie verstehen sich auf die Fotosynthese – die Kunst, Sauerstoff zu produzieren. Die Atmosphäre reichert sich mit diesem wertvollen Stoff an. So bereiten die Cyanobakterien den fruchtbaren Boden, auf dem das Leben weiter gedeihen kann.

Mehr als 13 Milliarden Jahre nach dem Urknall beginnt auf dem Planeten Erde die Entwicklung von Pflanzen und Tieren. Der Weg verläuft keineswegs geradlinig. Im Lauf der Geschichte sind mehr Arten ausgestorben als heute existieren. Mindestens fünf Katastrophen globalen Ausmaßes erschüttern das Leben. Zum Beispiel rottet ein Massensterben rund 245 Millionen Jahre vor unserer Zeit 90 Prozent aller Tierarten aus. Und vor 65 Millionen Jahren schlägt den Sauriern die letzte Stunde; aller Wahrscheinlichkeit nach hat ihnen – die ohnehin schon am absteigenden Ast waren – der Einschlag eines vielleicht zehn Kilometer großen kosmischen Brockens den Rest gegeben.

Nach diesem letzten großen Einschnitt sprießt das Leben aufs Neue. Kleine mausähnliche Wesen haben überlebt. Sie gelten als Urahnen der Säugetiere und damit auch von uns Menschen. Unser Vorfahr durchstreift vor sieben Millionen Jahren die Wälder Afrikas. Dort tritt vor cirka 1,6 Millionen Jahren der Urmensch vom Typ *Homo erectus* ins Licht der Erdgeschichte. Und 100 000 Jahre vor unserer Zeitrechnung lebt in Afrika der *Homo sapiens*, der sich nach Europa und Asien ausbreitet.

100 000 Jahre – das bedeutet einen Wimpernschlag im Leben des Universums (0,0007 Prozent!), aber einen gewaltigen Sprung in der Entwicklung des Menschen. Nach Ablauf dieser Zeit schickt er sich an, das Universum zu erkunden und damit zu den eigenen Wurzeln vorzustoßen. Als Sumerer und Babylonier, Ägypter und Griechen zum Himmel schauen, wähnen sie sich im Mittelpunkt des Kosmos. Die Lehre des Aristoteles bedient diese menschliche Egozentrik: Sonne, Mond und die in der Antike bekannten Planeten Merkur, Venus, Mars, Jupiter und Saturn, ja sogar die Fixsterne, umkreisen danach die feststehende Erde.

Nahezu 2000 Jahre lang hält sich dieses geozentrische Weltbild. Dann rückt ein Geistlicher namens Nikolaus Kopernikus im 16. Jahrhundert die Sonne ins Zentrum und degradiert die

Wohnstatt des Menschen zu einem gewöhnlichen Planeten. Johannes Kepler, Galileo Galilei und Isaac Newton vollenden den Plan des heliozentrischen Weltgebäudes. Die Himmelskörper sind berechenbar geworden. Was aber verbirgt sich hinter ihnen? Woraus bestehen die Planeten? Woher stammt die gewaltige Energiemenge der Sonne? Noch im Jahr 1859 schreibt der Berliner Physiker Heinrich Dove: »Was die Sterne sind, wissen wir nicht und werden wir nie wissen.«

Kurze Zeit nach dieser kühnen Behauptung lesen die Astronomen im zerlegten Sternenlicht wie Detektive in Fingerabdrücken. Ebenso wie unsere Sonne entpuppen sich die Sterne als heiße Gaskugeln. Der englische Astronom Arthur Eddington untersucht die Zusammenhänge zwischen Masse, Leuchtkraft und Temperatur der Sterne. Auf der Basis dieser Zustandsgrößen beschreibt er deren Aufbau. Eddington vermutet, dass sich die Energiequellen von Sonne und Sternen nur durch die Gesetze der Atomphysik erklären lassen. Ende der 1930er-Jahre finden Hans Bethe und Carl Friedrich von Weizsäcker tatsächlich den Schlüssel zum stellaren Fusionsreaktor: die Umwandlung von Wasserstoff in Helium.

Damals hatten die Forscher längst ein anderes Problem gelöst und dadurch die »Weltinsel-Debatte« entschieden: Im Jahr 1924 bewies Edwin Hubble mit dem 2,5-Meter-Spiegelteleskop auf dem Mount Wilson im US-Bundesstaat Kalifornien, dass der Andromedanebel eine eigenständige Spiralgalaxie wie die unsere ist. Damit verlor unser Milchstraßensystem seine beherrschende Stellung im Universum. Wiederum waren der Mensch und seine Heimat aus dem Herzen des Kosmos vertrieben worden, spielte die Erde lediglich die Rolle eines unbedeutenden Staubkorns in den Tiefen des Alls.

Im Jahr 1929 entdeckte Hubble einen Zusammenhang zwischen der sogenannten Fluchtgeschwindigkeit der Galaxien und ihren Entfernungen. Mehr noch: Der gesamte Weltraum expandierte. Jetzt war die Zeit reif, um über Bau und Entwicklung des

Kosmos nachzudenken. Mit seiner Allgemeinen Relativitätstheorie lieferte Albert Einstein das mathematische Handwerkszeug. Die Idee vom Anfang des Alls aus einer unvorstellbar kleinen, heißen und dichten Singularität entstand. Damit war die oben geschilderte Urknalltheorie geboren.

In der zweiten Hälfte des 20. Jahrhunderts verdichtete sich das Netz der Indizien für diesen von den meisten Wissenschaftlern favorisierten astronomischen Schöpfungsmythos. Zwei Physiker entdeckten 1964 zufällig eine Strahlung, die den Kosmos gleichmäßig durchdringt. Theoretiker hatten dieses Echo des Urknalls vorausgesagt. Zu Beginn der 1990er-Jahre registrierte das Satelliten-Observatorium *Cobe* in der Hintergrundstrahlung winzige Kräuselungen, hinter denen Dichteschwankungen im jungen Universum stecken. Durch die geheimnisvolle Dunkle Materie verstärkt, aus der ein Viertel des gesamten Alls besteht, mögen sich diese Wirbel zu Saatkörnern für Galaxienhaufen ausgewachsen haben. Sie durchziehen das Universum wie die Blasen eines Schaumbads. Im Jahr 1998 fanden Forscher schließlich Hinweise auf eine Kraft, die den Kosmos wohl für alle Ewigkeit auseinandertreibt: die Dunkle Energie.

Die Menschen haben den Himmel entzaubert, aber die Faszination ist geblieben. Denken wir nur an das Szenario von der weiteren Entwicklung unserer Sonne: In fünf Milliarden Jahren wird sie sich zu einem Roten Riesen aufblähen und vielleicht die Erde verschlucken, danach ihre Gashülle in den Raum blasen und zu einem erdgroßen, sehr dicht gepackten Weißen Zwerg mutieren. Oder erst die Schwarzen Löcher, jene Schwerkraftfallen, die sogar das Licht gefangen halten! Ist das nicht mindestens ebenso spannend wie beste Science-Fiction?

In den in diesem Abschnitt versammelten Kurztexten werden wir auf so manch erstaunliches Objekt treffen. Zunächst lernen wir ganz unterschiedliche Phänomene kennen – auf der Erde und im All. Und wir hören von Astronomen und Beobachtungsinstrumenten zur Erkundung des Universums (1). Danach führt uns die Reise durch das Planetensystem (2), hinaus ins Reich der Sterne, durch unsere Milchstraße und in die Welt der Galaxien (3) bis zum Rand von Raum und Zeit (4). Die einzelnen Beiträge bauen nicht aufeinander auf, sie können unabhängig voneinander und in beliebiger Reihenfolge gelesen werden. Wie Mosaiksteinchen sollen die kurzen Geschichten ein verständliches und rundes Bild des Universums ergeben.

1. Astronomisches Kaleidoskop: Von Himmelserscheinungen und ihrer Beobachtung

Wenn Sterngucker schwarzsehen

»Heute funkeln die Sterne so schön. Da muss das Beobachten doch eine wahre Freude sein.« Diese Feststellung, von Laien auf Volkssternwarten häufig ausgesprochen, bringt die Astronomen zur Verzweiflung. Wissen sie doch, dass das himmlische Vergnügen an diesem Abend eher mäßig ausfallen wird. Aber was will der Sterngucker denn noch außer einem klaren dunklen Firmament? Eine ruhige Durchsicht! Denn eine wabernde und wallende Atmosphäre verwandelt die Sternpünktchen in breite Lichtkleckse und verschmiert feinste Details bei der Mond- oder Planetenbeobachtung. Szintillation nennen die Fachleute dieses Phänomen. Ursache sind Luftturbulenzen, die das Licht aus dem Kosmos im wahrsten Sinne durcheinanderschütteln. Die optischen Effekte der Luftunruhe verstärken sich mit wachsender Öffnung des Fernrohrs und zunehmender Vergrößerung. Besonders betroffen sind professionelle Geräte mit mehreren Metern Spiegeldurchmesser.

Um dem schlechten »Seeing« halbwegs zu entfliehen, bauen die Astronomen ihre Observatorien auf die Gipfel hoher Berge in abgelegenen Gegenden der Erde. Aber selbst dort ist die Atmosphäre niemals so ruhig, dass die Teleskope ihr theoretisches Auflösungsvermögen erreichen. Daher tricksen die Techniker die Natur aus: Adaptive Optik heißt das Zauberwort. Ein

Sensor misst die ankommenden, durch die Luftunruhe unterschiedlich stark deformierten Wellenfronten. Der Computer verarbeitet die Daten und gibt sie in Echtzeit an ein System mechanischer Stößel weiter, die mehrmals pro Sekunde die Spiegel an den richtigen Stellen verformen und damit den Wellensalat glätten. Ein derartiges System arbeitet mit Erfolg zum Beispiel an den vier Acht-Meter-Spiegeln des *Very Large Telescope* der Europäischen Südsternwarte in Chile.

Darüber hinaus sind die heutigen Großteleskope auch noch mit der sogenannten aktiven Optik ausgestattet. Dieses System funktioniert mechanisch ganz ähnlich wie das der adaptiven Optik, gleicht aber nicht die Luftunruhe aus, sondern Deformierungen, wie sie durch das Schwenken der Spiegel auftreten. Denn um die ankommenden Lichtstrahlen exakt in einem Brennpunkt zu vereinen, muss die Spiegeloberfläche einer ganz bestimmten geometrischen Form folgen, einer Parabel etwa. Und diese muss zu jeder Zeit genau eingehalten werden. Beim Schwenken des Teleskops jedoch verformt sich das Glas – was zu Abbildungsfehlern führt. Die aktive Optik greift hier korrigierend ein.

Der geblendete Himmel

Die Astronomen sind auf der Flucht. Forschten sie früher mitten unter uns – in Großstädten wie Berlin, London oder Paris –, so haben sie sich heute in die entlegensten Winkel der Erde zurückgezogen: auf die Gipfel hoher Berge, in die Wüste oder gar in die Antarktis. Von dort spähen sie mit mächtigen Maschinen in den klaren Himmel. Aber wie lange werden diese Biotope der Astronomen noch geschützt sein vor der zunehmenden Luft- und Lichtverschmutzung der irdischen Atmosphäre? Wer von seinem Wohnort ein wirklich dunkles Firmament genießen und etwa das hauchzarte Band der Milchstraße bis zum Horizont verfolgen möchte, hat kaum eine Chance. Etwa 90 Prozent der Weltbevölkerung können keinen ungestörten Nachthimmel mehr erleben. Einer Emnid-Umfrage zufolge haben ein Drittel der Deutschen die Milchstraße überhaupt noch nie gesehen!

Der steigende Energiebedarf erfordert mehr Kraftwerke, deren Emissionen die Menge an Treibhausgasen und Schwebeteilchen (Aerosole) in der Atmosphäre erhöhen. So etwa blasen wir pro Jahr weltweit rund 35 Milliarden Tonnen Kohlendioxid in die irdische Lufthülle. Das führt nicht nur zu globaler Erwärmung, sondern auch zu einer deutlichen Eintrübung. Die Luftteilchen wiederum streuen das Licht aus irdischen Quellen – der Nachthimmel hellt sich auf, schwache Sterne verblassen.

Allein in den vergangenen zwei Jahrzehnten haben die Amateurastronomen in Mitteleuropa und den USA drastisch an Durchblick verloren: Studien zeigen, dass in den Ballungszentren nur noch helle bis sehr helle Sterne sichtbar sind. Vor einigen Jahren hatten Wiener Astronomen die Bevölkerung aufgerufen, bei klarem und mondlosem Himmel mit bloßem Auge alle Sterne in der Figur Kleiner Wagen zu zählen. Wer den Test selbst nachmachen will: Unter normalen Bedingungen müssten alle sieben Lichtpünktchen des Hauptbilds problemlos zu sehen sein. Die meisten Beobachter in den Städten werden neben dem vergleichsweise hellen Polarstern allerdings nur noch einen oder zwei weitere Sterne erblicken.

Lichtsmog ist nicht nur ein Thema für die Astronomen. Biologische Uhren, die durch den Wechsel von hell und dunkel synchronisiert werden, steuern den Organismus von Menschen und Tieren. Indem wir die Nacht zum Tag machen, stören wir solche zirkadiane Rhythmen – auch die von Insekten, Fledermäusen oder Vögeln.

Überall auf der Welt ziehen inzwischen Wissenschaftler und Amateure gegen die zunehmende Lichtverschmutzung zu Felde, in Deutschland etwa die Fachgruppe »Dark Sky« innerhalb der Vereinigung der Sternfreunde (www.lichtverschmutzung.de). Das Szenario der Fachleute birgt trübe Aussichten: In ein paar Jahrzehnten könnten die Sterne vollständig vom irdischen Firmament verschwunden sein.

Ein Glimmen in der Luft

Mit Orion, Stier, Fuhrmann und Zwillingen glänzen im Winter die prächtigsten Sternbilder des Jahres. Ein dunkler Himmel ist Voraussetzung für einen genussvollen Streifzug zu fernen Welten – und in unserer Gegend sehr selten. Selbst in kleinen Ortschaften überstrahlen Straßenlampen und kreisende Lichtkegel von Laserbeamern die schwachen kosmischen Lichter. Längst haben sich die Astronomen aus dem Dunstkreis der Städte in die abgelegensten Orte der Erde geflüchtet, zum Beispiel auf Gipfel in den chilenischen Anden. Dort verschmilzt das diffuse Band der Milchstraße mit dem Horizont und selbst schwache Sterne leuchten mit bestechender Brillanz.

Doch schwarz wie die Nacht ist der Himmel über der Wüste auch nicht. Zu Beginn des 20. Jahrhunderts spürten die Forscher diesem Phänomen erstmals nach. Mit der Gesamtstrahlung aller Gestirne allein ließ es sich nicht erklären. Außerdem zeigte das Spektrum dieses seltsamen Hintergrundlichts die Fingerabdrücke vor allem von Sauerstoff und Stickstoff. Tatsächlich liegt des Rätsels Lösung relativ nahe: in der irdischen Lufthülle. Unsere Sonne schickt rund um die Uhr ultraviolette Strahlung in den Weltraum. Dabei trifft dieses energiereiche UV-Licht auch auf die Gaspartikel der Erdatmosphäre. Die Kollisionen reißen die atomaren Verbände auseinander – die sich kurz darauf jedoch wieder neu formieren. Dabei wird Licht ausgesandt.

Diese Prozesse laufen in der von der Sonne beleuchteten Atmosphäre ständig und in astronomisch hoher Zahl ab. Selbst wenn das Tagesgestirn längst untergegangen ist, zucken noch jede Menge solcher atomarer Lichtblitze. Sie summieren sich zu einem gleichmäßigen Glimmen und erhellen das nächtliche Firmament. Satelliten haben dieses Airglow aus dem All fotografiert: Auf den Bildern erscheint es als leuchtender Ring, der die Erdoberfläche in einer Höhe zwischen 90 und 500 Kilometern umgibt. Bei der Beobachtung von Planeten oder hellen Gasnebeln und Galaxien spielt das Himmelsglühen keine Rolle. Doch auf lang belichteten Fotos kann es den Blick zu lichtschwachen Objekten in den Tiefen des Universums verschleiern.

Die Hagenschen Wolken

Als schimmerndes Band zieht sich die Milchstraße über den Sommerhimmel. In einer klaren Nacht abseits künstlicher Lichtquellen im Gebirge oder am Meer entfaltet sie ihre ganze Pracht. Seit Jahrtausenden staunen die Menschen über dieses kosmische Gewölk. Erst in der Neuzeit fanden die Forscher heraus, dass es Teil des gigantischen Sternsystems ist, dem wir angehören: der Galaxis. Deren Stellung im All und ihre Struktur waren noch nicht klar, als Johann Georg Hagen die Milchstraße studierte. Der im österreichischen Bregenz geborene Jesuit und Astronom war 1906 zum Direktor der Vatikanischen Sternwarte bei Castel Gandolfo in den Albaner Bergen berufen worden und beobachtete dort das Firmament mit einem Linsenfernrohr von 40 Zentimeter Durchmesser. Im Jahr 1920 berichtete er über eine geheimnisvolle Entdeckung: extrem ausgedehnte Dunkelwolken abseits der Milchstraße. Leider ließ sich das Phänomen auf keiner einzigen fotografischen Aufnahme nachweisen.

Optische Täuschung oder kosmische Realität? Die meisten Astronomen hielten die Hagenschen Wolken für Hirngespinste. Ihr Entdecker dagegen glaubte fest an diese größte mit dem Auge sichtbare Struktur am Himmel. Bis kurz vor seinem Tod am 5. September 1930 im Alter von 83 Jahren hatte er an der Specola Vaticana beobachtet, einen Katalog der Wolken erstellt und versucht, seine Kollegen zu überzeugen. Vergeblich. In den 1950er-Jahren kamen die Forscher zu dem Schluss, dass die Entdeckung Hagens auf einer physiologischen Fehlwahrnehmung beruht, wie sie bei extrem schwachen Lichteindrücken im menschlichen Auge auftritt.

Trotzdem ging die Diskussion weiter. Heute bewegt sie vor allem Amateurastronomen. Sie suchen nach dieser großflächigen, kaum wahrnehmbaren Aufhellung des Himmelshintergrundes. Nicht zu verwechseln sind die Hagenschen Wolken mit den echten Dunkelwolken aus interstellarer Materie, die das Licht dahinter liegender Objekte verschlucken und den Eindruck von Löchern im Himmel vermitteln. Nicht-kosmischen Ursprungs ist das stets vorhandene Airglow. Es entsteht durch atomare Prozesse in der Ionosphäre hoch über dem Erdboden und bewirkt, dass das Firmament niemals kohlschwarz ist.

Feuerzauber

Das Firmament glüht. Blaue Bögen, filigrane Lichtvorhänge mit rötlichem Saum und gezackte Strahlenbündel tanzen über dem Horizont. Aurora Borealis – nördliche Morgendämmerung – taufte der französische Astronom Pierre Gassendi im Jahr 1621 diesen himmlischen Spuk. Noch heute fasziniert das Polarlicht den Beobachter. Wenngleich die Experten noch längst nicht alle Rätsel gelöst haben, wissen sie im Prinzip, was hinter den Leuchterscheinungen steckt. »Solar-terrestrische Beziehungen« nennen sie das komplizierte Wechselspiel zwischen dem Sonnenwind und der irdischen Atmosphäre. Unser Tagesgestirn bläst ständig elektrisch geladene Teilchen in den Weltraum. Das Magnetfeld der Erde ähnelt einer Fahne, die in diesem Wind flattert.

Herrscht auf der Sonne stürmisches Wetter mit besonders vielen Eruptionen, stößt der Gasball Kaskaden von Partikeln aus. Mit Geschwindigkeiten zwischen 1500 und 2000 Kilometern pro Sekunde fegen sie durchs All. Nach durchschnittlich 26 Stunden erreichen sie unseren Planeten. Dann strudeln an den Magnetpolen auf spiralförmigen Bahnen scharenweise Elektronen in die Lufthülle. Dort kollidieren sie vor allem mit Sauerstoff- und Stickstoffatomen. Wie im Innern einer Leuchtstoffröhre verwandelt sich die Energie in Strahlung, der Himmel beginnt zu leuchten.

Der Polarlichtzauber spielt sich überwiegend in Höhen zwischen 80 und 120 Kilometern ab. Die meisten Aurorae zeigen sich in ringförmigen Zonen um die Magnetpole. Auf der Nordhalbkugel verläuft dieses Band an der Südspitze Grönlands, dem Nordkap, durch Island sowie durch die nördlichsten Gebiete Sibiriens, Alaskas und Kanadas. In Mitteleuropa sind Polarlichter selten.

Bei hoher Sonnenaktivität, wie sie etwa alle elf Jahre auftritt, schleudert der Stern verstärkt Teilchenwolken durch das Planetensystem. Dadurch verschiebt sich die Sichtbarkeitszone in Richtung Äquator, und ein regelrechter Polarlichtsturm tritt auf – und kann Polizei und Feuerwehr beschäftigen wie jener am 13. März 1989. Damals begann sich gegen 22.40 Uhr der nördliche Himmel über Deutschland rötlich zu verfärben. Viele Menschen hielten das für den Schein eines Großbrandes und riefen bei der Feuerwehr an. Doch die vermeintlichen Flammen züngelten gefahrlos in höheren Sphären.

Der grüne Strahl

Mit Licht hat eine Erscheinung zu tun, die wahlweise grüner Strahl oder grüner Blitz genannt wird. Die Akteure sind Sonne, Mond und Erde. Nicht jedoch ihre kosmische Choreografie – die Positionen im Weltraum zueinander – spielt eine Rolle, sondern allein die irdische Atmosphäre. Bei Auf- oder Untergang muss das Licht der Himmelskörper niedrige, mit Staub durchsetzte dicke Schichten der Lufthülle passieren. Daher erscheinen Sonne und Mond gerötet. Zudem wirken ihre Scheiben am Horizont wegen der Lichtbrechung innerhalb der Atmosphäre (Refraktion) eiförmig.

Das natürliche atmosphärische Prisma bricht Licht verschiedener Wellenlängen unterschiedlich stark, das kurzwellige blaue und grüne stärker als das langwellige rote Licht. Aus diesem Grund hat die Sonne am oberen Rand einen blaugrünen Saum, am unteren einen rötlichen. Dieser obere Saum, der sonst überblendet wird, blitzt bei günstigen Bedingungen für Sekunden auf – als grüner Strahl. Das Naturschauspiel zeigt sich auch bei Vollmond. Die Europäische Südsternwarte (ESO) hat ein entsprechendes Foto veröffentlicht, auf dem die volle Scheibe des Erdtrabanten über der chilenischen Atacama-Wüste unter den Horizont sinkt und dabei der grüne Strahl aufblitzt.

Die Momente, in denen man ihn sieht, sind kurz und rar. Tatsächlich fehlen historische Berichte einer derartigen Beobachtung. Bekannt gemacht hat das Phänomen im 19. Jahrhundert der französische Science-Fiction-Autor Jules Verne, der dem grünen Strahl einen ganzen Roman mit gleichnamigem Titel (*Le rayon vert*) widmet. Die Protagonistin erfährt über einen Zeitungsartikel von dem Lichtspiel und begibt sich auf eine Schiffsreise, um es selbst zu sehen. An Bord lernt sie einen jungen Mann kennen. Eines Abends steht sie mit ihm an Deck, die Sonne geht unter, die Bedingungen sind günstig. Doch in dem Moment, da sich der grüne Strahl zeigt, sehen sich die beiden tief in die Augen – und verpassen das Naturschauspiel.

Die Astronomische Einheit

Das All ist astronomisch groß. Etwa 43 Milliarden Lichtjahre beträgt die Entfernung zu einer Galaxie am Rand des beobachtbaren Universums. Aber selbst die Distanz des der Erde nächstgelegenen Sterns ist mit 4,2 Lichtjahren unvorstellbar: Das Licht von Proxima Centauri benötigt 4,2 Jahre, um uns zu erreichen; der Stern ist 40 Billionen Kilometer entfernt. Dagegen erscheint der Abstand zur Sonne mit 150 Millionen Kilometer geradezu lächerlich gering. Und dennoch sehen wir das Tagesgestirn stets so, wie es vor gut acht Minuten ausgeschaut hat – so lange benötigt das Licht, um diese Strecke zu durcheilen. Ein *Airbus A320* würde im Nonstop-Flug dafür 20 Jahre brauchen.

Schon vor Jahrtausenden versuchten die Menschen, den Kosmos auszuloten. Der bestand aus Sonne, Mond und den Planeten Merkur, Venus, Mars, Jupiter und Saturn. Eine achte, kristalline Sphäre trug die Fixsterne. Der griechische Naturphilosoph Aristarch von Samos war einer der Ersten, der die für die kosmische Entfernungsleiter so wichtige Distanz zwischen Erde und Sonne – die Astronomische Einheit (AE) – mit den Gesetzen der Geometrie im 3. Jahrhundert v. Chr. zu berechnen suchte. Er kam auf eine Entfernung von 1400 Erdradien, was – gerechnet mit den heutigen Wert von etwa 6371 Kilometern – knapp neun Millionen Kilometern entspricht.

Noch im 17. Jahrhundert rechneten die Himmelsforscher mit dieser Distanz, zweifelten aber zunehmend an ihrer Richtigkeit. Johannes Kepler etwa hielt sie für deutlich zu klein und lieferte mit seinen drei Gesetzen die Möglichkeit einer genauen Berechnung durch Beobachtung: Dazu sollten die Forscher einen Venustransit verfolgen, den Vorübergang des Planeten vor der Sonnenscheibe, und verschiedene Winkel und Zeiten messen. Kepler selbst sagte ein solches Ereignis für den 6. Dezember 1631 voraus. Allerdings fand der Venusvorübergang in Europa während der Nachtstunden statt und blieb daher unbeobachtbar.

Erst acht Jahre später zog die Venus für mehrere Stunden als schwarze Scheibe wiederum über die gleißend helle Sonne. An jenem 4. Dezember 1639 beobachtete der englische Geistliche Jeremia Horrocks von einem abgedunkelten Zimmer im ersten Stock seines Hauses im Dorf Much Hoole das Spektakel. Mithilfe von Geometrie und Keplers Gesetzen bestimmte er die Astronomische Einheit zu rund 96 Millionen Kilometer – und demonstrierte die Nützlichkeit eines Venustransits für die grundlegende Entfernungsmessung im Planetensystem.

Als sich der Morgen- und Abendstern im 18. Jahrhundert erneut im Abstand von acht Jahren vor die Sonne schob, starteten Dutzende Astronomen zu Beobachtungsexkursionen in die entlegensten Winkel der Welt, um den Wert für die Astronomische Einheit weiter zu verbessern. Dank Radarmessungen ist die AE heute genau bekannt: Demnach beträgt der mittlere Abstand zwischen Erde und Sonne 149 597 870 691 Meter. Sehr präzise, aber unvorstellbar.

Zeit ist relativ

Das klassische Chronometer der Astronomen hat einen Durchmesser von rund 12 800 Kilometern. Es ist die Erde. Der Lauf dieses kosmischen Uhrwerks bietet einen natürlichen Zeitmesser. Unser Leben richtet sich nach dem mittleren Sonnentag. Er dauert 24 Stunden. Die Sache hat nur einen Haken: Diese mittlere Sonne, die sich mit konstanter Geschwindigkeit über den Himmelsäquator bewegt, gibt es gar nicht! Die Erdachse ist gegenüber der Umlaufebene geneigt. Außerdem wandert unser Planet im Januar schneller um die Sonne als im Juli, weil er ihr im Winter näher steht und nach dem Zweiten Keplerschen Gesetz dann die Bahngeschwindigkeit höher ist. Dies alles spiegelt sich als Gangungenauigkeit der wahren Sonne wider. So schwankt die Länge des wahren Sonnentags: Eine einfache Sonnenuhr geht meist vor oder nach, und zwar jeweils bis zu einer Viertelstunde. Nur viermal im Jahr läuft sie exakt. Der 15. April etwa ist so ein Tag. Da steht die wahre Sonne um 12 Uhr mittags genau im Süden.

Dennoch werden Münchner oder Kölner, die das mit ihrer Armbanduhr kontrollieren wollen, zu ganz anderen Ergebnissen kommen. Denn jeder Ort auf dem Globus hat seine eigene Zeit: die Ortszeit. Sie ist für alle Punkte entlang eines Längengrades identisch. So liegt Deutschland zwischen dem sechsten und dem 15. Längengrad. Der Differenz von einem Grad entspricht ein Zeitunterschied von vier Minuten.

Im Jahr 1884 wurde beschlossen, weltweit 24 Zeitzonen zu schaffen; jede umfasst 15 Längengrade. Nullpunkt ist der Meridian von Greenwich in England. Überschreiten wir eine »Zonengrenze« von Ost nach West, müssen wir die Uhr um eine Stunde zurück-, von West nach Ost um eine Stunde vorstellen. Die für Deutschland gültige Mitteleuropäische Zeit (MEZ) bezieht sich auf den 15. Längengrad; auf ihm liegt Görlitz. Wenn unsere Uhr 12.00 zeigt, ist es nach Münchner Ortszeit erst 11.46, nach Kölner Ortszeit 11.28 Uhr.

1. Astronomisches Kaleidoskop

Der Beginn des 3. Jahrtausends

An Silvester 1999 fiel das Feuerwerk prächtiger aus denn je. Zuvor waren die Medien wochenlang voll von Rückblicken auf das abgelaufene Jahrtausend gewesen, hatten Reise- und Partyveranstalter mit der Zeitenwende geworben. Auf der ganzen Welt feierten die Menschen den Beginn des 3. Jahrtausends. Aber war der 1. Januar 2000 tatsächlich der erste Tag eines neuen Millenniums? Auch wenn die Jahreszahl mit der Zwei und den drei Nullen etwas Besonderes suggerieren mag: Er war es nicht! Denn die Chronologie hat nun mal ihre unbestechlichen mathematischen Gesetze. Schon immer haben die Menschen nach einem Nullpunkt gesucht, mit dem sie ihre Zeitrechnung beginnen ließen. Die Römer beispielsweise zählten die Jahre seit Gründung der Stadt Rom (*ab urbe condita*).

In sehr vielen Kulturkreisen hat sich heute die Schreibweise »nach Christus« oder »vor Christus« durchgesetzt. Ein Jahr 0 existiert nicht in unserer Geschichtsschreibung, das Jahr 1 nach Christus ist das erste Jahr unserer Zeitrechnung; es dauerte vom 1. Januar bis zum 31. Dezember 1, das Jahr 2 währte vom 1. Januar bis zum 31. Dezember 2. Nach Verstreichen der ersten zehn Jahre ging am 31. Dezember 10 das erste Jahrzehnt zu Ende.

Das heißt: Das zweite Jahrzehnt begann am 1. Januar 11 und umfasst die Jahre 11 bis 20. Dies setzt sich natürlich fort. Der erste Tag des 2. Jahrhunderts war demnach der 1. Januar 101. Und das 3. Jahrtausend begann am 1. Januar 2001 – dann erst waren 2000 Jahre vorbei. Der Milleniumswechsel wurde 1999 also ein Jahr zu früh gefeiert.

Die Lichtgeschwindigkeit

Jupiter ist wegen seiner Helligkeit häufig der Star am Nachthimmel. Insbesondere, wenn der Riesenplanet in Opposition gelangt: Dann geht er bei Sonnenuntergang auf und bei Sonnenaufgang unter, steht um Mitternacht hoch im Süden und erreicht seinen geringsten Abstand zur Erde. Das Licht, das Jupiter von der Sonne empfängt und das seine dichte Gashülle aus Wasserstoff, Helium, Methan und Ammoniak zu uns reflektiert, eilt bei einer typischen Oppositionsdistanz von 630 Millionen Kilometern mit einer Geschwindigkeit von 300 000 Kilometern pro Sekunde rund 35 Minuten durchs All, um zu uns zu gelangen. Das heißt: Wir sehen den Planeten so, wie er vor gut einer halben Stunde war. Das bedeutet aber auch, dass wir nichts so wahrnehmen, wie es gerade ist. Selbst das Licht der einen halben Meter entfernten Schreibtischlampe benötigt etwa eine Milliardstel Sekunde, bevor es unsere Augen trifft.

Gleichzeitigkeit gibt es nicht. Jeder »Augenblick« bedeutet eine Reise in die Vergangenheit – erst recht, wenn wir den Sternenhimmel betrachten. Schauen wir zum farbig funkelnden Sirius im Bild Großer Hund, sehen wir fast neun Jahre in der Zeit zurück. Das Licht von Rigel in der Konstellation Orion ging nach unserem Kalender im frühen Mittelalter auf die Reise. Weil sie schon mal etwas von dieser Zeitmaschine gehört haben, meinen viele, die Sterne würden gar nicht mehr existieren und wir sähen nur noch deren Geisterbilder. Das ist ein Trugschluss: Sonnen entwickeln sich im Laufe Hunderter von Millionen bis mehrerer Milliarden Jahren. Das bloße Auge überblickt jedoch nur einen Bereich von einigen Tausend Lichtjahren; ein Lichtjahr entspricht 9,46 Billionen Kilometern. Und würden wir mit einem Raumschiff nahe an der Andromedagalaxie vorbeifliegen, böte uns diese Welteninsel denselben Anblick wie von der rund zweieinhalb Millionen Lichtjahre entfernten Erde aus.

Bei der Bestimmung der Lichtgeschwindigkeit hat Jupiter eine wichtige Rolle gespielt. Im 17. Jahrhundert bemerkte Ole Römer, dass die vier hellsten Monde den Planeten nicht zu jeder Zeit so umtanzten, wie es die Gesetze der Himmelsmechanik voraussagten. Der Takt änderte sich mit wechselnder Entfernung zur Erde. Das Licht, so folgerte Römer, muss unterschiedliche Strecken zurücklegen und braucht dafür unterschiedlich lang. Daraus berechnete der Astronom die Lichtgeschwindigkeit zu 230 000 Kilometern pro Sekunde – für die Techniken der damaligen Zeit beachtlich genau. Der heutige Wert der Lichtgeschwindigkeit im Vakuum beträgt 299 792 458 Meter.

Licht auf schiefer Bahn

Am 8. März 1919 brechen von England aus zwei wissenschaftliche Expeditionen auf. Die eine führt auf die Insel Principe vor der Küste Spanisch-Guineas, die andere in die Stadt Sobral in Nordbrasilien. Im Gepäck haben die Astronomen Fernrohre, Kameras und Fotoplatten. Ihre Aufgabe: die Beobachtung der totalen Sonnenfinsternis am 29. Mai. Ihr Ziel: die Bestätigung eines neuen physikalischen Weltbildes. Vier Jahre zuvor hatte Albert Einstein in seiner Allgemeinen Relativitätstheorie behauptet, dass Raum und Zeit miteinander verwoben sind. Ja, dass Zeit die vierte Dimension ist und Masse den Raum regelrecht verbiegt, vergleichbar mit einem Schlafenden, der durch sein Gewicht eine Matratze eindellt. Wie aber lässt sich dieser Effekt im Universum nachweisen?

Einstein zufolge sollen Lichtstrahlen ferner Sterne von ihrer Bahn abgelenkt werden, sobald sie auf ihrem Weg dicht an der Sonne, also einer großen Masse, vorbeiziehen. Die Forscher müssen zu diesem Zeitpunkt nur die Sternposition bestimmen und sie mit dem ungestörten Ort am Himmel vergleichen. Die dabei auftretende Abweichung ist umso größer, je näher der Stern dem Sonnenrand steht. So weit die Theorie. In der Praxis sind derartige Messungen schwierig, weil die Verschiebung der scheinbaren Sternposition minimal ist. Abgesehen davon überstrahlt unser Tagesgestirn das schwache Licht der Sterne – außer bei einer totalen Sonnenfinsternis.

So zogen die Wissenschaftler im März 1919 los, um die Gelegenheit zu nutzen. Am Tag der Finsternis begann es auf Principe heftig zu regnen. Gegen Mittag, kurz bevor sich der Neumond vor die Sonne schob, riss die Wolkendecke auf. Von den 16 Fotos waren allerdings nur zwei brauchbar. Dennoch zeigte sich auf ihnen ganz klar der von Einstein vorausgesagte Effekt. Der Expedition in Sobral gelangen acht Aufnahmen, ebenfalls, wie die Forscher glaubten, mit überzeugendem Ergebnis.

Heute wissen wir jedoch, dass die Messfehler damals größer waren als die gemessenen Verschiebungen selbst. An der Richtigkeit der Relativitätstheorie ändert dies freilich nichts. Ihre Voraussagen sind mittlerweile durch eine ganze Reihe anderer, von dem beschriebenen Verfahren völlig unabhängiger Beobachtungen bis ins kleinste Detail bestätigt worden.

Das Spiel der Jahreszeiten

Haben Sie an einem warmen Tag Anfang März schon Frühlingsgefühle? Ja! Dann sind Sie zu früh dran – astronomisch gesehen jedenfalls. Denn die wärmere Jahreszeit beginnt erst um den 21. März, wenn die Sonne auf der Ekliptik den Himmelsäquator überquert. Was bedeutet das? Was verbirgt sich hinter den Bezeichnungen Himmelsäquator und Ekliptik? Diese imaginären Linien sind der Schlüssel zum Verständnis der Jahreszeiten.

1. Astronomisches Kaleidoskop

Unser Globus steht scheinbar im Zentrum einer größeren Kugel, der Himmelssphäre. Vielleicht haben Sie zu Hause einen Leuchtglobus im Regal. Er soll uns für ein Gedankenexperiment dienen: Wir verlängern seine Rotationsachse über Nord- und Südpol hinaus, bis sie auf diese imaginäre Kugel stößt, die uns als »Himmel« erscheint. Ebenso projizieren wir den Äquator. Auf diese Weise haben wir die Erd- in Himmelspole verwandelt und den Erd- in den Himmelsäquator. Wir mussten den Globus zuvor so ausrichten, dass der Nordpol exakt mit der Nordrichtung zusammenfällt. Dann geht der Himmelsäquator genau im Osten auf und im Westen unter. Im Süden erreicht er seine höchste Stellung. Sie entspricht 90 Grad minus der geografischen Breite des jeweiligen Beobachtungsorts. In München (das auf etwa 48 Grad nördlicher Breite liegt) erhebt sich der – unsichtbare – Himmelsäquator also um maximal 42 Grad über dem Südhorizont.

Nun kommt die Sonne ins Spiel. Die Erde umrundet sie in einer Zeit, die als Jahr definiert ist. Immerhin 30 Kilometer legt unser Planet auf seiner Bahn in jeder Sekunde zurück. Dieser Dauerlauf spiegelt sich als Wanderung des Tagesgestirns am Firmament wider. Die Sonne verschiebt sich täglich um etwa ein Grad nach Osten. Diese Marschroute ist genau vorgezeichnet. Sie heißt Ekliptik und führt durch 13 Konstellationen. Zwölf davon gelten seit der Antike als Tierkreis*sternbilder*, der Schlangenträger wurde nicht mitgezählt. Davon zu unterscheiden sind die zwölf Tierkreis*zeichen*, die in der Astrologie eine Rolle spielen und jeweils exakt 30 Grad langen Abschnitten auf der Ekliptik entsprechen. Mittlerweile haben sich Stern*bilder* und Stern*zeichen* verschoben; so steht etwa die Sonne im Zeitraum des Zeichens Widder tatsächlich im Sternbild Fische. Diese Differenz ist nur eines von vielen Argumenten gegen die Astrologie.

Die Umlaufebene der Erde um die Sonne ist um rund 23,5 Grad gegen die Äquatorebene geneigt. Würde unser Planet nicht schief liegen, gäbe es keine Jahreszeiten, weil Himmelsäquator und Ekliptik zusammenfielen. So stehen sie im Winkel von

23,5 Grad zueinander und schneiden sich lediglich an zwei Stellen: dem Frühlings- und dem Herbstpunkt. Der Frühlingspunkt befand sich vor 2000 Jahren in der Konstellation Widder, noch heute, obwohl er inzwischen ins Sternbild Fische gewandert ist, spricht man daher vom Widderpunkt.

Den Frühlings- und den Herbstpunkt passiert die Sonne auf ihrer Jahresreise je einmal: eben um den 21. März (Frühlingsanfang) und um den 23. September (Herbstanfang). In beiden Fällen sind Tag und Nacht in etwa gleich lang (Tagundnachtgleiche). Steht die Sonne um den 21. Juni auf der Nordhalbkugel am höchsten, beginnt dort der Sommer. Über München etwa erreicht die Sonne dann mittags im Süden einen Höchststand von ungefähr 66 Grad (42 Grad plus 23,5 Grad). Zu Winteranfang um den 22. Dezember hingegen sehen wir unser Tagesgestirn im Tiefstpunkt, über München klettert sie zur Mittagszeit lediglich knapp 19 Grad (42 minus 23,5) über den Südhorizont.

Der Beginn des astronomischen Frühlings bestimmt auch das Osterfest: Es fällt stets auf den Sonntag nach dem ersten Frühlingsvollmond und kann zwischen dem 22. März und dem 25. April liegen. Im Jahr 2011 beispielsweise trat der Frühlingsvollmond erst am 18. April ein, einem Montag. Folglich war Ostersonntag der 24. April – viel später geht es kaum.

Ein gigantisches Auge

Vor 450 Jahren, am 15. Februar 1564, wurde Galileo Galilei geboren. Der Astronom, Physiker, Mathematiker und Philosoph richtete als einer der ersten Forscher das Teleskop zum Firmament. Erfunden hat er es nicht, das waren holländische Brillenmacher. Galilei hört im Frühjahr 1609 davon, besorgt sich Material wie Orgelpfeifen, Kanonenkugeln oder Filz und baut es nach. Sein erstes Fernrohr vergrößert neunfach. Am 24. August 1609 überreicht er es dem Dogen von Venedig. Zunächst denkt er gar nicht daran, damit den Himmel zu betrachten, sondern hat vor allem militärische Anwendungen im Sinn. Wohl erst im Herbst und Winter geht er auf Entdeckungsreise am Firmament: Er sieht Berge und Krater auf dem Mond, die Phasen der Venus, die Sterne der Milchstraße und vier Jupitermonde.

Das Galileische Fernrohr besteht aus einer Sammellinse als Objektiv und einer Zerstreuungslinse als Okular. Der Blick durch ein solches Instrument würde jeden Hobbyastronomen erschrecken – die Bilder sind von farbigen Rändern gesäumt und recht unscharf. Mit modernen Ferngläsern oder kleinen Teleskopen lässt es sich nicht vergleichen. Erst recht nicht mit den Instrumenten der Profis, die heute mit Spiegeln von mehreren Metern Durchmesser nach den Sternen greifen. Linsen kommen längst nicht mehr zum Einsatz, weil sie sich unter ihrem eigenen Gewicht verbiegen und nicht groß genug anfertigen lassen.

Ein Teleskop der nächsten Generation soll in acht bis zehn Jahren mit einer 39-Meter-Optik ins All spähen: das *European Extremely Large Telescope*, kurz E-ELT genannt. Der Hauptspiegel wird aus 798 sechseckigen Segmenten bestehen. Damit sammelt es acht Millionen Mal mehr Licht als das Fernrohr Galileis und sieht 16-fach schärfer als das Weltraumteleskop *Hubble*. Um seine volle Kraft zu entfalten, verpasst man dem gigantischen Auge eine spezielle Optik, die während der Beobachtung Turbulenzen innerhalb der Erdatmosphäre sowie Verformungen des Spiegels ausgleicht und flimmerfreie Bilder liefert.

Das gut eine Milliarde Euro teure E-ELT mit seiner Schutzkuppel wird auf dem 3060 Meter hohen Cerro Armazones in der chilenischen Atacama-Wüste stationiert. Von dort aus soll es sich an Schwarze Löcher heranzoomen oder Sterne sowie Galaxien am Rand von Raum und Zeit auskundschaften. Und es wird vielleicht den ersten erdähnlichen Planeten bei einer fremden Sonne direkt beobachten. Solche Himmelskörper sind weit entfernt und im Vergleich zu den Sternen, um die sie kreisen, winzig und ungemein lichtschwach. Sie erscheinen uns wie ein Staubkörnchen neben einer 100-Watt-Glühbirne, die wir aus 80 Kilometer Entfernung betrachten.

Trotz seiner Dimensionen: Das *European Extremely Large Telescope* ist nur die abgespeckte Version eines noch viel größeren Fernrohrs: Owl hieß das Projekt, »Nachteule«. Mit einem Spiegeldurchmesser von 100 Metern und einem Gewicht von 12 000 Tonnen hätte dieses *Overwhelmingly Large Telescope* (»überwältigend großes Teleskop«) alle Rekorde gebrochen – leider auch, was die Kosten betrifft. Nicht zuletzt deshalb haben die Europäer dieses ehrgeizige Projekt zugunsten des E-ELT aufgegeben.

Hipparcos und Gaia

Vor mehr als 2100 Jahren hat Hipparch den Himmel vermessen. Der griechische Gelehrte erstellte einen Katalog mit den Positionen von mehreren Hundert Sternen. Seit Hipparch sind die Forscher bestrebt, das Firmament möglichst genau zu kartografieren. Die Astrometrie, so nennen sie ihre Wissenschaft, ist ein kompliziertes Geschäft. Denn die Fixsterne sind ständig in Bewegung. Mit hoher Geschwindigkeit rasen sie durch die Weiten des Weltalls, was sich wegen der großen Entfernung mit bloßem Auge erst im Laufe von Jahrtausenden erkennen lässt.

Außerdem spiegeln sie die jährliche Bahn der Erde um die Sonne als rhythmischen Tanz wider. Diese »Ausfallschritte« sind winzig. Erst im Jahr 1838 gelang es Friedrich Wilhelm Bessel, eine Parallaxe zu bestimmen. Aus ihr berechneten die Astronomen die Entfernung der Sterne. Dabei gilt: je kleiner die Parallaxe, desto größer die Distanz.

Wer die Wanderung der Fixsterne verfolgt, erfährt viel über das Universum. Wer aber exakt messen will, darf nicht auf der Erde bleiben. Die ständig wabernde Atmosphäre setzt präzisen Beobachtungen trotz der adaptiven Optik eine natürliche Grenze. Daher schickten die Wissenschaftler im Jahr 1989 *Hipparcos* auf die Reise. Der Astrometrie-Satellit sollte von hoher Warte jenseits der störenden Luftschichten den Himmel unter die Lupe nehmen. Wegen eines defekten Motors erreichte der unbemannte Späher jedoch nicht die richtige Umlaufbahn. Das Unternehmen drohte zu scheitern. Nach mühevoller Tüftelei entlockten die Fachleute *Hipparcos* trotzdem wertvolle Daten. Ein daraus generierter Katalog enthält 118 000 Sterne, deren Positionen auf ein Millionstel Grad genau sind.

Aber das reichte den Wissenschaftlern nicht. Im Dezember 2013 entsandten sie daher *Gaia* in den Weltraum. Die Raumsonde hat eine Mammutaufgabe vor sich: Sie soll in den nächsten Jahren die Positionen, Entfernungen und Eigenbewegungen von nicht weniger als einer Milliarde Sternen unserer Milchstraße vermessen – und zwar mit einer um viele Größenordnungen höheren Präzision, als es *Hipparcos* je vermochte. Daraus wollen die Forscher auf den Ursprung und die Entwicklung unserer Heimatgalaxie schließen. Und sie haben noch mehr Pläne: *Gaia*, so hoffen sie, wird bis zu eine Million Kometen und Asteroiden im Sonnensystem entdecken, ebenso Zehntausende Planeten bei fremden Sternen und Hunderttausende ferne Galaxien.

Die fliegende Sternwarte

Wer in einer klaren Nacht den Sternenhimmel betrachtet, sieht lediglich eine einzige Oktave in der gewaltigen Klaviatur des Kosmos. Zum einen nehmen unsere Augen nur das sichtbare

Licht wahr, zum anderen blockiert die Erdatmosphäre einen Großteil der Strahlung aus dem Weltall, etwa Gamma-, Röntgen- oder Infrarotlicht. In diesen Spektralbereichen erscheinen explodierte Sonnen, junge Planetensysteme oder die Kerne ferner Galaxien aber besonders interessant. Daher arbeiten die Astronomen mit einer Armada von Satellitenteleskopen oberhalb der irdischen Dunstglocke. Und über den Wolken haben sie einen ganz besonderen Beobachtungsposten eröffnet: *Sofia*.

Die fliegende Sternwarte befindet sich an Bord eines umgebauten Jumbo-Jets und verfügt über ein Teleskop mit 2,7 Meter Spiegeldurchmesser. Das Riesenauge mustert das Universum im Infraroten aus 12 bis 14 Kilometer Höhe. Dort, jenseits der Troposphäre, lässt *Sofia* praktisch den gesamten Wasserdampf unter sich, der das langwellige Licht aus dem All ansonsten verschluckt. Das Teleskop ist im Heck des Jumbos montiert und von der Kabine hermetisch abgeschottet.

Einmal auf Flughöhe, gleiten Türen im Rumpf auseinander und das Instrument beobachtet im Freien, unter niedrigem Druck und Außentemperaturen um die minus 60 Grad. Dabei muss das Observatorium in absoluter Ruhe sein, selbst die geringsten Erschütterungen würden jede Messung zunichte machen. So entwickelten die Ingenieure ein Isolationssystem gegen Vibrationen, das aus Luftfedern, silikongefüllten Dämpfungsgliedern und einer anspruchsvollen Regelelektronik besteht.

Im Bereich vor dem Druckschott und zwischen den Flügeln befinden sich die Arbeitsplätze der Astronomen. Und statt der 1. Klasse gibt es Räume für Gastbeobachter sowie Lehrer, Schüler oder Journalisten. Das Observatorium ist ein Gemeinschaftsprojekt der amerikanischen Weltraumbehörde NASA und dem Deutschen Zentrum für Luft- und Raumfahrt (DLR). Das Teleskop wurde im Auftrag des DLR entwickelt, die Instrumente haben unter anderem Forscher der Universität Köln sowie aus den Max-Planck-Instituten für Radioastronomie in Bonn und für Sonnensystemforschung in Göttingen konstruiert. Stationiert ist der Jumbo in Palmdale bei Los Angeles. *Sofia* startet aber auch vom neuseeländischen Christchurch und vom Flughafen Stuttgart zu kosmischen Exkursionen.

Fahndung im Kosmos

Rund 1500 Menschen sind Mitte Februar 2013 beim Meteoritenregen über der russischen Stadt Tscheljabinsk verletzt worden. Der Hauptbrocken hatte zum Glück nur einen Durchmesser von ungefähr 19 Metern und war offenbar von einem Apolloasteroiden abgebröselt. Die etwa 4100 bekannten Trümmer dieser Familie von Himmelskörpern können auf ihrem Weg um die Sonne die Erdbahn kreuzen – und bei einer Kollision katastrophale Schäden anrichten. Die Forscher vermuten, dass immerhin um die 240 Asteroiden der Apollofamilie mindestens einen Kilometer Durchmesser haben. Auch wenn man gegenüber einer solchen Bedrohung aus dem All derzeit machtlos ist, suchen die Astronomen weltweit nach kosmischen Geisterfahrern.

Eines dieser Programme heißt *Panstarrs*. Der Prototyp des Teleskops steht auf dem Hawaiianischen Vulkan Haleakala. Mit einem Spiegeldurchmesser von 180 Zentimetern gehört das Fernrohr nicht zu den riesigen Lichtfallen, verfügt aber über eine der weltweit größten Digitalkameras mit 1,4 Milliarden Pixeln. Das elektronische Auge mustert eine bestimmte Region am Firmament eine halbe Minute lang und zeichnet sie dabei auf. Nach einiger Zeit nimmt die Kamera dasselbe Gebiet erneut unter die Lupe.

Objekte wie Asteroiden oder Kometen ziehen scheinbar langsam unter den Sternen dahin, verändern zwischen den Aufnahmen ihre Positionen und werden vom Computerprogramm aufgespürt. Die Anlage soll vier Einzelteleskope umfassen und in ein paar Jahren fertiggestellt sein. Das erste *Panstarrs*-Teleskop arbeitet seit Mai 2010. Davor hatte es während eines dreimonatigen Probebetriebs jede Nacht 500 Bilder geschossen, auf denen die Wissenschaftler einige Hundert Supernovae und mehrere Tausend Asteroiden entdeckten.

Der Himmel auf Erden

Schon immer haben die Menschen davon geträumt, die Gestirne vom Himmel zu holen. Davon zeugen Sternkarten, Tellurien und Globen wie jener von Schloss Gottorf in Schleswig aus dem 17. Jahrhundert. Die drei Meter große Kugel war begehbar und zeigte im Innern den Sternhimmel sowie den Lauf der Sonne. Davon inspiriert, beschrieb der Dichter Voltaire in einem seiner Romane die wesentlichen Züge eines modernen Planetariums. Bis zur technischen Umsetzung des Sternentheaters war es freilich noch ein langer Weg.

Zu Beginn des 20. Jahrhunderts regte der Heidelberger Astronom Max Wolf die Konstruktion einer solchen Maschine für das Deutsche Museum in München an. Dessen Gründer Oskar von Miller zeigte sich begeistert und beauftragte die Firma Zeiss. Dort baute Walther Bauersfeld das erste Planetarium der Welt. Seine Idee, die er auf nicht weniger als 600 Zeichnungen ausarbeitete: Die Gestirne werden nicht an einer Hohlkugel befestigt, sondern von einem Projektor an das Innere der Sphäre geworfen. Elektromotoren und Getriebe lassen die projizierten Bilder über die Kuppel gleiten und natürliche Bewegungen ausführen. Die Mechanik sowie die Glühlampen werden von einem Schaltpult aus gesteuert. Im August 1923 erstrahlte der künstliche Sternenhimmel zum ersten Mal in einer 16-Meter-Kuppel auf dem

Fabrikdach der Firma Zeiss in Jena. Am 7. Mai 1925 schließlich ging dieses erste Projektionsplanetarium der Welt im Deutschen Museum in Betrieb.

Das Prinzip hat sich im Wesentlichen erhalten. Kern eines Sternentheaters ist der Projektor, der heute meist wie eine Raumkapsel aussieht. Die Sterne werden zunehmend nicht mehr durch Lochblenden dargestellt, sondern mithilfe von Glasfasern. Außerdem arbeiten moderne Geräte mit Lasern, Videoprojektoren und Mehrkanal-Tonsystemen. Jede Show geht elektronisch gesteuert über die künstliche Himmelsbühne. In den Planetarien der neuesten Generation zaubern Beamer in 360-Grad-Panoramen die perfekte Illusion ans kohlschwarze Firmament und simulieren Flüge zum Mars, die Kollision ferner Galaxien oder den Urknall.

Ein Astronom aus Ansbach

Wann immer Jupiter am Himmel steht, zieht er die Blicke auf sich. Der größte Planet des Sonnensystems leuchtet stets recht hell, insbesondere in Opposition zur Sonne. Dann erreicht er mit rund 630 Millionen Kilometern auch seinen geringsten Abstand zur Erde. Das Amateurfernrohr zeigt deutlich die leicht abgeplattete, mit Querstreifen und Bändern überzogene Scheibe. Wir sehen die Atmosphäre des Gasriesen so, wie sie vor 35 Minuten ausgesehen hat – diese Zeit benötigt das Licht, um vom Jupiter zu uns zu gelangen.

Der Blick ins Teleskop enthüllt nahe der Planetenkugel auch vier Sternchen: die Monde Io, Europa, Ganymed und Kallisto. Als ihr Entdecker gilt der italienische Gelehrte Galileo Galilei, wenngleich noch andere den Ruhm für sich beanspruchten – allen voran Simon Marius.

Im Jahr 1573 im fränkischen Gunzenhausen geboren, wurde er 1601 zum Hofastronomen und -mathematikus der Grafschaft Ansbach berufen. Zuvor war Marius durch die Beobachtung eines Kometen und die Erstellung astronomischer Tabellen in der Szene bekannt geworden. Während eines Medizinstudiums an der Universität Padua lernte er wohl auch Galilei kennen.

Als einer der ersten Sternforscher nutzte Simon Marius das gerade erfundene Fernrohr. Von einem Schlossturm in Ansbach aus musterte er mit dem neuen Wunderinstrument das Firmament. Im Jahr 1610 hat er offenbar bei einer seiner himmlischen Exkursionen die Jupitermonde aufgespürt. Diese Entdeckung veröffentlichte er aber erst 1614 – vier Jahre nachdem Galilei in seinem *Siderius Nuncius* bekannt gegeben hatte, die Trabanten gefunden zu haben. Daher heißen die Himmelskörper auch »Galileische Monde«.

Simon Marius jedenfalls erwies sich weiterhin als fleißiger Beobachter: Unabhängig von anderen Astronomen sah er die Sonnenflecken und nahm die Andromedagalaxie ins Visier. Er starb am 5. Januar 1625. Sein Name lebt auf dem Mond weiter: Dort ist ein Krater nach ihm benannt.

Das Kometenfrettchen

Die Ära des Sonnenkönigs war längst passé. Intrigen regierten am französischen Hof; Ludwig XV. kümmerte sich vor allem um seine Mätressen, Marquise de Pompadour und Madame Dubarry. Der zerrüttete Staat scherte ihn wenig. Zu dieser Zeit wuchs ein Mann auf, der Wissenschaftsgeschichte geschrieben hat. Jeder Berufsastronom und jeder Hobbysterngucker kennt ihn, sein Vermächtnis ist im wahrsten Sinne am Himmel verankert: Charles Messier. Er kam 1730 in Lothringen zur Welt. Mit

21 Jahren ging er an das Observatorium von Joseph N. Delisle nach Paris. Messier stieg bald zum Chefobservator auf und widmete sich den Kometen.

Sein Leben entbehrte nicht einer gewissen Tragikomik. So mühte er sich eineinhalb Jahre lang ab, den Halleyschen Kometen aufzuspüren, dessen Wiederkehr die Sternforscher 1758/59 erwarteten. Die Suche basierte auf Bahnberechnungen von Delisle – und die waren falsch. Immerhin wurde Charles Messier am 21. Januar 1759 doch noch fündig. Aber da war ihm bereits der sächsische Bauernastronom Johann Georg Palitzsch zuvorgekommen.

Im November 1781 geht Messier im Park von Monceau spazieren und stürzt dabei sieben Meter tief in einen Eiskeller, weil er ein offenstehendes Tor für den Eingang zu einer Grotte gehalten hatte. Das »Kometenfrettchen«, wie ihn Ludwig XV. nennt, erleidet dabei schwere Verletzungen, wird aber glücklicherweise rasch gefunden und ins Hospital geschafft. Ein Jahr später ist er wieder auf dem Damm und setzt seine Arbeit an der Sternwarte mit gewohntem Eifer fort. Im Jahr 1817 stirbt Charles Messier im Alter von 87 Jahren.

Während seines langen Lebens hat er 21 Kometen aufgespürt (15 davon neu entdeckt) und ein Verzeichnis mit rund 100 Himmelsobjekten erarbeitet. Dieser Messier-Katalog macht seinen Urheber berühmt. Das Werk entstand als Nebenprodukt der Kometensuche. Denn Galaxien, Kugelhaufen, offene Sternhaufen oder diffuse Gaswolken sehen im Feldstecher oder kleinen Fernrohr bei schwacher Vergrößerung einem fernen Kometen ähnlich. Um Verwechslungen auszuschließen, zeichnete Messier die genauen Positionen der Störenfriede auf und versah sie mit Nummern. Alle Messier-Objekte sind von der nördlichen Halbkugel aus im Fernglas oder Amateurteleskop zu sehen, einige davon wie die Andromedagalaxie (M 31) oder die Plejaden (M 45) schon mit bloßem Auge.

Vom Gesangsstar zur Forscherin

Ihr Vater nahm sie in klaren Nächten oft an der Hand und zeigte ihr den Sternenhimmel. Das sollte Karoline Herschel prägen. Am 16. März 1750 in Hannover geboren, wuchs sie in einem kunstsinnigen Elternhaus auf. Der Vater war Militärmusiker und begeisterter Hobbyastronom. Doch im 18. Jahrhundert erschien die naturwissenschaftliche Karriere für eine Frau unmöglich. Dass Karoline Herschel ihr Leben dennoch den Gestirnen verschrieb, hatte sie ihrem Bruder Wilhelm zu verdanken. Der war zu Beginn des Siebenjährigen Kriegs nach England geflohen und verdingte sich als Musiker und Notenschreiber. Schließlich erhielt er im Badeort Bath eine Stelle als Organist. Wenige Jahre später holte er seine Schwester zu sich, um sie als Sängerin auszubilden. Schnell erlangte sie eine gewisse Berühmtheit und erhielt mehrere Angebote. Doch sie wollte nur unter Stabführung ihres Bruders auftreten.

Friedrich Wilhelm Herschel hatte die Leidenschaft seines Vaters für die Astronomie geerbt. Er begann, Teleskope zu bauen und Spiegel zu schleifen – tatkräftig unterstützt von Karoline. Immer mehr ließen sich die beiden von den Sternen verzaubern, die Musik trat zunehmend in den Hintergrund. Am Abend des 13. März 1781 entdeckte Wilhelm den Planeten Uranus. Über die Grenzen Englands berühmt geworden, widmete er sich fortan ganz der Erforschung des Firmaments.

Karoline gab ihre Gesangskarriere auf, um dem Bruder bei seinen Beobachtungen zu helfen. Am 20. August 1782 begann sie, »alle bemerkenswerten Erscheinungen« aufzuzeichnen. In den Jahren von 1786 bis 1797 fand sie acht Kometen. Sie spürte 14 neue Nebel auf und bearbeitete den Sternenkatalog des Astronomen John Flamsteed. Nach Friedrich Wilhelm Herschels Tod im Jahr 1822 ging Karoline zurück in ihre alte Heimat. In Hannover hoch geehrt, starb sie fast 98-jährig am 9. Januar 1848.

Das Weihnachtsrätsel

»Und siehe, der Stern, den sie im Morgenland gesehen hatten, zog vor ihnen her, bis er schließlich über dem Ort stehen blieb, wo das Kind war.« Beschreibt Matthäus in seinem Evangelium ein Wunder? Ist alles nur Legende? Oder hat es sich so zugetragen vor 2000 Jahren im Mittleren Osten, als die drei Weisen zu ihrer Reise aufbrachen? Zu allen Zeiten haben Astrologen und Astronomen versucht, das Geheimnis des Sterns von Bethlehem zu ergründen. Vorausgesetzt, Matthäus hat ein reales Himmelsschauspiel beschrieben, gibt es drei Erklärungen: ein Komet, das Aufblitzen einer fernen Sonne (Nova, Supernova) oder eine besondere Planetenkonstellation.

Beliebt bei Malern und Krippenbauern sind seit Jahrhunderten die Schweifsterne – jene schmutzigen Eisberge aus den Tiefen des Sonnensystems, die bei ihrem Vorbeiflug an der Erde bisweilen prächtig leuchten wie zuletzt Hale-Bopp im Frühjahr 1997. Berühmt ist das Fresko von Giotto di Bondone in der Scrovegni-Kapelle in Padua. Das Gestirn über dem Stall ist der Halleysche Komet. Dessen Erscheinen 1301 hatte den Künstler offenbar stark beeindruckt. Tatsächlich haben die Chinesen im Jahr 5 v. Chr. irgendein helles Gestirn beobachtet. War es ein Komet? Oder, wie manche Fachleute aus einer alten chinesischen Chronik herausgelesen haben wollen, ein neuer Stern, eine Nova? Die soll im März jenen Jahres am Firmament aufgetaucht sein und zehn Wochen lang geleuchtet haben.

Hinter einer Nova stecken zwei Sonnen, die sich gegenseitig umkreisen. Während die eine zu einem gigantischen Roten Riesen angewachsen ist, hat sich die andere bereits in einen erdgroßen, sehr massereichen Weißen Zwerg verwandelt. Der Kleine saugt von dem Großen Materie ab, die sich auf seiner Oberfläche ansammelt. Wenn der Sternenstoff eine extrem hohe Dichte und Temperatur erreicht, explodiert er wie eine Wasserstoffbombe. Der Stern leuchtet als Nova auf. Die Astronomen kennen aber noch ein anderes Szenario mit noch mehr Naturgewalt: Wenn die Energiequelle eines schwergewichtigen Sterns versiegt, bläht er sich zunächst zu einem Roten Überriesen auf, um irgendwann sein Leben in einer gewaltigen Explosion auszuhauchen. Experten bezeichnen diesen GAU im All als Supernova.

Hat ein sterbender Stern die Geburt des Gottessohnes angekündigt? Um das zu entscheiden, müsste dessen Geburtsdatum feststehen. Doch das ist unsicher. Nach Meinung vieler Wissenschaftler kam der historische Jesus nicht 5, sondern schon 7 v. Chr. auf die Welt. In diesem Jahr berichten die alten Quellen aber weder von einem Kometen noch von einer Nova oder Supernova. War der Weihnachtsstern am Ende gar ein Planet? Besteigen wir eine Zeitmaschine. Das ist kein Problem. Geeignete Computerprogramme oder Planetarien lassen den Himmel zu jeder beliebigen Epoche aufschimmern.

Von April bis Dezember des Jahres 7 v. Chr. sehen wir, wie sich Jupiter und Saturn im Sternbild Fische mehrfach umtanzen. Im November nähern sich die beiden Planeten einander bis auf weniger als zwei Vollmonddurchmesser. Der himmlische Reigen muss magisch gewirkt haben. Bei den babylonischen Astrologen – den »Heiligen Drei Königen« – galt Jupiter als höchste Gottheit, Saturn als Planet der Juden, und die Fische symbolisierten Palästina.

Diese Große Konjunktion passt auf den ersten Blick recht gut ins Bild, wenngleich es fachliche Einwände gibt. So gebraucht Matthäus wohl bewusst das griechische Wort für »Stern« und nicht für »Planet«; die Menschen in der damaligen Zeit konnten beide voneinander unterscheiden. Und manche Experten bezweifeln, ob in der babylonischen Astrologie der Saturn tatsächlich Repräsentant des Volkes Israel war. Dennoch servieren die meisten Planetarien in ihren Shows jedes Jahr zur Weihnachtszeit die Große Konjunktion als Stern von Bethlehem. Ob die kosmische Detektivgeschichte aus biblischer Zeit damit wirklich gelöst ist?

Der Kosmos bebt

Hell glänzt Beteigeuze an der Schulter des Himmelsjägers Orion. Stünde der Stern am Ort unserer Sonne, würde der Planet Jupiter innerhalb seiner mächtigen Gashülle laufen. Beteigeuze zählt zu den Überriesen. Den Astronomen gilt er als heißer Kandidat für eine Supernova: Dann würde die riesenhafte Gaskugel plötzlich hell aufflackern und selbst am Taghimmel leuchten. Die gewaltige Explosion ließe den Raum erzittern, und die Experten registrierten dieses kosmische Beben mit ihren Detektoren – als Gravitationswellen.

Albert Einstein beschrieb dieses Phänomen in seinen Theorien, glaubte aber, dass man es niemals in der Natur erkennen werde. Mittlerweile hat sich die Gravitationsphysik zu einer experimentellen Wissenschaft gewandelt. Und für den indirekten Nachweis von Gravitationswellen erhielten zwei Astrophysiker 1993 sogar den Nobelpreis. Sie hatten zwei einander umkreisende Pulsare beobachtet und herausgefunden, dass beide sich allmählich näher kommen. Der Grund: Die Partner in diesem System aus zwei schnell rotierenden Neutronensternen verlieren offenbar Energie in Form von Gravitationswellen. Weil ständig massereiche Sterne explodieren und Pulsare oder Schwarze Löcher zurücklassen, die gelegentlich im Doppelpack verschmelzen, sollte es im Universum von Gravitationswellen nur so wimmeln.

»Gesehen« hat sie tatsächlich noch niemand, denn mit herkömmlichen Teleskopen lassen sie sich nicht dingfest machen. Daher bauen die Forscher überall auf der Erde spezielle Fallen. Eine davon steht bei Hannover und heißt GEO 600: Durch zwei unterirdische, jeweils 600 Meter lange Röhren rast Laserlicht, das ein halbdurchlässiger Spiegel in zwei Strahlen teilt. Durch die Reflexion an weiteren Spiegeln treffen sich die beiden Strahlen wieder und bilden ein bestimmtes optisches Muster. Rauscht eine Gravitationswelle über diese Anlage, wird der Raum zwischen den Spiegeln gestaucht oder gedehnt – und das Muster zeigt plötzlich ein kurzes Flimmern. Bisher hat es noch nicht gefunkt. Aber vielleicht kommt ja das erste Zittern eines Tages von Beteigeuze.

Lebenskeime aus dem All

Als pechschwarze Erdnuss schwebt Borrelly durchs All. Bei ihrem Rendezvous mit dem Kometen hat die Raumsonde *Deep Space 1* detaillierte Porträts des acht Kilometer langen Kerns zur Erde übermittelt. Auf den Fotos erscheinen selbst die hellsten Regionen so dunkel wie Ruß. Kometen sind schmutzige Schneebälle und bestehen überwiegend aus Wassereis, Kohlenmonoxid, Ammoniak, Methan, Staub – und organischen Verbindungen. Deswegen hielt der 2001 gestorbene, bekannte englische Astrophysiker Fred Hoyle die Kometen für Lebensboten. Er glaubte, dass die Evolution auf der Erde nicht ohne Anstoß von außen hätte ablaufen können. Gemeinsam mit seinem Kollegen Chandra Wickramasinghe entwarf Hoyle die Panspermie-Hypothese: Kometen sollen die für das Leben wichtigen Keime in sich tragen.

Unmittelbar nach der Geburt des Sonnensystems herrschte Chaos: Zwischen den Planeten schwirrten jede Menge kleine kosmische Gesteinsbrocken umher, die immer wieder mit den großen Himmelskörpern kollidierten. Auch die Erde wurde von vielen dieser Geisterfahrer getroffen. Neben Wasser brachten sie auch organisches Material mit und verteilten es über die Oberfläche. Während die meisten Narben aus dem Antlitz unseres Planeten längst verschwunden sind, haben sie sich am Mond als Krater über Jahrmillionen erhalten. Aber nur dort, wo die Umweltbedingungen günstig waren, schlugen die kosmischen Keime Wurzeln. Im Planetensystem ging die Saat wahrscheinlich nur auf der Erde auf.

Dieses Szenario der Panspermie-Hypothese ist umstritten, aber nicht unmöglich. Immerhin beobachten die Astronomen im Universum Molekülwolken, die unter anderem Aminosäuren, die Bausteine der Proteine, enthalten. Völlig abwegig erscheint den meisten Experten jedoch Hoyles These, dass die Erde noch heute mit Keimen aus dem All infiziert wird: Grippeepidemien oder sogar Aids kämen aus dem Kosmos. Die Idee von Fred Hoyle und Chandra Wickramasinghe ist grundsätzlich nicht neu: Schon im Jahr 1901 glaubte der schwedische Nobelpreisträger Svante Arrhenius, dass Lebenssporen auf Meteoriten durch den Weltraum reisen und nach dem zufälligen Absturz auf einem Planeten austreiben.

Auf Molekülsuche

Angenommen, das kosmische Jahr dauert 13,8 Milliarden Erdjahre: Es beginnt am 1. Januar mit dem Urknall. Schon am 19. Januar flammen die ersten Sterne auf, doch erst Mitte August wird unsere Sonne geboren. Gleichzeitig schälen sich die Planeten aus der Urwolke. Drei Wochen später dann die ersten Lebenszeichen: Archäen und Bakterien – einfache einzellige Organismen. An Weihnachten blüht das Leben auf, die kambrische Explosion bringt unzählige Pflanzen- und Tierarten hervor. Bevor das kosmische Jahr am Silvestertag um Mitternacht endet, betritt um 20 Uhr der Urahn des Menschen die Bühne. Und heute denkt der *Homo sapiens* darüber nach, ob das Leben auf der Erde entstand oder ob die ersten Keime im All gesät wurden. Astrobiologen studieren die Verteilung der chemischen Elemente im Kosmos. Dabei suchen sie nicht nur auf Planeten, Kometen oder Meteoriten, sondern auch in fernen Staubwolken, die zwischen den Sternen im All treiben, sowie in den ausgedehnten Hüllen um die Sterne selbst. Wegen der großen Entfernungen müssen sich die Forscher auf indirekte Methoden beschränken. So etwa fahnden Radioastronomen mit ihren Antennen nach Fingerabdrücken, die Moleküle in den Strahlungsspektren hinterlassen. Auf diese Weise entdeckten sie in den 1960er-Jahren einfache Verbindungen wie Ammoniak, Wasserdampf oder Kohlenmonoxid. Bisher kennen die Astrochemiker mehr als 140 unterschiedliche Moleküle, darunter so komplexe organische Verbindungen wie Essigsäure, Ameisensäure oder das Frostschutzmittel Ethylenglycol.

Besonders interessant für die Wissenschaftler sind Aminosäuren, weil sie als die Bausteine des Lebens gelten. Im Staub um den Kometen Wild 2 gelang vor ein paar Jahren der Nachweis von Glycin, der einfachsten Aminosäure. Außerdem identifizierten Forscher einen chemischen Verwandten dieses Moleküls. Fündig wurden sie in einem sehr dichten, heißen Gasklumpen namens »Heimat der Moleküle«. Die Bezeichnung erfand der US-Astronom Lewis Snyder in Anspielung auf seine deutsche Herkunft; im Englischen heißt das Objekt *Large Molecule Heimat*. Der Wolkenkomplex liegt in Richtung der Konstellation Schütze, nur etwa 400 Lichtjahre vom Zentrum unserer Milchstraße entfernt. Die Wolke misst knapp ein halbes Lichtjahr im Durchmesser und beherbergt tief in ihrem Innern eine junge Sonne.

Aber nicht die Sterne selbst sind die Fabriken für komplexe Moleküle, sondern die Staubteilchen innerhalb der Wolken. Atome und Moleküle treffen zufällig auf die Partikel, bleiben an deren Oberflächen haften und wandern mit ihnen umher. Stoßen sie auf andere Atome oder Moleküle, kommt es zu chemischen Reaktionen. So werden schrittweise komplexe Verbindungen aufgebaut. Kam das Leben aus dem All? Darauf haben die

Forscher noch keine schlüssige Antwort. Denn von einfachen Aminosäuren zu komplexen Proteinen ist es ein gewaltiger Schritt. Und Aliens haben die Astronomen auch noch keine beobachtet.

Radiogrüße von den Aliens

Es sind nur zwei unauffällige Lichtpünktchen in den Bildern Walfisch und Eridanus, und doch schrieben sie ein Stück Wissenschaftsgeschichte. Im Frühjahr 1960 richtete Frank Drake ein Radioteleskop zwei Monate lang jeweils sechs Stunden täglich auf die beiden Sterne – und wurde damit zum Pionier von SETI, der Suche nach extraterrestrischer Intelligenz. Wenn sich im Universum jede Menge fremde Zivilisationen tummeln, sollten dann nicht einige von ihnen Rauchzeichen in Form elektromagnetischer Signale aussenden?

Längst nicht alle Astronomen stimmen dem zu: Drake war der Erste, der nichts gefunden hat, sagen sie. Tatsächlich folgten seinem *Ozma* genannten Projekt viele Dutzend weiterer Suchprogramme. Dabei waren die SETI-Forscher mit ihren Instrumenten meist Gäste in verschiedenen Observatorien rund um den Globus. So horchten die elektronischen Ohren von *Phoenix* an Radioteleskopen in Australien, den USA und auf Puerto Rico ins All und nahmen dabei etwa 800 Sterne in bis zu 240 Lichtjahren Entfernung ins Visier.

Mehr als 11 000 Stunden dauerte der Lauschangriff – viel zu kurz, meinen Drakes Erben im kalifornischen SETI-Institut. Darum wollen die Wissenschaftler dort die Fahndung nach Aliens auf eigene Faust intensivieren. Rund 500 Kilometer nordöstlich von San Francisco entsteht das *Allen Telescope Array*: ein Radioteleskop mit bis zu 350 Schüsseln, jede sechs Meter im Durchmesser. Zusammengeschaltet sollen sie so viel Strahlung sammeln wie eine einzelne 100-Meter-Antenne.

Mit dem Bau der Anlage wurde bereits begonnen, bis zum Jahr 2007 waren 42 Radioschüsseln installiert. Doch wegen Problemen mit der Finanzierung ruhen die Arbeiten seit ein paar Jahren. Das *Allen Telescope Array* würde den Horizont der SETI-Forscher erweitern, in einem fünffach größeren Bereich als *Phoenix* lauschen und bis zu eine Million Sterne abhören. Die Signale würden nicht direkt von den für Leben viel zu heißen Oberflächen der fernen Sonnen stammen, sondern von Planeten, die um diese Sterne kreisen.

Dass die Außerirdischen gerade heute auf Sendung gehen, erscheint den SETI-Kritikern als äußerst unwahrscheinlich. Der Mensch jedenfalls hat ein paar Millionen Jahre gebraucht, um den Rundfunk zu erfinden. Und die Musik- und Sprachbotschaften der ersten Radioprogramme, die unseren Planeten als Funkwellen verließen, sind bis heute gerade mal 100 Lichtjahre weit gekommen.

Fliegende Untertassen

Venuszeit ist Ufozeit. Wenn der Planet in der Abenddämmerung tief am westlichen Firmament leuchtet, melden besonders viele Menschen bei Volkssternwarten die Sichtung eines unbekannten Flugobjekts. Die Venus mit einem Ufo zu verwechseln – wie es angeblich dem früheren US-Präsidenten Jimmy Carter passierte – bedarf aber schon viel Fantasie: Weder blinkt der Himmelskörper, noch rührt er sich merklich von der Stelle. Aber wie soll ein Ufo eigentlich aussehen? Wie eine schwebende Zigarre, eine gleißende Kugel oder die sprichwörtliche fliegende Untertasse? Den Begriff *flying saucer* kreierte ein Journalist 1947.

1. Astronomisches Kaleidoskop

Im selben Jahr berichtete der amerikanische Privatpilot Kenneth Arnold von neun Flugkörpern, die er von seiner Maschine aus gesehen haben wollte. Damit blühte – gleichzeitig mit dem Beginn des Kalten Kriegs – in den USA die Ufo-Manie auf: Bei Roswell in New Mexico sollte sogar eines dieser Dinger abgestürzt sein. Ein Film tauchte auf, der die Obduktion verunglückter Außerirdischer zeigt. Dann wiederum berichtete ein gewisser George Adamski, er sei von Aliens entführt worden. Doch das havarierte Ufo entpuppte sich als geheimer Aufklärungsballon, die Aliens erwiesen sich als Puppen und der »Reisebericht« zur Venus ist ein ziemlich schlechter Science-Fiction-Roman.

Dennoch glauben selbst seriöse Forscher an Ufos – im Sinne von »unidentifizierten Flugobjekten«. Tatsächlich lassen sich mehr als 90 Prozent der vermeintlichen Ufos auf Anhieb erklären: Neben Planeten, atmosphärischen Erscheinungen, Satelliten und Flugzeugen können etwa helle Sternschnuppen, Laserbeamer oder Partyballone dem Laien fliegende Untertassen vorgaukeln.

Und gelegentlich haben die Militärs ihre Hand im Spiel, wie bei den berühmten Greifswald-Ufos vom 24. August 1990. Dahinter verbargen sich sogenannte Tannenbäume – Leuchtkugeln, die für Übungszwecke an Fallschirmen zur Erde schwebten und als mobile Ziele für Flugabwehrsysteme dienten. Mittlerweile hat selbst die US-Raumfahrtbehörde NASA ihre Ermittlungen in Sachen E. T. eingestellt. »Durch weitere Untersuchungen wird nichts gewonnen, weil es keine greifbaren Ergebnisse gibt«, schreibt die NASA in einem Bericht.

Kosmische Strahlung

Es ist ein paar Minuten nach sechs Uhr morgens an jenem 7. August 1912, als der Ballon *Böhmen* in den Himmel über der Stadt Aussig im heutigen Tschechien steigt. In der Gondel steht Viktor Hess, im Gepäck drei Elektrometer. Der Physiker möchte bei seinem Aufstieg die Leitfähigkeit der Luft messen. Das Thema ist damals in Mode, die Forscher halten die gerade entdeckte Radioaktivität von Uran und anderen Gesteinen auf der Erde für die Ursache. Demnach sollte sich der Effekt mit zunehmender Höhe verringern. Zwei Jahre zuvor hatte der Physiker und Jesuit Theodor Wulf mit seiner Apparatur den Eiffelturm erklommen, aber keinerlei Unterschied im Vergleich zu den Messungen am Boden gefunden.

Heute, am 7. August 1912, will Viktor Hess mit seinem Wasserstoffballon höher hinaus. Während des Aufstiegs beobachtet er akribisch die Elektrometer in der Gondel. Bis 1500 Meter tut sich nichts. Doch dann steigen die Werte deutlich an, offenbar rührt die elektrische Leitfähigkeit von einer Strahlung her, die aus dem Weltall kommt. Immer höher klettert der Ballon. Hess beginnt zu frieren, kann unter seiner Sauerstoffmaske zunehmend schlechter atmen, ist am Rande der Ohnmacht. Trotz Höhenkrankheit misst er bis in 5000 Meter und landet schließlich sicher in Brandenburg. Viktor Hess hat die kosmische Strahlung entdeckt. Anfangs will keiner so recht an dieses rätselhafte Phänomen glauben. Ein Jahrhundert später ist die »Ultrastrahlung«, wie Hess sie nannte, ein wichtiges Fenster ins Weltall. Der österreichische Forscher erhielt für seinen Fund den Nobelpreis 1936.

Die Strahlung besteht aus atomaren Teilchen – überwiegend Wasserstoffkerne (Protonen) und Elektronen. Allerdings stammt sie nicht aus einer einzigen Quelle: Vor allem die Partikel mit geringerer Energie rühren von der Sonne her, die sie ständig in den Raum bläst oder während koronaler Massenauswürfe heftig ausspeit. Ein deutlich höherer Prozentsatz der Strahlung wird innerhalb der Milchstraße freigesetzt, von Supernovae, Pulsaren und Schwarzen Löchern. Aktive Galaxien oder ferne Quasare – Schwarze Löcher in den Herzen junger Milchstraßen – schleudern hochenergetische Partikel aus, die den extragalaktischen Anteil der Strahlung ausmachen.

Wissenschaftlern fällt es schwer, die Quellen in den Tiefen des Universums exakt zu lokalisieren. Starke kosmische Magnetfelder lenken die Teilchen auf dem Weg zu uns immer wieder ab, sie fliegen dadurch auf einem Zick-Zack-Kurs. Außerdem stoßen die Primärteilchen beim Durchqueren der Erdatmosphäre ständig mit anderen Partikeln zusammen. Dabei entstehen mehrere Quadratkilometer große Luftschauer, die sich als Sekundärstrahlung messen lassen. Das tun Forscher etwa am Pierre-Auger-Observatorium in Argentinien. Auf einer Hochebene registrieren 1600 mit Detektoren versehene Wassertanks die Signale dieser Luftschauer, 27 Teleskope fangen zusätzlich das von ihnen erzeugte extrem schwache Fluoreszenzlicht auf. Das Observatorium nimmt übrigens eine Fläche von rund 3000 Quadratkilometern ein – größer als das Saarland.

Künstliche Kometen

Im November 2013 blickten Sternfreunde und Medien gebannt auf den Kometen Ison, der eine außerordentliche Lightshow liefern sollte. Leider kam der kosmische Vagabund der Sonne zu nahe, verpuffte nach der heißen Begegnung mit dem Tagesgestirn und löste sich in einem recht unspektakulären Wölkchen auf. Man sieht einmal mehr: Kometen – tiefgekühlte, nur wenige Kilometer große Weltraumkartoffeln aus Eis und Staub – sind launisch. Selbst wenn sie überleben, weiß man nie so recht, ob sie ein glanzvolles Spektakel abgeben wie Hale-Bopp im Jahr 1997 oder kurzerhand zum Flop geraten.

In den 1960er-Jahren wollten sich Forscher nicht länger auf die sporadisch auftretenden Besucher aus den Tiefen des Sonnensystems verlassen. Und bauten selber welche. Dabei ging es vor allem um die Untersuchung der Kometenschweife, die von den Menschen im Mittelalter als »erschröckliche« Erscheinungen und böse Omen angesehen wurden. Manche hellen Kometen entwickeln sogar zwei solche Fahnen: Die eine besteht aus Staubteilchen, die der Lichtdruck der Sonne ins All befördert, die andere aus Gaspartikeln.

Mitte des 20. Jahrhunderts fand der Astrophysiker Ludwig Biermann, dass die Sonne auch bei einem solchen Gasschweif die Hauptrolle spielt. Ein von dem Tagesgestirn wehender Strom geladener Teilchen reißt die Bestandteile des Kometengases mit sich fort und lässt sie wie einen kosmischen Windsack im All flattern. Die Wechselwirkung mit diesem Sonnenwind genannten Phänomen wollten die Forscher näher untersuchen. Dazu packten sie im November 1964 einige Dutzend Gramm Barium in eine Rakete und setzten das Metall in 190 Kilometer Höhe über der Sahara frei.

Den Beobachtern am Boden bot sich ein faszinierendes Schauspiel – die anfangs kugelförmige Wolke folgte den Magnetfeldlinien der Erde, zog sich auseinander und schimmerte zunächst grün, dann purpurfarben und blau. Mit dem Sonnenwind kam die Bariumwolke bei diesem und weiteren mehr als 60 Experimenten allerdings nicht in Berührung.

Erst am 27. Dezember 1984 leuchtete am irdischen Firmament der erste künstliche Komet. Ein Team um Gerhard Haerendel hatte zwei Kanister mit insgesamt 1,25 Kilogramm Bariumdampf in eine Höhe von 110 000 Kilometern über der Erde in den Weltraum gebracht. Am 18. Juli 1985 wiederholten die Max-Planck-Forscher den Versuch. In beiden Fällen gelangen detaillierte Messungen. So etwa zeigte sich, dass die Bariumschweife das vom Sonnenwind mitgeführte Magnetfeld vorübergehend verdrängten, wobei sich ein Hohlraum bildete.

Diese und weitere Erkenntnisse nutzen den Wissenschaftlern beim Studium natürlicher Himmelskörper. Ludwig Biermann, der die Existenz des Sonnenwinds vorausgesagt und die Idee zum Start von künstlichen Kometen gehabt hatte, erlebte die Erfüllung seiner Vision noch. Er starb 79-jährig am 12. Januar 1986.

Astronomie am PC

Astronomen sitzen einsam am Fernrohr und blicken verträumt ins All. Zumindest für die Profis gilt dieses Klischee von romantischen Sternstunden längst nicht mehr: Großteleskope spulen ihre Beobachtungsprogramme computergesteuert ab, während die Forscher in temperierten Kontrollräumen das Universum allenfalls auf dem Monitor betrachten. Doch auch viele Amateure nutzen heute modernste Technik – und viele arbeiten nur noch am PC. So gibt es etwa jede Menge Projekte, welche die brachliegenden Kapazitäten von Heimcomputern nutzen. Solche komplexen Programme laufen als Bildschirmschoner und melden Besonderheiten, die sie in den Daten erdgebundener Observatorien oder von Satelliten aufspüren.

Eines der größten mit weltweit mehr als 350 000 Teilnehmern heißt Einstein@Home (http://einstein.phys.uwm.edu). Seit neun Jahren durchsucht es Messungen von Detektoren der *LIGO-Virgo-Science-Collaboration* nach Gravitationswellen von Neutronensternen – Gebilden von 20 bis 30 Kilometern Durchmesser, die schnell rotieren, über ihre Pole gebündelte Strahlung aussenden und sich dadurch am irdischen Himmel als blinkende Pulsare verraten. Seit März 2009 fahndet Einstein@Home auch nach Signalen von Radiopulsaren in den Beobachtungen der Arecibo-Antenne auf Puerto Rico und des australischen Parkes-Teleskops. Bisher hat dieses Computernetzwerk fast 50 solcher Objekte aus den Daten gefischt. Und im August 2011 wurden erstmals auch noch Messungen des Satelliten *Fermi* eingespeist – was kürzlich zur Entdeckung von vier Gammapulsaren geführt hat.

Mit weniger *science*, dafür mehr *fiction* beschäftigt sich SETI@home (http://setiathome.berkeley.edu). Seit 1999 durchkämmt es die Daten der Arecibo-Schüssel auf der Suche nach Signalen außerirdischer Zivilisationen. Nicht weniger als 2,3 Millionen Jahre an Rechenzeit haben die global verteilten Heimcomputer bisher geleistet. Ein kosmisches Telefonat von E. T. ist den Algorithmen des Programms bisher nicht ins Netz gegangen. Dafür macht der Bildschirmschoner von SETI@home optisch viel her.

Wer aktiv in die Forschung eingreifen und sich als echter *citizen scientist* betätigen möchte, der findet im Internet eine reiche Auswahl. Stellvertretend sei hier das Projekt Zooniverse (www.zooniverse.org) genannt. Ihm gehören derzeit mehr als eine halbe Million Freiwilliger an, die ihr Geschick als Wissenschaftler in mehreren Bereichen beweisen wollen: So etwa kann man die Form von Galaxien auf Bildern des Weltraumteleskops *Hubble* klassifizieren, Mondkrater studieren oder nach Planeten suchen, die ferne Sterne umlaufen.

Entdeckungen, die keine sind

Neutrinos schneller als das Licht? Sternexplosionen an den Grenzen von Raum und Zeit? Eine zweite Erde im All? Forscher jonglieren heute mit Zeiträumen von Trillionstel Sekunden ebenso wie mit Entfernungen von Milliarden von Lichtjahren.

Oder sie messen Signale, die sie kaum aus dem elektronischen Rauschen ihrer Instrumente heraushören. Dabei kommt es immer wieder zu Fehlern – etwa bei der Suche nach extrasolaren Planeten. Ungefähr 1800 dieser Himmelskörper kennen die Astronomen bisher. Den ersten, der einen sonnenähnlichen Stern umkreist, entdeckten 1995 Michel Mayor und Didier Queloz vom Observatorium Genf. Doch schon 140 Jahre zuvor hatte William S. Jacob behauptet, an der Sternwarte im indischen Madras einen kleinen Begleiter im Doppelsternsystem 70 Ophiuchi gefunden zu haben.

Damals wie heute lassen sich ferne Planeten nur extrem schwer beobachten. Sie erscheinen im Teleskop wie ein Staubkorn, das im Abstand von 15 Zentimetern eine 80 Kilometer entfernte 100-Watt-Glühbirne umkreist. Daher arbeiten die Wissenschaftler meist mit indirekten Methoden: So etwa registrieren sie das Schwanken der Helligkeit, wenn ein vermeintlicher, nicht leuchtender Planet vor der strahlenden Oberfläche seiner Sonne vorbeizieht und diese dabei minimal verdunkelt. Oder sie bestimmen die winzige Bewegung eines Sterns, die dieser ausführt, wenn der unsichtbare Begleiter während des Umlaufs an ihm zerrt. Einen derartigen Effekt wollte auch William S. Jacob gesehen haben.

Im Januar 1943 verkündeten zwei US-Astronomen, just im System 70 Ophiuchi einen Planeten mit zehnfacher Jupitermasse identifiziert zu haben. Um den Zwergstern 61 Cygni A sollte nach Meinung eines anderen Forschers ebenfalls ein fremder Jupiter kreisen. Und 1973 behaupteten zwei Wissenschaftler, dass Barnards Stern gleich von einem ganzen Planetensystem umgeben sei. Aber alle diese Funde erwiesen sich als Flops – die Astronomen waren von optischen Effekten genarrt worden.

Besonders hart traf es Andrew Lyne von der Universität Manchester: Auf einer Versammlung der Amerikanischen Astronomischen Gesellschaft musste er am 15. Januar 1992 zugeben, dass sich sein Planet um den Pulsar PSR 1829-10 in Luft aufgelöst hatte. Lyne hatte die periodischen Signaländerungen einem kleinen Begleiter zugemessen – in Wirklichkeit stammten sie vom jährlichen Umlauf der Erde um die Sonne!

Derzeit beschäftigt Gliese 581g die Experten. Dieser 20 Lichtjahre entfernte Exoplanet machte einst Schlagzeilen, sollte es auf ihm doch flüssiges Wasser und vielleicht sogar Leben geben. Eine erneute Analyse der Messungen brachte die Ernüchterung: Diese zweite Erde existiert offenbar nur in den Daten der Astronomen – ebenso wie ihr vermeintlicher Geschwisterplanet Gliese 581d.

2. Im Reich der Sonne: Planeten, Asteroiden und Kometen

Die Geburt des Planetensystems

Am Anfang ist der Wasserstoff, konzentriert in einer gigantischen Gaswolke und vermischt mit ein wenig Staub. Dann explodiert irgendwo in der Nähe ein Stern. Die Stoßwelle dieser Supernova drückt die Wolke zusammen, die jetzt unter ihrer eigenen Schwerkraft kollabiert und sich allmählich zu drehen beginnt. Im Zentrum des kosmischen Gebildes steigen Dichte, Druck und Temperatur an, eine rotierende Gaskugel entsteht – der Embryo eines Sterns. Das übrige Material in den Außenbereichen formt eine diskusförmige Scheibe. Darin treffen ständig Staubteilchen aufeinander und wachsen zu Klumpen heran.

Schon eine Million Jahre später umschwirren unzählige dieser bis zu 100 Kilometer großen Brocken den jungen Stern. Nach 100 Millionen Jahren und weiteren Kollisionen sind diese sonnennahen Trümmer – Planetesimale genannt – zu mehreren Tausend Kilometer großen Gesteinskugeln herangewachsen. Die festen Körper in den kühlen Außenbezirken der Scheibe dagegen scharen mächtige Wasserstoffhüllen um sich und werden zu Gasriesen. Damit endet die heiße Phase der Geburt unseres Planetensystems.

Die Astronomen glauben, dass dieses Szenario die Wirklichkeit vor 4,6 Milliarden Jahren recht gut widerspiegelt, wenngleich Detailfragen offen bleiben. Beobachtungen scheinen das Modell zu bestätigen: Im Orionnebel etwa haben die Forscher Dutzende dunkle, zigarrenförmige Objekte aufgespürt – offenbar junge Sonnensysteme. Und fertige Planeten kennen die Astronomen mittlerweile *en masse*, bis Ende Juni 2014 haben sie rund 1800 dieser Himmelskörper bei fremden Sternen aufgestöbert.

Eine interessante Rolle spielt die etwa 25 Lichtjahre entfernte Wega. In einer klaren Juninacht sehen wir diesen hellen Stern hoch im Südosten. Anfang der 1980er-Jahre fand der Infrarotsatellit *IRAS* um Wega herum eine ausgedehnte Staubscheibe. Mit einem für Millimeterwellen empfindlichen Teleskop haben Wissenschaftler einige Jahre später innerhalb dieses stellaren Diskusses zwei Verdichtungen entdeckt. Sie sind neun und elf Milliarden Kilometer von dem Stern entfernt. Was haben sie zu bedeuten? Umgibt Wega ein Planetensystem in der Babyphase?

Im Computer bauten die Astronomen die Natur nach und ließen einen jupiterähnlichen Planeten auf einer exzentrischen Bahn um Wega laufen. Unter der Schwerkraft dieses simulierten Himmelskörpers bildeten sich am Bildschirm zwei Knoten in exakt den zuvor gemessenen Abständen. Stecken im Wegasystem noch andere, vielleicht sogar erdähnliche Planeten?

Tagundnachtgleiche

Jedes Jahr um den 21. März kreuzt die Sonne den Himmelsäquator: Auf der Nordhälfte der Erde beginnt der astronomische Frühling, Tag und Nacht sind dann gleich lang. So jedenfalls liest man es im Kalender. Aber die vermeintliche »Tagundnachtgleiche« ist komplizierter, als man vermuten würde. Theoretisch sollte die Sonne genauso lang oberhalb- wie unterhalb des Horizonts laufen, schneidet der (unsichtbare) Äquator doch das Firmament in zwei gleich große Hälften. Doch die Sonne geht beispielsweise für einen zentralen Ort in Deutschland (Breite:

50 Grad, Länge: 10 Grad) am Frühlingsanfang um 6.23 Uhr auf und um 18.33 Uhr unter, steht also 12 Stunden und 10 Minuten über dem Horizont – und das ist keineswegs die Hälfte von 24 Stunden.

Eine der Ursachen für diese Diskrepanz liegt in der unterschiedlichen Definition des Wortes »Sonne«: Während sich die Zeiten des Auf- und Untergangs stets auf den oberen Rand ihrer Scheibe beziehen, meint »Sonne im Himmelsäquator« den Scheibenmittelpunkt. Der obere Rand erreicht beim Aufgang den Horizont früher als der Mittelpunkt; beim Untergang ist es umgekehrt. Wegen dieses Effekts muss die Sonne zweimal den Weg ihres halben Durchmessers am Firmament zusätzlich zurücklegen. Daher verlängert sich die Zeitspanne zwischen Sonnenauf- und untergang um gut zwei Minuten.

Den weitaus größeren Anteil an der Tagundnachtungleiche liefert jedoch die Erdatmosphäre. In Horizontnähe bringen die Luftschichten das Licht eines Gestirns besonders stark durcheinander. Die Atmosphäre zaubert ebenso die rote Sonne bei Capri, wie sie deren Ball dicht über dem Meer elliptisch verformt. Die Ablenkung eines Lichtstrahls wird Refraktion genannt. Sie hängt unter anderem von Temperatur, Druck und Feuchtigkeitsgehalt der Luft ab. Direkt am Horizont hebt die Refraktion das Bild eines Sterns um etwas mehr als ein halbes Grad an. Dieser Wert entspricht dem Durchmesser der Sonnenscheibe.

Steht die Sonne beim Aufgang gerade über dem Horizont, hat sie ihn in Wirklichkeit »von unten« eben erst erreicht. Und wenn wir beobachten, dass der untere Sonnenrand beim Untergang den Horizont berührt, ist die echte Sonne schon verschwunden. Bezogen auf den geometrischen Mittelpunkt kommt also für unser Tagesgestirn wegen der Refraktion noch eine Extrastrecke dazu. Tatsächlich geht die Sonne zu Frühlingsanfang daher etwa fünf Minuten früher auf und fünf Minuten später unter als nach der reinen Lehre der Mathematik – was der Tageslänge ein zusätzliches Plus beschert.

Energie vom Firmament

Das himmlische Kraftwerk erzeugt in jeder Sekunde so viel Energie, dass die Menschheit damit ihren Bedarf für nahezu eine Million Jahre decken könnte. Es liefert Licht und Wärme – und mehr Gesprächsstoff als jeder andere Himmelskörper. Die Ägypter nannten das Gestirn Aton. Pharao Amenophis IV. machte es zum alleinigen Gott und gab sich selbst den Namen Echnaton, »dem Aton gefällig«. Was verbirgt sich hinter dem tief orangeroten Ball, der da am Abend friedlich über dem Horizont hängt? Die Sonne ist eine gigantische Gaskugel. Mehr als eine Million Erden hätten in ihr Platz. Tief im Innern dieses Sterns arbeitet ein Fusionsreaktor. Bei Temperaturen um die 15 Millionen Grad wandelt er Wasserstoff in Helium um. Dabei entsteht die gesamte Energie, von der wir leben.

Die Sonne besitzt keine feste Oberfläche. Dennoch erscheint ihr Rand scharf begrenzt, weil das sichtbare Licht aus einer lediglich 350 Kilometer dünnen Schicht stammt: der 5500 Grad Celsius heißen Photosphäre. Wer sie mit dem Teleskop unter die Lupe nehmen will, muss mit äußerster Vorsicht zu Werke gehen. Denn der ungeschützte Blick zur gleißend hellen Sonnenscheibe kann das Auge schwer schädigen, sogar zu Blindheit führen! Daher nur vom Fernrohrhersteller zugelassenes Zubehör verwenden. Am besten geeignet sind Objektivfilter. Gut bewährt hat sich eine Methode, bei der das Sonnenbild auf einen weißen Schirm hinter dem Okular projiziert wird.

Dem aufmerksamen Beobachter erscheint die Photosphäre nicht glatt wie die Oberfläche eines Luftballons, sondern von unzähligen »Maiskörnchen« überzogen. Fachleute bezeichnen sie als Granulen. Jede ist etwa 1000 Kilometer groß, hat eine Lebensdauer von fünf bis zehn Minuten und ist Zeichen dafür, dass es auf der Sonne ordentlich brodelt. Auffälligstes Merkmal für die Aktivitäten des Tagesgestirns sind die Sonnenflecken:

Gebiete, in denen der Energienachschub aus dem Innern nicht so recht klappt, kühlen um bis zu 1500 Grad Celsius ab und erscheinen im Kontrast zur ungestörten Photosphäre dunkel.

Die Zahl der Flecken variiert in einem ungefähr elfjährigen Zyklus, dessen Ursachen die Experten noch nicht vollständig verstanden haben. Sicher spielen starke Magnetfelder eine Rolle. Die beeinflussen auch die Protuberanzen – gewaltige Feuerzungen, die bis zu einige Hunderttausend Kilometer Höhe ins All schießen. Die Sonne ist also keineswegs das ruhige Gestirn, für das sie viele Menschen beim Betrachten eines romantischen Sonnenuntergangs halten.

Die Sonne schwingt

Als roter Glutball versinkt die Sonne am Horizont. Aber der friedliche Postkartenanblick trügt. In Wirklichkeit ist die Sonne ein brodelndes Inferno, sie spuckt Gas – und sie vibriert wie eine Glocke. Die Forscher nutzen diese Schwingungen, um in die Eingeweide der Sonne zu blicken und ihr Magnetfeld zu studieren. Ursache der Beben ist die Konvektion: Unablässig steigen im Innern des solaren Ballons heiße Gaspakete zur Oberfläche, kühlen aus und sinken wieder nach unten. Ähnliches spielt sich im Prinzip in einem Topf mit kochender Flüssigkeit auf der Herdplatte ab. Bei diesem ständigen Auf und Ab entsteht auf der Sonne ein Muster aus deutlich voneinander abgegrenzten Zellen, die rund 1000 Kilometer großen Granulen. Die Konvektion erzeugt Schallwellen, die den gesamten Sonnenball zum Schwingen bringen.

Dass der Stern bebt, bemerkten Wissenschaftler schon vor mehr als einem halben Jahrhundert. Damals registrierten sie eine Pulsation in Teilen der oberen Sonnenschichten mit einer Periode von fünf Minuten. Heute hören Satelliten wie die Weltraumobservatorien *SOHO, STEREO* oder *SDO* sowie ein weltweites Netz erdgebundener Teleskope das Tagesgestirn rund um die Uhr ab. Das heißt: Sie messen die Geschwindigkeit eines Punkts auf der Oberfläche zum Fernrohr hin oder vom Fernrohr weg. Dabei heben und senken sich bestimmte Bereiche in den oberen Gasschichten mit Geschwindigkeiten bis zu 1800 Kilometern pro Stunde. Aus Millionen solcher Messpunkte leiten die Experten die Schwingungsmuster der Sonne ab – einige Tausend haben die Astronomen nachgewiesen. Helioseismologie heißt diese Forschungsdisziplin.

Die Helioseismologen gehen ähnlich vor wie ihre Kollegen, die Erdbeben analysieren. Der Puls der Sonne gibt Aufschluss über ihr Innenleben. So etwa dreht sich der Sonnenkern alle fünf bis neun Tage um die eigene Achse, also viel schneller als die darüberliegende sichtbare Oberfläche, die für eine Rotation ungefähr 27 Tage benötigt. Außerdem liefern die Messungen ständig Daten über Dichte, Temperatur und Zusammensetzung der Sonnenmaterie.

Die neueste Methode der Helioseismologen gleicht einer Art Computertomografie, wie sie Mediziner schon lange einsetzen, um den Körper genau zu durchleuchten. So erlaubt diese lokale Helioseismologie einen dreidimensionalen Blick unter die »Haut« und gestattet es, das Innenleben von Sonnenflecken detailliert zu erkunden.

Mittlerweile begnügen sich die Astronomen nicht mehr mit der Untersuchung der Sonne. Die Asteroseismologie fühlt seit ein paar Jahren auch fernen Sternen den Puls. Allerdings ist das Unterfangen ziemlich mühsam, die Sterne erscheinen wegen ihrer großen Distanzen punktförmig, und die vielen Oszillationen überlagern sich und können nur über die gesamte Oberfläche gemittelt werden. Dennoch gelingt es, aus den Spektren etwa die Ausbreitungszeit des Schalls und damit über Umwege die Masse des Sterns abzuleiten. Und aus dem ermittelten Anteil an Helium im Kern lässt sich auf dessen Alter schließen. Aus diesen und vielen anderen Daten bauen Forscher die kosmischen Gaskugeln am Computer nach und erfahren auf diese Weise mehr über das Leben der Sterne.

Eine kleine Eiszeit

Die Sonne ist der Stern, von dem wir leben. Seit Jahrmilliarden liefert er Licht und Wärme, ohne die kein noch so kleines Wesen existieren könnte. Im 19. Jahrhundert glaubten die Forscher, dass das allmähliche Schrumpfen der Sonne diese ungeheure Energie freisetzt. Dann fand Albert Einstein im Jahr 1905, dass sich Masse in Energie umwandeln lässt. Und Masse hat die Sonne genug, in Tonnen ausgedrückt entspricht ihre Materiemenge einer 28-stelligen Zahl. Längst kennen wir auch den wahren Motor des Sterns: Tief in seinem Innern arbeitet ein Fusionsreaktor, der bei Temperaturen um die 15 Millionen Grad ständig Wasserstoff in Helium umwandelt. Dabei verliert die Sonne in jeder Sekunde vier Millionen Tonnen an Substanz. Nach 45 Millionen Jahren verstrahlt sie so viel Masse, wie in der Erdkugel steckt – was kaum ins Gewicht fällt, besitzt die Sonne doch die 330 000-fache Erdmasse!

Die Energie aus dem Herzen des Gasballs gelangt im Laufe von mehreren Hunderttausend Jahren über komplizierte Wege – Strahlung und Konvektion – an ihre Oberfläche und von dort in den Weltraum. Doch so reibungslos funktioniert der Transport nicht. So etwa kühlen Regionen, in denen Magnetfelder den Energienachschub behindern, ein wenig ab und erscheinen im Kontrast zur 5500 Grad Celsius heißen Oberfläche dunkel: Wir beobachten einen Sonnenfleck. Diese solaren Windpocken künden von heftigen Aktivitäten der Sonne, die wiederum mit einer erhöhten Strahlkraft verknüpft sind.

Aus historischen Beobachtungen lässt sich der Fleckenzyklus über Jahrhunderte zurückverfolgen. Das taten Annie und Edward Walter Maunder, die Ende des 19. Jahrhunderts am Royal Observatory im englischen Greenwich forschten. Das Ehepaar entdeckte, dass es zwischen 1645 und 1715 kaum Flecken gegeben hatte. Dieses Maunder-Minimum fällt in die »kleine Eiszeit«, die von 1350 bis 1880 dauerte. Während dieser Periode waren die Sommer kühl und regnerisch, die Winter kalt und schneereich. Zeitgenössische Gemälde zeigen Schlittschuhläufer auf der zugefrorenen Themse in London.

Der Winter 2012/13 war ebenfalls lang und frostig. Es mochte Zufall sein, dass die Sonne zu diesem Zeitpunkt ungewöhnlich ruhig war. Das Fleckenmaximum verlief jedenfalls relativ flach. Angesichts der magnetischen Fieberkurve der Sonne prophezeiten Wissenschaftler für Großbritannien und Mitteleuropa manch strengen Winter. Ihre Erklärung: Weil sich die sogenannte Stratosphäre nur schwach aufheizt, reißen die milden Starkwinde vom Atlantik in die Troposphäre ab und gewinnen kalte Winde aus dem Nordosten mehr Einfluss. Die Forscher beeilten sich allerdings zu betonen, dass eine eventuelle neue kleine Eiszeit nicht der globalen Klimaerwärmung entgegenwirken würde.

Wenn der Sonnenwind weht

Um den 21. Juni herum erreicht die Sonne den Gipfel ihrer jährlichen Runde, dann beginnt auf der Nordhalbkugel der astronomische Sommer. Die heißeste Zeit des Jahres hat allein mit der Sonnenhöhe am Himmel und damit der Neigung der Erdachse gegenüber der Umlaufebene zu tun, nicht etwa mit dem Abstand zum Tagesgestirn. So steht unser Planet ausgerechnet Anfang

Juli im Aphel (Sonnenferne), dann trennen uns maximale 152,097 Millionen Kilometer von der Sonne; Anfang Januar, mitten im Winter, sind es im Perihel (Sonnennähe) nur 147,098 Millionen Kilometer.

Dennoch gibt es einen winzigen Wärmeunterschied, den die Astronomen messen können. Dazu bestimmen sie die Intensität der Sonnenbestrahlung, die senkrecht auf eine Fläche von einem Quadratmeter fällt, allerdings ohne den störenden Einfluss der Erdatmosphäre. Diese Solarkonstante ist keineswegs konstant. Ihr Mittelwert liegt bei 1367 Watt pro Quadratmeter, sie schwankt aber zwischen 1325 (Aphel) und 1420 (Perihel), also um knapp sieben Prozent. Auf dem Erdboden kommen im Jahresdurchschnitt noch 740 Watt an.

Aus der Solarkonstante lässt sich auf die Gesamtleistung des Sterns schließen – und die ist beeindruckend: 385 Trilliarden Kilowatt strahlt der kosmische Fusionsreaktor ununterbrochen in den Weltraum, die Erde kriegt davon nur sehr wenig ab. Zudem nehmen unsere Augen lediglich eine winzige Oktave in der Klaviatur der gesamten Strahlung wahr, eben das sichtbare Licht. Dabei sendet die Sonne unter anderem auch UV-Strahlen aus, ebenso wie Röntgen- oder Radiowellen.

Zusätzlich produziert der solare Atommeiler jede Menge Neutrinos. Diese elektrisch neutralen, nahezu masselosen Teilchen scheren sich nichts um feste Materie und rasen ungehindert selbst durch meterdicke Bleiwände. Ohne Schäden anzurichten, durchdringen Neutrinos auch ständig unsere Körper; in jeder Sekunde treffen 100 Milliarden dieser Partikel auf die Fläche von der Größe eines Daumennagels.

Im Gegensatz zu den scheuen Geisterteilchen bewirkt der Sonnenwind eindrucksvolle Effekte, Schweife von Kometen etwa oder flackernde Polarlichter. Der Sonnenwind wurde 1951 von Ludwig Biermann beschrieben und elf Jahre später von der Raumsonde *Mariner 2* entdeckt. Er ist ein spezielles Gas (ein Plasma) und besteht vor allem aus Protonen, Elektronen und

Heliumkernen. Die Erde umweht er mit einer Geschwindigkeit von 400 Kilometern pro Sekunde. Ist die Sonne aktiv, frischt der Wind zu einem Sturm auf, Böen erreichen dann Geschwindigkeiten von 900 Kilometern in der Sekunde.

Während solcher Phasen brodelt es heftig auf dem Tagesgestirn: Es zeigen sich besonders viele Flecken, Protuberanzen schießen empor, Flares blitzen auf, koronale Massenauswürfe schleudern Milliarden Tonnen Materie ins All. Die Sonnenaktivität schwankt in einem elfjährigen Rhythmus. Wer sich täglich selbst ein Bild von der Sonne machen will, kann das unter der Internetadresse www.spaceweather.com tun.

Die heiße Krone

Wer die Sonne durch eine Spezialbrille betrachtet, sieht eine Scheibe mit scharf begrenztem Rand. Aus dieser etwa 5500 Grad Celsius heißen und 350 Kilometer dünnen Photosphäre stammt praktisch die gesamte für unsere Augen sichtbare Strahlung. Bei Radiowellen oder im Röntgenlicht gleicht der Stern aber eher einem ungleichmäßig aufgeblasenen Ballon, dessen Oberfläche weit über die Photosphäre hinausragt. Während einer totalen Sonnenfinsternis, wie sie in unseren Breiten zuletzt am Mittag des 11. August 1999 über Süddeutschland auftrat, sehen wir diese Korona schon mit bloßem Auge. Sie ist immer vorhanden, leuchtet jedoch eine Million Mal schwächer als die Photosphäre und wird daher von ihr überstrahlt.

Erst wenn der Neumond das Licht der Sonne raubt, taucht die Korona auf. Sie erstreckt sich weit ins All hinaus und besteht aus dünnem Gas, dessen Atomkerne die Elektronen verloren haben. Als Sonnenwind wehen diese Teilchen durch das Planetensystem und erzeugen in der irdischen Atmosphäre geheimnisvoll tanzende Polarlichter. Unser Planet kreist also gleichsam in den Ausläufern der Sonnenhülle. Mit Temperaturen von rund zwei Millionen Grad ist die Korona viel heißer als die Photosphäre. Dieses Paradoxon erklären die Fachleute mit Magnetschleifen, die ständig aufbrechen. Stoßen sie mit anderen zusammen, wird Energie frei, die das Gas aufheizt.

Die Form der Korona ändert sich während des elfjährigen Zyklus der Sonnenaktivität. Ist der Stern friedlich, zeigen sich kurze Polarstrahlen mit ausladenden Flügeln um die Äquatorgegend. Im Maximum dagegen erscheint der solare Glorienschein ebenmäßig, die Korona gleicht einem mehr oder weniger runden Kranz mit ausgefranstem Rand.

Eine Pyramide aus Licht

Arabische Sternforscher sollen sie schon im Mittelalter gesehen haben, und der Astronom Giovanni Domenico Cassini erwähnt sie im 17. Jahrhundert: Die zarte Lichtpyramide, die sich im Februar und März nach Sonnenuntergang hoch über dem westlichen Horizont erhebt. Sie gleicht dem Schimmer eines fernen Scheinwerfers und folgt jener Bahn, auf der die Sonne im Lauf eines Jahres am Firmament läuft. Dieser unsichtbare Sonnenpfad heißt Ekliptik; sie führt durch die zwölf klassischen Tierkreisbilder.

Die Griechen nannten den Tierkreis Zodiakus, das geheimnisvolle Glimmen wird daher Zodiakallicht genannt. Mit Sternen hat es aber ebenso wenig zu tun wie mit Leuchterscheinungen innerhalb der irdischen Atmosphäre. Vielmehr ist der Kegel eine Wolke aus unzähligen interplanetaren Staubteilchen, die sich in der Ebene der Erdbahn konzentrieren und das Sonnenlicht reflektieren. Nach Beobachtungen mit Raumsonden verdichtet sich diese

Staubwolke in Richtung Sonne und vermischt sich schließlich mit den Ausläufern der solaren Atmosphäre, der Korona.

Wer das Zodiakallicht sehen will, braucht absolut klaren Himmel, freien Blick zum Horizont – und einiges Glück. Die Dunstglocke der Stadt verschluckt den kosmischen Schleier. Darüber hinaus muss die Ekliptik steil zum Horizont verlaufen. In unseren Breiten beträgt der Winkel im Februar und März am Abend rund 60 Grad; ähnlich günstige Verhältnisse gibt es im Oktober am morgendlichen Firmament. Viele Beobachter halten die Dämmerung für das Zodiakallicht. Es zeigt sich aber erst, wenn die Sonne mindestens 16 Grad unter dem Horizont steht. Die Pyramide sollte sich dann vom Westhorizont etwa zwei Handspannen hoch über das Firmament erstrecken.

Das Zodiakallicht spielt in der Interpretation des Weihnachtssterns eine Rolle. Nach der These eines Astronomen sollen im November des Jahres 7 v. Chr. die Planeten Jupiter und Saturn an der Spitze der Lichtpyramide gestanden und den Magiern aus dem Morgenland so den Weg zur Krippe gewiesen haben.

Der Erdbegleiter

Seit Urzeiten erhellt der Mond das irdische Firmament. Er hat Dichter inspiriert, und manche Menschen schreiben ihm gar eine magische Wirkung zu. Zwölf *Apollo*-Astronauten sind auf seiner Oberfläche im Känguru-Schritt herumgehopst; rund 384 Kilogramm Gestein haben sie von ihren Exkursionen zurückgebracht. Dennoch wissen die Forscher immer noch sehr wenig über die Geburt des Himmelskörpers. Einer viel beachteten Theorie zufolge soll er vor knapp viereinhalb Milliarden Jahren beim Zusammenstoß der jungen Erde mit einem anderen Planeten entstanden sein.

2. Im Reich der Sonne

Der Mond – er besitzt einen Durchmesser von 3476 Kilometern – ist das uns nächstgelegene Stück Kosmos. Das Licht benötigt für die Reise zu ihm etwas mehr als eine Sekunde. Die mittlere Entfernung beträgt 384 400 Kilometer. Der Trabant besitzt praktisch keine Atmosphäre und präsentiert sich als heiß-kalte Welt: Im Schatten fällt die Temperatur auf minus 180 Grad, in der Sonne klettert sie auf Werte um plus 130 Grad Celsius. Aufgrund der gebundenen Rotation kehrt uns der Mond stets dieselbe Seite zu. Im Lauf eines Monats zeigt er Phasen, die durch die wechselnde Beleuchtung während einer Erdumrundung entstehen.

Galileo Galilei hat den Mond als erster Astronom mit dem Teleskop beobachtet. In seinem 1610 erschienenen Büchlein *Sidereus Nuncius* beschreibt er dessen Landschaft als »uneben, rau und ganz mit Höhlungen und Schwellungen bedeckt, nicht anders als das Antlitz der Erde selbst«. Viele Astronomen hielten den Mond tatsächlich für eine zweite Erde: Waren die hellen Gebiete nicht etwa ausgedehnte Landflächen, die dunklen Regionen mächtige Meere? Bis heute haben sich so poetische Namen wie Ozean der Stürme oder Regenbogenbucht erhalten. Dabei wissen wir längst, dass die Meere lavaüberflutete Becken sind. Wasser scheint es auf dem Mond nicht zu geben, wenngleich die vermeintliche Entdeckung von Eis durch die US-Raumsonde *Lunar Prospector* im Jahr 1998 für einige Aufregung sorgte.

Wer mit Fernrohr oder Fernglas über die bizarre Landschaft aus Kratern, Bergen, Tälern, Rillen und Furchen spazieren möchte, wählt die Zeiten um das Erste oder Letzte Viertel. Nur dann erscheint die Oberfläche wegen des streifenden Lichteinfalls plastisch. Und noch ein Tipp: Weil das Teleskop nicht nur den Mond näher heranholt, sondern auch die Luftunruhe verstärkt, sollte man es mit der Vergrößerung nicht übertreiben. Als Faustregel gilt: maximale Vergrößerung gleich doppelter Objektivdurchmesser des Fernrohrs in Millimeter.

Die Geburt des Mondes

Das Interesse für Geburt und Entwicklung lag bei den Darwins offenbar in der Familie: Der berühmte britische Naturforscher Charles Darwin prägte Mitte des 19. Jahrhunderts maßgeblich die Evolutionstheorie, sein Sohn George Howard spürte der Herkunft des Mondes nach. Der Astronom an der Universität Cambridge und Präsident der Royal Astronomical Society beschäftigte sich sein halbes Forscherleben lang mit der Wirkung der Gezeiten im Planetensystem. Er glaubte, dass Erde und Mond einst ein einziger Himmelskörper gewesen waren.

Durch die rasche Rotation des Planeten sollte es zu einem Resonanzeffekt gekommen sein, wodurch sich ein Stück des Erdmantels ablöste und in den Weltraum schwebte – ähnlich einem Wassertropfen, der von einem Rad wegspritzt. Tatsächlich besitzt der Mond eine geringere Dichte als die Erde und verfügt vermutlich nur über einen sehr kleinen Nickel-Eisen-Kern.

Darwins kosmische Evolutionstheorie erklärt diesen unterschiedlichen Aufbau von »Mutter« und »Kind« recht gut. Außerdem soll die Geburt auf der Erde eine deutliche Narbe hinterlassen haben: das pazifische Becken. Mit seiner 1879 formulierten Abspaltungsthese war George Howard Darwin weniger erfolgreich als sein Vater mit der Evolutionstheorie – sie gilt heute als widerlegt. Ebenso aus dem Rennen scheint die Annahme, der Mond habe sich vor viereinhalb Milliarden Jahren unabhängig von der Erde geformt und sei von dieser eingefangen worden. Auch das Szenario der gleichzeitigen Geburt eines Doppelplaneten lässt Fragen offen.

Vor 35 Jahren kamen Wissenschaftler auf eine neue Idee: Danach entstammt der Mond einer Kollision zwischen der Erde und einem marsgroßen Brocken. Glücklicherweise gab es damals keinen Blatt-, sondern einen Streifschuss. Der Planetoid zerfetzte einen Teil des Erdmantels und wurde nahezu vollständig zermalmt, während sein Eisenkern sehr rasch tief in unseren Planeten eindrang. Die Trümmer von Theia, wie die Forscher das Geschoss tauften, sowie Brösel aus dem Erdmantel sammelten sich in einer Wolke und formten schließlich den Mond. Die Erde überlebte das Bombardement, wurde jedoch aus dem Lot gebracht: Seitdem bildet ihre Rotationsachse mit der Bahnebene einen Winkel von gut 23 Grad – was uns die Jahreszeiten beschert.

Die Impakthypothese erklärt viel. Ob sie zutrifft, steht in den Sternen. Vor kurzem haben Forscher die Spekulationen neu belebt. In ihrem Drehbuch kam die Katastrophe gar nicht von außen, sondern von innen: Eine Art geologischer Reaktor erzeugte durch natürliche Kernspaltung Wärme. Irgendwann konnte sie nicht mehr abfließen, der Reaktor überhitzte sich, explodierte und schleuderte das Baumaterial für den Mond ins All.

Blitze auf dem Mond

Wenn der Mond in den Kernschatten der Erde eintritt und eine mehr oder weniger helle kupferrote Farbe annimmt, beobachten wir eine totale Mondfinsternis. Während eines solchen kosmischen Schattenspiels sollen am 11. Oktober 1772 auf der Oberfläche des Erdbegleiters plötzlich helle Lichter aufgeblitzt sein. »Moonblinks« nennen Astronomen diese geheimnisvollen Phänomene. Zum ersten Mal beobachtet wurden sie angeblich im Jahr 557 v. Chr.

Viele Fachleute verwiesen sie lange Zeit ins Reich der Fabel. Doch am 2. November 1963 gelang es Forschern, einen Moonblink zu fotografieren. Am 19. Juli 1969 berichtete Neil Armstrong, der wenig später als erster Mensch den Mond betrat, von einer »gewissen Fluoreszenz« nahe dem Krater Aristarch. Viele

Sterngucker sahen am 23. April 1994 ebenso wie die unbemannte US-Raumsonde *Clementine*, dass sich die Gegend um diesen Krater rötlich verfärbte. Aristarch gehört mit mehr als 400 Erscheinungen zu den bevorzugten Orten des lunaren Spuks.

Einer Theorie zufolge sind die irisierenden Lichter Zeichen von Gasausbrüchen. Das im Mondinnern gespeicherte Gas dringt durch Spalten und Rillen in der Kruste an die Oberfläche. Dabei werden Staubteilchen in die Höhe gerissen, die das Sonnenlicht reflektieren und dadurch hell leuchten. Ursache für die Eruptionen könnten Mondbeben sein. Tatsächlich scheinen immer dann besonders viele Moonblinks aufzutreten, wenn sich der Mond in Erdnähe aufhält und die Schwerkraftwirkung unseres Planeten am größten ist.

Vielleicht führen aber auch die Teilchen des Sonnenwinds zu elektrischen Entladungen auf der verstaubten Oberfläche. Und Ende Juni 2000 registrierten Astronomen an mehreren Observatorien helle Moonblinks: Offenbar waren Trümmer des Meteoritenschauers der Leoniden auf den Mond gestürzt und hatten Material nach oben geschleudert.

Roboter reisen zum Erdtrabanten

Der Start von unbemannten Fahrzeugen zu Mond und Planeten gehört heute schon zum Alltag der Raumfahrt. Die Technik wurde im Laufe der Zeit immer besser. So etwa ist der Marsrover *Curiosity*, der am 6. August 2012 auf dem roten Erdnachbarn aufsetzte, nach den Worten seiner Konstrukteure das größte und komplizierteste Vehikel, das jemals auf der Oberfläche eines anderen Planeten gelandet ist.

Begonnen hatte die Rallye zu fremden Welten vor beinahe 50 Jahren. Damals, am 31. Januar 1966, schickten die Russen

Luna 9 auf die Reise zum Mond. Geschützt durch einen Airbag, ging die unbemannte Sonde drei Tage später mit einer Geschwindigkeit von 54 Kilometern pro Stunde im Ozean der Stürme nieder. Vier Minuten nach dem ersten Kontakt mit der Oberfläche entfaltete sich das kugelförmige, knapp 100 Kilogramm schwere Landegerät wie eine Blüte und nahm Panoramabilder der Landschaft auf; sie zeigten eine Szene westlich der Krater Reiner und Marius.

Der Mondboden, so sagte ein Wissenschaftler damals auf einer Pressekonferenz, sei mit schokoladenfarbenen, porösen Steinen überzogen, die an Lava erinnerten. Die wichtigste Erkenntnis aber lautete: Der Untergrund ist hart genug, um schwere Landefahrzeuge zu tragen – und auch Menschen würden nicht im Staub versinken, der die gesamte Oberfläche bedeckt. Mitten im Kalten Krieg hatte die Sowjetunion im Wettlauf zum Mond einen Etappensieg errungen.

Dann aber kam es zu diplomatischen Verwicklungen. Einige Jahre zuvor, im September 1959, hatte *Luna 2* als erste Raumsonde überhaupt den Erdtrabanten erreicht und war mangels Bremstriebwerken planmäßig auf ihm zerschellt. Um an diesem Erfolg keinen Zweifel aufkommen zu lassen, hatten die Sowjets die Funkfrequenzen der Sonde an das britische Radioobservatorium Jodrell Bank übermittelt. Tatsächlich bezeugten die Astronomen durch ihre Beobachtungen das historische Rendezvous im All.

Anfang Februar 1966 richteten sie erneut die 76-Meter-Antenne zum Mond und empfingen die unverschlüsselten Signale von *Luna 9*. Daraus bauten die britischen Forscher Bilder und veröffentlichten sie – unabhängig von den russischen Kollegen – im Wissenschaftsmagazin *Nature*. Daraufhin kündigte die UdSSR die Kooperation mit Jodrell Bank auf.

Der Ozean der Stürme (Oceanus Procellarum) umfasst eine Fläche von mehr als 400 000 Quadratkilometern und ist das größte aller Mondmeere. Es ist bei Vollmond und bei abnehmendem Mond besonders gut zu sehen. Darin liegt auch der Schlüssel zu seinem Namen. Denn nach einem alten Aberglauben bringt der abnehmende Mond schlechtes Wetter – und eben auch Stürme. *Luna 9* blieb in dieser Region nicht der einzige irdische Späher: Auch *Luna 13* landete dort, ebenso wie die beiden US-Gefährte *Surveyor 1* und *3*. Und schließlich hüpften auch noch die Astronauten von *Apollo 12* im November 1969 in dieser Gegend im Känguruschritt umher.

Ein Besuch bei Apollo 11

Armstrong misst viereinhalb Kilometer, Aldrin knapp dreieinhalb und Collins nur zweieinhalb. Die Reihenfolge dieser Krater nach ihrer Größe hat einen tieferen Sinn: Neil Armstrong betrat als erster Mensch den Mond, Edwin Aldrin folgte 19 Minuten später und Michael Collins umkreiste den Trabanten im Mutterschiff *Columbia*. Am 21. Juli 1969 (nach Mitteleuropäischer Zeit) schrieben die drei Astronauten Geschichte. Exakt zwei Stunden und 34 Minuten verbrachten die beiden Mondmänner außerhalb der Landefähre *Eagle* und sammelten gut 21 Kilogramm Gestein.

Nach rund 22 Stunden Aufenthalt im südlichen Mare Tranquillitatis hoben sie in ihrer Kapsel ab. Zurück blieben unter anderem ein Spiegelsystem für Entfernungsmessungen mittels Laser sowie eine Plastiktüte voll schmutziger Kleidung, klobigen Stiefeln und einer teuren Kamera. Und natürlich die US-Flagge – die das Triebwerk der *Eagle* beim Start allerdings umblies.

Wer mithilfe eines Amateurfernrohrs über die Mondlandschaft spaziert, sieht von den Überresten der Mission *Apollo 11* nichts. Auch die Relikte der anderen fünf erfolgreichen Exkursionen bleiben ihm verborgen. Selbst die weltweit besten und größten Teleskope können nichts ausrichten. Um etwa die Flagge oder eines der Mondautos sichtbar zu machen, müsste man ein Teleskop mit einem Spiegeldurchmesser von zehn Metern außerhalb der Erdatmosphäre platzieren, nur so würde man dem störenden Flirren der Lufthülle entgehen und hätte eine Chance, die optische Leistung voll auszuschöpfen.

Trotzdem bietet der Erdtrabant dem Sterngucker ein weites Feld. Die Zeit um Vollmond allerdings ist die ungünstigste zur Beobachtung: Weil das Sonnenlicht steil von oben einfällt, liegt die Landschaft in grellem Licht. Um das Erste und Letzte Viertel dagegen werfen die Berge, Wälle und Kraterränder lange Schatten – insbesondere an der Grenze zwischen beleuchtetem und unbeleuchtetem Teil. Entlang dieses sogenannten Terminators treten die Strukturen dann plastisch hervor. Bei ruhiger Luft lohnt ein Besuch am Landeplatz von *Apollo 11*. In mancher Mondkarte ist er eingezeichnet. Als Ausgangspunkt dient ein Krater namens Sabine. Östlich davon findet man dann Aldrin, Collins und Armstrong.

Kuhfladen im Mondgesicht

Gütig lächelnd, traurig oder finster dreinschauend – so begegnet uns der Mond in unzähligen Kinderbüchern. Dabei hat die Personalisierung des Himmelskörpers eine lange Tradition. Schon vor Jahrtausenden brachten ihn die Menschen mit Göttern – meist weiblichen – in Verbindung. Ob als Isis bei den Ägyptern, Selene bei den Griechen oder Luna bei den Römern, stets kam dem Mond eine besondere mythologische Bedeutung zu. Tatsächlich ist er neben der Sonne das auffälligste Gestirn am Firmament, zudem erkannten die frühen Kulturen seinen Wert für die Zeitmessung. Die Phasen wiederholen sich in regelmäßigem

Zyklus und die Worte »Mond« und »Monat« weisen in den indogermanischen Sprachen uralte gemeinsame Wurzeln auf. Noch im 17. und 18. Jahrhundert wurde zum Beispiel der Juni als »Brachmond«, der April als »Ostermond« bezeichnet.

Bald hatte der Erdtrabant seinen Platz als feste Größe im Kalender. Allerdings lassen sich Sonnen- und Mondjahr nicht zur Deckung bringen, zwölf Mondmonate ergeben ungefähr 354 Tage und damit im Vergleich zum Sonnenjahr elf zu wenig. Um diesen Lunisolarkalender einigermaßen zu synchronisieren, führten die Babylonier Schaltmonate ein. Noch heute spielt der Mond im Islam eine große Rolle: Beginn und Ende des Ramadan werden durch die erste Sichtung der schmalen Sichel bestimmt, wie sie jeweils kurz nach Neumond über dem Westhorizont in der Dämmerung auftaucht. Und seit dem Konzil von Nicäa im Jahr 325 feiern die Christen ihr Osterfest am Sonntag nach dem ersten Vollmond im Frühling.

Von der frühen Beobachtung und Verehrung des Mondes zeugen etwa die Darstellung auf der Himmelsscheibe von Nebra oder die Tempelanlage des Nanna in Ur, eine der ältesten Städte der Welt. Und bei allen Völkern existieren Mythen, die das gefleckte Aussehen ebenso thematisieren wie die ständig wechselnde Gestalt. So heißt es aus Indien, Sonne und Mond seien glücklich verheiratet gewesen bis zu dem Tag, da die Sonne ihrem Ehemann keine Hitze mehr spenden wollte. Im Streit warf sie den Mond kurzerhand in einen Teich; seither zeigt er sein mit Schlamm verspritztes Antlitz nur noch nachts.

Die Peruaner glaubten, der Trabant sei von einem Fuchs gebissen worden, die Rumänen meinten, er sei von Kuhfladen verunstaltet. Man sah in ihm einen Hasen, einen Mann mit Reisigbündel auf dem Rücken oder, wie eine südchinesische Legende berichtet, eine Frau, die das Lebenselixier ihres Mannes gestohlen hat und dann auf den Mond geflüchtet ist. Auch die antiken Naturforscher beschäftigten sich mit dem Himmelskörper: Der griechische Schriftsteller Plutarch etwa hielt die dunklen Flecken für Meere, die hellen Regionen für Länder. Und Galileo Galilei, der den Mond als einer der Ersten durchs Teleskop betrachtete, teilte die Ansicht der alten Naturphilosophen, wonach der Mond eine Art zweite Erde sei.

Kolossale Kunst der Levanier

König Edymion hatte zum Angriff geblasen. 60 Millionen Infanteristen und 130 000 Kavalleristen auf dreiköpfigen Geiern, Kohlvögeln und Riesenflöhen erwarteten mit modernsten Waffen – Spinnen und Knoblauchwerfern – den Gegner. Es ist ein früher Krieg der Sterne, dessen Vorbereitungen Lukian von Samosata im Jahr 160 in seiner *Wahren Geschichte* beschreibt: König Edymion und sein Herr leben auf dem Mond, und dort rüstet man sich gegen das Sonnenvolk.

Obwohl als Satire gedacht, zählt Lukian neben dem griechischen Philosophen Plutarch zu jenen Autoren, die im Mond so etwas wie eine belebte zweite Erde sehen. Selbst Johannes Kepler glaubt, dass der Trabant von schlangengleichen Wesen bewohnt sei, die in riesigen Burgen inmitten von ausgedehnten Sümpfen hausen sollten. Bis ins 19. Jahrhundert hinein hielten sich allerlei Spekulationen um die Levanier.

Im Jahr 1822 überraschte Franz von Paula Gruithuisen nicht nur die Fachwelt. In seinem Aufsatz *Entdeckung vieler deutlicher Spuren der Mondbewohner* schildert der Mediziner und Astronom eine Stadt, die unweit der Scheibenmitte nahe des kleinen Kraters Schröter liege. Besonders faszinierte ihn »ein kolossales Kunstgebäude«, offenbar ein Tempel, den er am 23. Oktober 1822 mit einem kleinen Linsenteleskop gesehen haben wollte.

Gruithuisens Mondstadt lässt sich am besten etwa einen Tag nach Halbmond beobachten. Mit einiger Fantasie kann man die

Gedanken Gruithuisens nachvollziehen, das Terrain erscheint abwechslungsreich und zerklüftet. Mit den Spuren einer Zivilisation haben die Bergkuppen, Täler und Krater freilich nichts zu tun. Der Mond ist ein toter Himmelskörper, dessen Antlitz vor Milliarden Jahren geformt wurde. An Baron Gruithuisen erinnert heute eine Region im Oceanus Procellarum mit einem 15 Kilometer großen Krater und mehreren Schildvulkanen.

Wenn Luna sich in Aschgrau hüllt

Glänzt der Erdtrabant ein oder zwei Tage nach Neumond am westlichen Abendhimmel, sollten Sie einmal genau hinschauen. Dann werden Sie nicht nur die helle schmale Sichel sehen, sondern vielleicht sogar die gesamte in mattem Grau schimmernde Mondscheibe. Was aber hat es damit auf sich? Leonardo da Vinci gab als einer der Ersten die richtige Erklärung für dieses »aschgraues Mondlicht« genannte Phänomen: Es ist Sonnenstrahlung, die die Erde nach allen Richtungen ins All reflektiert.

Ein Astronaut, der während der Neumondphase auf der unserem Planeten zugewandten Mondseite steht, bestaunt am Himmel eine strahlend helle Vollerde, die sogar die Landschaft erhellt; 39 Prozent des Sonnenlichts wirft die blaue Kugel in den Weltraum zurück.

Von der Erde aus ist der Neumond natürlich unsichtbar, da er gemeinsam mit der Sonne am Taghimmel steht. Kurz vor oder nach Neumond hat er sich genügend weit von ihr gelöst. Die Erde beleuchtet aber immer noch seine Oberfläche – und die schimmert im aschgrauen Mondlicht. Das Fernglas zeigt dabei auf der dunklen Mondscheibe die großen Formationen (*terrae* und *maria*), wie wir sie auch bei Vollmond betrachten können. Mit wachsender Phase nimmt die Erscheinung ab. Ein Kalender mit eingezeichneten Mondphasen hilft, die besten Beobachtungszeiten für den matten Mondschein herauszufinden.

Der Mond nickt uns zu

Der Mond ist eine Scheibe – könnte man meinen. Aber schon die griechischen Naturphilosophen wussten vor zweieinhalb Jahrtausenden um die Kugelgestalt der Erde und ihres Trabanten. Sie schlossen das aus dem runden Erdschatten während einer Mondfinsternis oder der Krümmung des Terminators, der Linie zwischen beleuchteter und unbeleuchteter Mondlandschaft. Es gibt aber noch einen anderen, etwas diffizileren Beweis für die Kugelgestalt unseres Satelliten: die Libration. Aufgrund dieses Effekts sehen wir über einen längeren Zeitraum insgesamt 59 Prozent der Mondoberfläche. Wie kommt das?

Auf den ersten Blick dreht sich der Mond innerhalb jener Zeit, die er für die Umrundung der Erde benötigt, einmal um seine Achse. Man spricht von gebundener Rotation. So weit die Theorie. In der Praxis jedoch schwankt die Umlaufzeit des Mondes, weil seine Bahn nicht kreisförmig, sondern elliptisch ist. Das heißt: In Erdnähe zieht der Mond schneller dahin als in Erdferne. Die Rotation um die eigene Achse bleibt jedoch stets konstant. Wir gewinnen daher den Eindruck, als würde der Mond sanft mit dem Kopf schütteln – wir sehen abwechselnd jeweils ein Stückchen über seinen westlichen und seinen östlichen Rand hinaus.

Damit nicht genug: Der Mond nickt uns auch noch zu, weil seine Rotationsachse gegenüber dem Lot zur Bahnebene um knapp sieben Grad gekippt ist; und so blicken wir regelmäßig über Nord- und Südpol hinaus. Zu diesen Librationen in Länge und Breite addiert sich noch ein täglicher Effekt. Er rührt von der Erddrehung her und führt dazu, dass man den Mond bei seinem Aufgang im Osten unter einem geringfügig anderen Winkel sieht als rund 12 Stunden später während seines Untergangs im Westen.

Manche Beobachter machen sich einen Sport daraus, die Libration im Fernrohr zu verfolgen. Dazu nehmen sie bestimmte Oberflächenstrukturen an den Rändern der Mondscheibe ins Visier und achten auf deren wechselnde Perspektive. Ein Beispiel dafür ist das Mare Orientale am südwestlichen Rand der Scheibe. Wer selbst testen will, braucht nur eine Mondkarte. Auf der ist das Mare Orientale leicht zu finden und lässt sich mit dem jeweiligen Anblick in der Natur vergleichen.

Die Gezeiten

Eine totale Mondfinsternis übt auf den Betrachter eine besondere Anziehungskraft aus. Die aber wirkt nicht nur während eines solchen kosmischen Schattentheaters – und das im wörtlichen Sinn. Zwar besitzt der Mond nur 1/81 der Masse unserer Erde, steht ihr aber viel näher als die Sonne. Und weil die Gravitation mit wachsender Distanz abnimmt, wirkt sie auf die dem Mond zugewandte Erdseite stärker als auf die knapp 13 000 Kilometer entferntere abgewandte Seite. Dieser Effekt bewirkt, dass sich der Meeresspiegel weltweit durchschnittlich um 90 Zentimeter hebt und senkt: So entstehen Ebbe und Flut.

Übrigens verformt sich auch die feste Erdoberfläche rhythmisch um rund 20 Zentimeter, und die Atmosphäre unterliegt ebenfalls den Gezeiten. Warum provoziert der Mond auf den Ozeanen zwei Flutberge? Dass er das Wasser auf der ihm näheren Seite anzieht, leuchtet ein. Das Wasser auf der gegenüber liegenden Erdhälfte dagegen ist am weitesten von ihm entfernt und die Anziehungskraft dort am geringsten. Gerade deshalb bleibt es wegen der Massenträgheit gleichsam zurück – und türmt sich auf. Innerhalb eines Tages rotiert die Erde unter diesen beiden Flutbergen hindurch.

Da der Mond nicht fest am Himmel steht, sondern ebenso wie die Erde um die Sonne wandert, dauert ein vollständiger Zyklus länger als einen Tag, im Mittel 24 Stunden 50 Minuten und 28 Sekunden. Weil es zwei Flutberge gibt, ist an einem bestimmten Küstenort alle 12 Stunden und 25 Minuten Flut. In der Praxis hängen die Gezeiten jedoch von vielen lokalen Faktoren ab. Und: Flut ist nicht gleich Flut. Neben dem Mond spielt auch die Sonne mit, wenngleich ihre Rolle wegen der 400-fach größeren Distanz kleiner ist.

Bei Neu- und Vollmond zerren die Himmelskörper mit vereinten Kräften an der Erde, und es kommt zu einer Springflut. Bei zu- und abnehmendem Mond neutralisieren sich Sonne und Mond zum Teil, Experten sprechen von einer Nippflut. Die Gezeitenreibung bremst die Erddrehung ab – die Tageslänge wächst alle 100 000 Jahre um 1,3 Sekunden. Dabei wird auf den Trabanten Drehimpuls übertragen: Der Mond entfernt sich jährlich um knapp vier Zentimeter von der Erde.

Halos

Durchschnittlich einmal pro Woche strahlen Sonne und Mond über einem beliebigen Ort auf der Erde für kurze Zeit in einem Glorienschein. Gelegentlich vervielfältigen sie sich sogar und schimmern als Kopien links und rechts neben den Originalen. Dieses Phänomen hat nichts Überirdisches, Fachleute nennen es Halo (gr. *halos*, Kreis). Es zu erforschen ist Aufgabe der Meteorologie, denn Halos sind eng an das irdische Wettergeschehen gekoppelt. Wenn in sechs bis zehn Kilometer Höhe warme Luftkissen über kältere gleiten, entstehen häufig Eiswolken (Cirrus oder Cirrostratus).

In diesen Wolken treiben unzählige Eisplättchen und sechskantige Eisnadeln. Sie wirken wie winzige Prismen und reflektieren das auf sie treffende Sonnen- und Mondlicht unter ganz bestimmten Winkeln: Um die beiden Himmelskörper erscheint ein weißer Ring, den oft ein farbiger Saum begrenzt. Innen schimmert er rötlich, außen blau.

Ein solcher Halo lässt sich sogar im Computer simulieren. Im virtuellen Raum hat er ebenso wie in der Natur einen Radius von 22 Grad (etwa 44 Vollmondscheiben). Häufig verläuft durch Sonne oder Mond auch noch ein waagrechter Lichtbalken. An den beiden Schnittpunkten dieses Balkens mit dem Halo leuchten dann kreisförmige Lichtfleckchen. Sie können so hell sein, dass die Beobachter glauben, insgesamt drei Sonnen oder Monde zu sehen. Bilder und Trugbilder erscheinen dabei gleichermaßen diffus, weil vor den echten Himmelskörpern ein dünner Eisvorhang liegt.

Manche dieser atmosphärischen Schauspiele zaubern komplexe Gebilde ans Firmament: Da gibt es einen dünnen Nebenhalo mit 46 Grad Radius, weitere schwache Nebensonnen, senkrechte Lichtbalken und -bögen. Aber nicht jeder Kranz um Sonne oder Vollmond ist ein Halo. Sehr häufig zeigen sich Lichthöfe, die bei Hochnebel durch Lichtstreuung an Wassertröpfchen entstehen.

Auf verschlungenen Pfaden

Mit mehr als doppelter Schallgeschwindigkeit fegte der Schattenkegel am 11. August 1999 über Süddeutschland hinweg. Für etwa zwei Minuten verlor die Sonne um die Mittagszeit ihren Glanz. Dabei blickten wir auf die kohlschwarze Scheibe des

Neumondes, der auf seiner Bahn vor unserem Tagesgestirn vorüberzog. Zu dieser Zeit stand der Trabant in jener Ebene, die durch die Erdbewegung um die Sonne aufgespannt wird. Die Mondbahn ist gegenüber dieser Ekliptik um etwa fünf Grad geneigt. Wäre sie das nicht, gäbe es bei jedem Neumond eine Sonnenfinsternis. Die beiden Schnittpunkte zwischen Mondbahn und Ekliptik heißen Knoten. Sie sind natürlich nicht zu sehen und ziehen in etwa 18 Jahren einmal um das gesamte Firmament.

Der Erdbegleiter wandelt auf einem elliptischen Pfad. Daher kann er sich uns bis auf 356 000 Kilometer nähern (Perigäum) oder bis zu 407 000 Kilometer (Apogäum) entfernen. Aufgrund dieses Distanzunterschiedes schwankt die Größe der Mondscheibe am irdischen Firmament. Weil eine volle Drehung des Mondes um seine Achse genauso lange dauert wie sein Erdumlauf, zeigt er uns stets dasselbe Gesicht. Dabei nickt er uns zu oder schüttelt den Kopf. Libration nennen die Fachleute dieses Phänomen. Es erlaubt uns, insgesamt 59 Prozent seiner Oberfläche zu überblicken. Die Mondbahn exakt zu berechnen, zählt zu den schwierigsten Übungen der Himmelsmechanik.

Übrigens ist auch Monat nicht gleich Monat. Der siderische Monat umfasst die Zeitspanne, in welcher der Mond zweimal an demselben Fixstern vorbeizieht und dauert 27 Tage, sieben Stunden und 43 Minuten. Der synodische Monat hingegen ist der Zeitraum zwischen zwei aufeinanderfolgenden Mondphasen – 29 Tage, zwölf Stunden und 44 Minuten. Er ist deshalb länger, weil Erde und Mond auf ihrer Bahn um die Sonne ständig weiterwandern, und der Mond noch jeweils etwa zwei Tage braucht, um von der Erde aus gesehen wieder in derselben Phase zu erscheinen.

Schattenspiele

Welcher Schreck muss die Menschen früherer Zeiten ergriffen haben, als die strahlende, wärmende Sonne mitten am Tag aus heiterem Himmel ihren Glanz verlor, bis nur eine schwarze, von einem matten Schimmer umkränzte Scheibe übrigblieb. Von Westen raste eine dunkle Wand heran, und ein Wind erhob sich. Hatte »Gott das Land am hellen Tage finster werden lassen«, wie es der Prophet Amos im Alten Testament schreibt? Hatte eine höhere Macht zu den Menschen gesprochen?

Babylonier und Assyrer verfügten zwar über erstaunliche astronomische Kenntnisse und wussten, dass Sonnenfinsternisse nur bei Neumond eintreten können. Aber auch sie sahen in dem Naturschauspiel ein böses Vorzeichen, das den König das Leben kosten konnte – war doch der Sonnengott offenbar unzufrieden mit dessen Herrschaft. Als eine Art selbsterfüllende Prophezeiung mag der Tod von König Ludwig dem Frommen gewertet werden. Die Finsternis am 5. Mai 840 soll ihn so erschreckt haben, dass er sechs Wochen später starb. Noch im Jahr 1628 flüchtete sich Papst Urban VIII. in einen Raum, den der Magier und Mönch Tommaso Campanella eingerichtet hatte, um der »schädlichen Wirkung« einer Sonnenfinsternis zu entgehen. Und noch im 21. Jahrhundert sehen Astrologen bei einer totalen Finsternis schwarz.

Das Drehbuch für das kosmische Schattentheater ist im Grunde einfach: Sonne, Neumond und Erde stehen auf einer Linie. In der Praxis müssen die drei Akteure einem diffizilen Spielplan folgen. Die Mondbahn ist gegenüber der Ebene, in der die Erde um die Sonne läuft, um etwa fünf Grad geneigt. Daher trifft der rund 400 000 Kilometer ins All ragende Mondschatten unseren Planeten nicht bei jedem Umlauf. Nur wenn der Trabant in oder nahe einem der beiden Bahnschnittpunkte (Knoten) steht, kann er die Sonne verfinstern: Nur in jenen Regionen, die der etwa 14 000 Kilometer lange und maximal 270 Kilometer schmale Pinselstrich des Kernschattens überstreicht, erscheint die Sonne total verfinstert. Beobachter im Gebiet, das der bis zu 7000 Kilometer breite Halbschatten des Mondes bedeckt, sehen eine partielle Verdunkelung.

Weniger spektakulär aber ästhetisch reizvoll ist eine totale Mondfinsternis. Der Vollmond zieht durch den gut eine Million Kilometer langen Erdschatten. Damit die Show beginnen kann, muss wiederum die genannte Knotenbedingung erfüllt sein, das heißt: Sonne, Erde und Vollmond müssen auf einer Linie stehen. Eine totale Mondfinsternis ist überall dort zu sehen, wo der Erdtrabant über dem Horizont steht. Im Gegensatz zur Sonne verschwindet der Mond dabei nicht völlig von der Bildfläche, sondern glimmt meist in kupferrotem Licht. Sonnenstrahlen, welche die Erdatmosphäre in den Kernschatten hineinlenkt, beleuchten ihn. Wie dunkel die Finsternis ausfällt, hängt von der Trübung der irdischen Lufthülle ab.

Eine totale Mondfinsternis kann knapp vier Stunden dauern (wogegen sich die schwarze Sonne höchstens für siebeneinhalb Minuten zeigt). Trifft der Mond den Schatten der Erde nicht voll, beobachten wir eine partielle Mondfinsternis. Wandert der Mond nur durch den Halbschatten, merken wir von einer Verdunkelung praktisch nichts, man spricht von einer Halbschattenfinsternis.

Der vergessene Mond

Im März 1846 überraschte der französische Astronom Frédéric Petit die Welt mit einer sensationellen Nachricht. Von der Sternwarte Toulouse aus wollte er einen zweiten Mond gesehen haben, der die Erde umkreist. Sofort begannen die Forscher danach zu suchen – vergeblich! Schließlich geriet die Entdeckung des Monsieur Petit wieder in Vergessenheit. Erst hundert Jahre später erinnerten sich die Astronomen an die Beobachtung. Theoretische Überlegungen zeigten, dass es durchaus einen zweiten Erdtrabanten auf einer stabilen Bahn geben könnte. Er müsste sich nach den Gesetzen der Himmelsmechanik in einem der fünf sogenannten Lagrange-Punkte aufhalten. Nur dort, in der Umlaufebene zweier massereicher Objekte, ist ein kleiner Körper im Gleichgewicht; er sitzt quasi in der Schwerkraftfalle.

So wurde die Fahndung erneut gestartet. Diesmal grasten die Experten das Firmament mit Weitwinkelkameras ab. Die Erfolgsmeldung kam im Frühjahr 1961 von dem polnischen Astronomen Kazimierz Kordylewski. Auf dem Foto zeigte sich aber keineswegs ein kompaktes Gebilde, sondern ein schwaches Wölkchen von vierfachem Vollmonddurchmesser. Heute wissen die Fachleute, dass es neben dem Mond sogar zwei Erdtrabanten gibt, das heißt: zwei Lagrange-Punkte sind ausgefüllt. Die Wolken bestehen aus Millionen Staubteilchen, deren Durchmesser vom Bruchteil eines Millimeters bis zu zwei Zentimetern reichen. Darunter ist Bauschutt aus der Frühphase unseres Planetensystems ebenso wie Material, das beim Einschlag kosmischer Brocken auf den Mond ausgeworfen wurde.

Jeweils fünf Tage vor oder nach Vollmond bietet sich die Gelegenheit, die in Wirklichkeit 20 000 Kilometer großen Wolken zu sehen. Dabei muss der echte Mond unter dem Horizont stehen und seine Bahn möglichst steil am Himmel verlaufen. Am besten geeignet sind dunkle Nächte in den Äquatorgegenden der Erde. Die Gebilde lassen sich nur sehr schwer fotografieren. Brauchbare Aufnahmen sind in den vergangenen Jahren nicht gelungen.

Planetenbahnen

Der Evangelist Matthäus erzählt von einem geheimnisvollen Stern, der vor 2000 Jahren weise Magier aus dem Morgenland zu einem Stall nach Palästina geführt haben soll. Wie keine andere Himmelserscheinung der Kulturgeschichte hat dieser »Stern von Bethlehem« die Fantasie der Menschen immer wieder beschäftigt. Gab es das legendäre Gestirn wirklich? Leuchtete über der Geburtsstätte Christi ein Komet, wie ihn historische und moderne Krippen zeigen? War es eine Supernova, das Aufflammen einer fernen Sonne irgendwo im Weltall? Oder ist die Geschichte nur gut erfunden? Jeweils in der Vorweihnachtszeit zeigen viele Planetarien den künstlichen Sternhimmel zur Zeit um Christi Geburt. Tatsächlich gab es damals eine außergewöhnliche Erscheinung: die dreimalige enge Begegnung von Jupiter und Saturn.

Schon die alten Babylonier verfolgten die Planeten, die sich im Gegensatz zu den Fixsternen am Firmament bewegen, denn sie umlaufen die Sonne auf mehr oder weniger kreisförmigen Bahnen. Wir beobachten dieses Spiel aber nicht von einem ruhenden Ort, sondern vom Raumschiff Erde aus, das ebenfalls um die Sonne fliegt. Dabei gelangen die Wandelsterne am irdischen Himmel in unterschiedliche Stellungen zueinander und zur Sonne.

Merkur und Venus werden als innere Planeten bezeichnet, weil sie zwischen Erde und Sonne ihre Bahnen ziehen. In unterer Konjunktion lautet die Reihenfolge Erde, Planet, Sonne. Während der oberen Konjunktion steht der Planet von der Erde aus gesehen hinter der Sonne. In beiden Fällen sind die beiden inneren Planeten unsichtbar. Gelangen Merkur oder Venus östlich der Sonne, tauchen sie nach Sonnenuntergang auf; stehen sie westlich von ihr, entdecken wir sie am Morgenhimmel. Diese Stellungen werden Elongationen genannt.

Die fünf äußeren Planeten Mars, Jupiter, Saturn, Uranus und Neptun können in Konjunktion stehen und befinden sich dann von der Erde aus betrachtet unsichtbar hinter der Sonne. In Opposition stehen sie der Sonne genau gegenüber. In dieser Position lassen sie sich die ganze Nacht über beobachten und leuchten wegen der größten Erdnähe besonders hell. Bilden Sonne, Erde und Planet ein rechtwinkliges Dreieck, spricht man von Quadratur.

Überholt die Erde auf ihrer Bahn einen äußeren Planeten, so bewegt sich dieser im Laufe von Tagen und Wochen langsam von Ost nach West – er ist »rückläufig«. Irgendwann bleibt er stehen (»stationär«) und wandert anschließend »rechtläufig« von West nach Ost. Während des Überholmanövers zieht der Planet am Firmament eine Schleife. Vor zwei Jahrtausenden führten Jupiter und Saturn einen synchronen Tanz auf, wobei sie sich dreimal relativ nahe kamen. Astronomen bezeichnen ein solches Rendezvous als Große Konjunktion. Steckt dahinter die Erklärung für den Stern von Bethlehem?

Die Astronomen der alten Hochkulturen konnten sich die himmlischen Pirouetten der Planeten nicht erklären. Das versuchten erstmals die griechischen Philosophen. Doch im Zentrum ihrer Weltmodelle stand unverrückbar die Erde. Wie ließ sich das Beobachtete mit der (falschen) Theorie in Einklang bringen? Die antiken Naturforscher erfanden Planetensysteme, in denen sie Kreise auf Kreise setzten und schließlich mehrere Dutzend Sphären ineinander schachtelten. Erst Nikolaus Kopernikus entrümpelte im 16. Jahrhundert das Weltgetriebe und stellte die Sonne in den Mittelpunkt. Dennoch lief seine Himmelsmaschine keineswegs rund, weil auch Kopernikus den Planeten eine Kreisbahn zumaß.

Um 1600 spähte Tycho Brahe als königlicher Hofastronom zu Prag in den Himmel. Seine Beobachtungen gelten als die genauesten der vorteleskopischen Ära. Brahe hütete die Aufzeichnungen wie einen Schatz, den er sogar vor seinem Assistenten

Johannes Kepler verbarg. Erst nach dem Tod des Chefs sichtete Kepler das Material und zog aus den Positionen des Mars die richtigen Schlüsse: »Alle Planeten laufen auf Ellipsen um die Sonne« lautet das Erste Keplersche Gesetz. Mit zwei anderen untermauert es das moderne Weltgebäude – der Rote Planet hat entscheidend dazu beigetragen.

Vulkan – der Unsichtbare

Merkur gilt gemeinhin als sonnennächster Planet. Doch im 19. Jahrhundert versuchten die Sternforscher, ihm diesen Rang streitig zu machen. Denn der französische Mathematiker Urbain Leverrier hatte in der Merkurbahn Unregelmäßigkeiten bemerkt. Die Astronomen glaubten, dass ein noch unbekannter Himmelskörper Merkurs Kreise störe. Der Fremdling erhielt den Namen Vulkan. Er wäre nur schwer zu beobachten, da er sich nie weiter als zehn Vollmonddurchmesser von der Sonne entfernen sollte und dabei von ihrem gleißenden Licht überstrahlt würde.

Schon meldeten sich die ersten Beobachter, die Vulkan als schwarzes Pünktchen vor der hellen Sonnenscheibe gesehen haben wollten. Leverrier selbst war von der Existenz des Planeten überzeugt. Im Jahr 1876 entdeckten mehrere Astronomen gleichzeitig ein rundes Objekt, das vor dem Tagesgestirn vorüberzog. Urbain Leverrier berechnete die Bahn und sagte sogar den nächsten Planetendurchgang voraus. Doch Vulkan tauchte nicht auf!

Obwohl selbst noch im 20. Jahrhundert gelegentlich von einer Entdeckung berichtet wurde, sind sich die Experten heute sicher, dass Vulkan nur ein Phantom ist. Die Astronomen waren auf optische Täuschungen hereingefallen oder hatten den vermeintlichen Planeten mit dunklen Sonnenflecken verwechselt. Theoretisch könnte es zwar ein Objekt geben, das die Sonne in einer nahezu kreisförmigen Bahn im Abstand zwischen zehn und 30 Millionen Kilometern umrundet. Aber es bliebe nicht lange heil: Die Wissenschaftler vermuten, dass in Sonnennähe mehrere Hochgeschwindigkeits-Asteroiden von wenigen Kilometern Durchmesser dahinrasen und einen größeren Brocken längst zerstört hätten.

Was aber beeinflusst die Merkurbahn? Albert Einstein fand des Rätsels Lösung: Diese sogenannte Periheldrehung beruht auf einem Effekt, der in der Allgemeinen Relativitätstheorie beschrieben wird. Kurz: Vulkan ist ein Stück von Einsteins neuer Physik.

Welt der Gegensätze

Noch auf dem Sterbebett soll Nikolaus Kopernikus bedauert haben, ihn nie selbst zu Gesicht bekommen zu haben. Damit teilt der große Reformator der Astronomie, der im 16. Jahrhundert die Sonne ins Zentrum des Planetensystems rückte, das Schicksal der meisten Menschen. Oder haben Sie ihn etwa schon erspäht? Die Rede ist von Merkur. Er zeigt sich entweder am Morgenhimmel kurz vor Sonnenaufgang oder abends, kurz nach Sonnenuntergang. Dabei steht er stets nur sehr knapp über dem Horizont – und das macht es so schwierig, das helle »Sternchen« zu erhaschen.

In der klaren Luft des antiken Griechenlands ist Merkur den aufmerksamen Beobachtern natürlich nicht entgangen. Sie hatten sogar zwei Namen für den Planeten: Hermes, sobald er die Rolle des Abendsterns spielte. Apollo, wenn er am morgendlichen Firmament auftauchte. Hermes galt als gerissener Götterbote und Schutzpatron von Hirten und Wanderern, Kaufleuten und Dieben. Bei den Babyloniern hieß der Himmelskörper Nabu und war der Gott der Weisheit. Die Ägypter sahen in ihm Thot; der war – dem Hermes vergleichbar – so etwas wie der Pressesprecher der Götter. Die Römer nannten ihn Merkur.

Merkur ist der sonnennächste aller Planeten. Sein mittlerer Abstand zum Tagesgestirn beträgt etwa 58 Millionen Kilometer (Erde: 150 Millionen Kilometer), auf seiner stark elliptischen Bahn kommt er der Sonne sogar bis auf 46 Millionen Kilometer nahe. Ein Umlauf dauert 88 Tage. Radarmessungen Mitte der 1960er-Jahre haben gezeigt, dass ein Merkurtag 58,65 irdische Tage währt. Daher dauert ein Merkurjahr lediglich eineinhalb Merkurtage.

Zwei Sonden haben den Planeten bisher besucht: *Mariner 10* und *Messenger*. Erstere flog in den Jahren 1974/75 dreimal an der 4880 Kilometer großen Gesteinskugel vorbei, Letztere trat am 18. März 2011 in eine Umlaufbahn um Merkur ein. Beide Raumfahrzeuge waren unter anderem mit Bordkameras ausgestattet, denn die extrem dünne Atmosphäre aus Helium- und Wasserstoffatomen kann den Blick auf das Antlitz des Götterboten nicht trüben. Merkurs Oberfläche ähnelt der des Mondes, was schon der Leipziger Astrophysiker Johann Karl Friedrich Zöllner im Jahr 1868 vermutet hatte: Sie ist zerfurcht und von Kratern übersät, die kosmische Brocken in den vergangenen Jahrmilliarden beim Aufprall in die Kruste geschlagen haben. Der größte Treffer ist das zwei Kilometer tiefe, längst mit Lava vollgelaufene Calorisbecken. Auf Merkur gab es einst wohl aktive Vulkane.

Astronauten müssten durch hervorragende Raumanzüge geschützt sein. Unter glühender Sonne schmort eine Wüstenei. Bei Temperaturen um die 450 Grad über Null würde Stahl im Dunklen rötlich glimmen und Blei längst geschmolzen sein. Umgekehrt sinken die Temperaturen um Mitternacht auf minus 170 Grad. Die tiefen Krater in der Nordpolgegend scheinen dagegen ihr eigenes, ausschließlich frostiges Klima zu besitzen. Vor einigen Jahren fanden Forscher mithilfe von Radarmessungen dort überraschend Anzeichen für Wassereis.

Das bestätigte auch die US-Raumsonde *Messenger*. Im November 2012 meldeten Wissenschaftler den Fund von gefrorenem Wasser sowie organischen Stoffen in Kratern am Nordpol, die niemals einen Sonnenstrahl abkriegen. Die Kameras des Vehikels lieferten Tausende faszinierende Bilder und die sieben wissenschaftlichen Instrumente an Bord eine Fülle an Daten. Anfang 2013 veröffentlichte die US-Raumfahrtagentur NASA aus *Messenger*-Fotos eine detaillierte dreidimensionale Karte der Merkuroberfläche.

Verschleierte Venus

Ein undurchdringlicher Schleier verhüllt das Antlitz der Liebesgöttin. Welches Geheimnis mag die Venus verbergen? Der schwedische Nobelpreisträger Svante Arrhenius glaubte an einen feuchten Planeten mit ausgedehnten Urwäldern. Andere Forscher vermuteten gar intelligente Bewohner, die mindestens 130 Jahre alt werden sollten. Doch solche Spekulationen haben sich als Utopie entpuppt. Eine Gluthölle mit Temperaturen um die 470 Grad liegt unter der dichten Wolkenhülle, die das Sonnenlicht reflektiert und die Venus damit zu einem auffallend hellen Gestirn am irdischen Firmament macht.

Die Atmosphäre ist eine für das Leben nicht gerade bekömmliche Mixtur aus Kohlendioxid und Stickstoff. Auch der im Vergleich zur Erde 90-mal höhere Luftdruck würde einen Besuch auf der steinigen Oberfläche wenig angenehm gestalten. Die Raumsonde *Magellan* hat in den 1990er-Jahren mit Radaraugen die Venus als einen Vulkanplaneten entlarvt. Krater, kuppelförmige Aufwölbungen, verästelte Lavakanäle und mächtige Gebirgszüge prägen die öde Landschaft. Im Frühjahr 2014 wollen Wissenschaftler mit der Sonde *Venus Express* Anzeichen für noch aktiven Vulkanismus entdeckt haben.

Bereits 1962 hatten Astronomen mittels Radioteleskopen herausgefunden, dass sich der Nachbarplanet in 243 Tagen um seine Achse dreht – und das falsch herum: »Venusianer« sähen in ihrer Heimat die Sonne im Westen auf- und im Osten untergehen. Der Himmelskörper wandert in knapp 225 Tagen einmal um das Zentralgestirn. Ein Venustag dauert also länger als ein Venusjahr.

Die Venus gilt als Morgen- und Abendstern. Wann immer sie am Himmel steht, übertrifft ihr Glanz den aller anderen Planeten oder Sterne. Laien halten sie gelegentlich für ein Ufo oder zumindest für eine ungewöhnliche Himmelserscheinung. Im Fernrohr zeigt die Venus Phasengestalt wie der Mond: Als innerer Planet zieht sie ihre Runden zwischen Sonne und Erde, aus diesem Grund wechselt die Beleuchtung der 12 000 Kilometer großen Kugel ständig. Auch verändert sie stark ihren scheinbaren Durchmesser: Steht Venus gerade zwischen Sonne und Erde (untere Konjunktion), trennen uns nur 39 Millionen Kilometer von ihr; jenseits der Sonne (obere Konjunktion) sind es 261 Millionen Kilometer.

Die Venusianer

Weshalb erscheint die etwa erdgroße Venus am Abend- oder Morgenhimmel stets so hell? Das liegt an ihrer dichten Atmosphäre, die drei Viertel des Sonnenlichts reflektiert. Im Jahr 1643 bemerkte der italienische Jesuitenpater Giovanni Battista Riccioli auf der Nachtseite des Planeten ein seltsames Glimmen. Dieses Leuchten regte die Astronomen vor allem im 19. Jahrhundert zu allerlei Spekulationen an. Damals war noch keiner der heute etwa 1800 Exoplaneten bekannt, der E. T. eine Heimstatt hätte bieten können. Weil man jedoch von der Existenz der Außerirdischen überzeugt war, verlegte man deren Wohnraum prompt auf bekannte Himmelskörper – vorzugsweise auf Mars und Venus.

Der Münchner Astronom Franz Paula von Gruithuisen hatte eine Idee: Nachdem er mit einem winzigen Fernrohr schon auf dem Mond »ein kolossales Kunstgebäude« entdeckt haben wollte, hielt er das Venusglimmen für Freudenfeuer. Damit sollten die Venusianer religiöse Feste feiern – oder eine neue Regierung. 1759 und 1806 sollen die Feuer besonders hell gebrannt haben. Für diese Periode hatte der fantasiereiche Professor eine plausible Erklärung parat: »Wenn wir annehmen, dass die Lebensspanne eines Venusbewohners 130 Venusjahre beträgt, was achtzig Erdenjahren entspricht, so könnte die Regierungszeit eines Venuskaisers leicht sechsundsiebzig Venusjahre sein.«

Und 1918 schrieb der schwedische Nobelpreisträger Svante Arrhenius über den Planeten: »Wir müssen eine Feuchtigkeit annehmen, die im Durchschnitt sechsmal so groß ist wie auf der Erde. Der vegetative Prozess ist durch die hohe Temperatur beschleunigt und dementsprechend die Lebenszeit der Organismen wahrscheinlich kurz.«

Die paradiesische Welt der Liebesgöttin ist leider Fiktion geblieben. Das einst geheimnisvolle Leuchten stammt von physikalischen Prozessen in der Atmosphäre. Diese besteht zu 96 Prozent aus Kohlendioxid und fegt in nur vier Tagen einmal um den Globus. Bei Bodentemperaturen von 470 Grad Celsius und einem 90-fach höheren Druck als auf der Erde dürften selbst hartgesottene Venusianer in ihrer glühenden Felslandschaft kalte Füße bekommen.

Star im Röntgenlicht

In weißem Licht leuchtet die Liebesgöttin abends im Westen oder morgens im Osten heller als jeder andere Planet oder Stern. Und Venus glänzt auch noch als Star am Röntgenhimmel. Mit dem US-Satelliten *Chandra* haben Astronomen den Planeten in diesem Bereich des Spektrums beobachten können. Das Bordteleskop registrierte dabei eine Art Fluoreszenz aus den oberen Wolkenschichten. Offenbar regt Röntgenstrahlung von der Sonne die Atome in der dichten Kohlendioxid-Atmosphäre des Planeten zum Leuchten an. Der erfolgreiche Röntgenblick auf die Venus gelang den Forschern nur dank des Einsatzes einer besonderen Technik. Diese war notwendig, denn die Liebesgöttin hält sich als Morgen- und Abendstern stets nahe der Sonne auf, weshalb Streulicht die Sicht behindern und Wärme den Satelliten gefährden können.

Venus ist eine eher untypische Röntgenquelle. Die meisten Objekte, die dieses kurzwellige energiereiche Licht aussenden, sind extrem heiß oder künden von kosmischen Katastrophen. Röntgenlicht lässt sich nicht mit herkömmlichen Spiegeln oder Linsen bündeln, sondern nur mit speziellen Teleskopen. Und selbst wenn wir Röntgenaugen hätten, könnten wir nichts von der himmlischen Pracht sehen, da die Erdatmosphäre die für das Leben schädliche Strahlung verschluckt.

So öffnete sich das neue Fenster ins All erst mit Beginn der Raumfahrt. Im Jahr 1949 rüsteten amerikanische Astronomen eine *V-2*-Rakete mit Detektoren aus und fanden damit die solare Röntgenstrahlung. Mehr als ein Jahrzehnt später brachte ein Zufall den entscheidenden Durchbruch: Am 18. Juni 1962 sollte eine Höhenforschungsrakete den Vollmond anvisieren. Die Instrumente schlugen tatsächlich aus – und zwar immer dann, wenn ihr Blick nicht auf den Mond, sondern auf eine Region im Skorpion fiel. Die Strahlung dieses Scorpius X-1 genannten Objekts musste also aus den Tiefen des Alls stammen. Offenbar verbirgt sich dahinter ein ferner Doppelstern. Mittlerweile hat auch der Mond seinen festen Platz in den Röntgenkatalogen. Diese Enthüllung gelang im Juni 1990 dem deutschen Satelliten *Rosat*, der insgesamt rund 120 000 Röntgenquellen aufgespürt hat.

Liebesgöttin trifft Sonne

Die eingemotteten Sofi-Brillen kamen am 8. Juni 2004 zu neuen Ehren. Denn an jenem Tag ereignete sich eine Sonnenfinsternis – wenngleich eine in Miniaturausgabe: Der Planet Venus zog als pechschwarzes Scheibchen über die Sonne. Ein Venustransit gehört zu den seltenen Schauspielen. Kein heute lebender Mensch sah es jemals zuvor. Der letzte Transit war am 6. Dezember 1882 über die Himmelsbühne gegangen. Allerdings kommt es nach mehr als 100-jähriger Pause stets zu zwei Venusdurchgängen in kurzem Abstand. Und so konnten wir in unseren Breiten am frühen Morgen des 6. Juni 2012 bei klarem Wetter erneut einen Transit verfolgen. Den nächsten von Mitteleuropa aus sichtbaren gibt es dann erst wieder am Nachmittag des 8. Dezember 2125.

Wie kommt es überhaupt dazu? Die Venus umläuft als innerer Erdnachbar in 225 Tagen einmal die Sonne. Nach jeweils 584 Tagen gelangt der Planet in untere Konjunktion: Von uns aus gesehen steht er jetzt in derselben Richtung am Firmament wie das Tagesgestirn. Doch Erd- und Venusbahn sind um 3,4 Grad gegeneinander geneigt. Daher zieht die Liebesgöttin von der Erde aus betrachtet entweder ober- oder unterhalb der Sonnenscheibe vorüber. Ähnliches kennen wir vom Neumond, der ebenfalls meist die Sonne verfehlt und Finsternisse zu raren Erscheinungen macht. Die Regeln für einen Venustransit sind also streng. Während der unteren Konjunktion muss der Planet im Schnittpunkt seiner Bahn mit der Erdbahn stehen, erst dann sind Erde, Venus und Sonne in einer Linie aufgefädelt wie die Perlen einer Kette. Derartige Konstellationen folgen einem Gesamtzyklus von ungefähr 243 Jahren und ereignen sich jeweils im Juni und Dezember. Im 20. Jahrhundert war, wie gesagt, überhaupt kein Venusdurchgang zu beobachten.

Wie es sich für eine ordentliche Finsternis gehört, büßt die Sonne während eines Transits an Glanz ein – allerdings lächerlich wenig, nämlich rund ein Promille. Mit halbwegs guten, durch Sofi-Brillen geschützten Augen erkennt man die Venus mühelos als dunklen Punkt auf der Sonne. Ambitionierte Sterngucker bestimmen im Fernrohr bei starker Vergrößerung Ein- und Austrittszeiten der Venus – was gar nicht so einfach geht, denn der sogenannte schwarze Tropfen zieht den Planeten am Sonnenrand scheinbar auseinander. Dieses Phänomen hat mehrere Ursachen: Beugung in der Optik, Lichtabfall am Sonnenrand und die Luftunruhe. Besonders reizvoll wirkt ein Venustransit, wenn der Planet an einem Fleck auf der Sonnenscheibe vorbeiwandert.

Expeditionen zur schwarzen Venus

Die schwarze Venus stand unter einem schlechten Stern für Guillaume Joseph Hyacinthe Jean-Baptiste Le Gentil de La Galaisière. Der Astronom wollte von Frankreich nach Jakarta reisen, um von dort die Wanderung des Nachbarplaneten über die Sonne zu verfolgen. Doch er geriet in die Wirren des Kriegs. Am Zielort durfte er nicht an Land gehen. So dümpelte er am 6. Juni 1761 im Indischen Ozean und verfolgte den Transit von schwankenden Schiffsplanken aus, an präzise Beobachtungen war dabei nicht zu denken.

Le Gentil de La Galaisière gab nicht auf. Acht Jahre lang verharrte er in Asien, bis zum nächsten und für ein Jahrhundert letzten Venusdurchgang am 3. Juni 1769. Ausgerechnet am Tag X war der Himmel über der Station im indischen Pondicherry bewölkt – und der Astronom am Boden zerstört. Doch seine Pechsträhne hielt an: Auf dem Heimweg erlitt er zweimal Schiffbruch. Als er nach mehr als elf Jahren endlich wieder französischen Boden betrat, musste er erfahren, dass ihn seine Verwandten für tot erklärt und sein Erbe untereinander aufgeteilt hatten. Und die Académie hatte ihn von ihrer Gehaltsliste gestrichen.

De La Galaisière war einer von hunderten Wissenschaftlern, die zur Beobachtung der beiden Venustransits des 18. Jahrhunderts in ferne Länder aufbrachen. Die astronomischen Abenteurer planten, den Pfad des Planeten auf dem gleißenden Feuerball von weit auseinanderliegenden Standorten aus zu verfolgen und aus den Messungen die fundamentale Entfernung zwischen Erde und Sonne zu berechnen. Denn diese galt als Schlüssel zu den Weiten des Weltalls. Dafür nahmen die Forscher große Entbehrungen in Kauf. So auch Jean-Baptiste Chappe d'Auteroche. Der war 1761 auf dem Landweg nach Tobolsk in Sibirien gereist. Und 1769 verfolgte er das himmlische Ereignis von Baja California in Mexiko aus. Seine Beobachtungen gelangen, aber wenige Tage später brach auf der Station Typhus aus, dem auch Chappe d'Auteroche erlag.

Die Expeditionen verbesserten den kosmischen Maßstab zwar, aber das Ergebnis war um etwa vier Millionen Kilometer zu groß. Ursache waren Probleme mit der exakten Zeitmessung und ein optischer Effekt: Das Venusscheibchen verliert während des Ein- und Austritts seine scharfe Kontur und verschmiert am Sonnenrand zu dem sogenannten schwarzen Tropfen. Auch die Beobachtungen der beiden Passagen 1874 und 1882 brachten keine exakten Messwerte. Nationen wie die USA, Frankreich, England und das Deutsche Reich nutzten sie als Plattform für wissenschaftliches Prestige. Allein die Berichte der insgesamt neun deutschen Expeditionen füllen mehr als 3600 Seiten.

Im 21. Jahrhundert interessierten sich vor allem die Amateure für die beiden Venustransits und verfolgten aufmerksam jene am 8. Juni 2004 und am 6. Juni 2012. Dabei entstanden unzählige sehr attraktive Bilder. Zwischenfälle wurden nicht gemeldet. Offenbar hatten die Sonnengucker bessere Nerven als der amerikanische Astronom David Rittenhouse: Der fiel zu Beginn des Spektakels am 3. Juni 1769 vor Aufregung in Ohnmacht!

Der Planet des Unheils

An einem Spätsommerabend des Jahres 1877 steht Giovanni Schiaparelli am großen Linsenteleskop der Mailänder Sternwarte. Der Direktor des Observatoriums möchte den Mars unter die Lupe nehmen. Anfang September befindet sich die Erde genau zwischen Mars und der Sonne. Der Rote Planet leuchtet die ganze Nacht am Himmel und kommt der Erde besonders nahe. Schiaparelli wandert mit den Augen über das Marsscheibchen, von der weißen Südpolkappe bis zum Äquator, vorbei an hellen und dunklen Flecken – und stutzt: Wie mit dem Lineal gezogen, erscheinen auf der Oberfläche plötzlich drei Striche, die er noch nie zuvor gesehen hat. Schiaparelli prüft die Optik, blickt dann mit dem anderen Auge ins Okular. Die Linien bleiben. Schließlich trägt er die *canali*, wie er sie nennt, in seine Karte ein.

Die Entdeckung spricht sich schnell herum, in Presseberichten gewinnen die »Marsianer« Gestalt: Denn nur intelligente Wesen können das gewaltige Kanalsystem angelegt haben! Und tatsächlich: Forscher am kalifornischen Lick-Observatorium beobachten es als Erste – ein helles Licht, das auf dem Mars aufleuchtet. Man schreibt das Jahr 1894, und der Rote Planet steht wieder einmal in Opposition zur Erde. Aber keine Vulkane sind auf der fernen Welt ausgebrochen, sondern die Marsianer bereiten sich auf die Reise zur Erde vor. Wenige Jahre später landen sie in England und drohen, die Menschheit zu vernichten.

So beginnt die dramatische Handlung des Romans *The War of the Worlds* von Herbert George Wells, mit dem das Marsfieber um die Wende zum 20. Jahrhundert einen Höhepunkt erlebt. Noch im Jahr 1938 löst eine Hörspielfassung des Werks in den USA Panik aus: Viele Menschen fürchteten tatsächlich einen Angriff, riefen beunruhigt Polizei- und Rundfunkstationen an und machten sich bereit zur Flucht. Selbst seriöse Wissenschaftler halten den Himmelskörper für bewohnt. Immerhin gibt es auf ihm aufgrund seiner Achsneigung Jahreszeiten wie auf der Erde und Polkappen, deren Größe periodisch ab- und zunimmt. Ein Tag auf dem Planeten, den zwei kartoffelförmige, nur wenige Kilometer große Monde umkreisen, dauert nur 37 Minuten länger als auf der Erde.

Der Mars hat eine lange Karriere als mystisches Wesen aufzuweisen: Die alten Kulturen brachten ihn wegen seiner Farbe mit Blut und Feuer in Verbindung. Er galt als Bote des Unheils. Der mesopotamische Gott Nergal, der Krieg und Fieber über die Menschen bringen sollte, diente den Griechen als Vorbild für ihren Kriegsgott Ares. Die Römer sahen ihren Mars weniger negativ, schließlich sollten die beiden Stadtgründer Romulus und Remus von ihm abstammen.

Der amerikanische Millionär Percival Lowell gründete im Jahr 1894 in Arizona eine eigene Sternwarte, um den Mars zu mustern. Immerhin zeigte der Planet Polkappen, die sich mit den Jahreszeiten ebenso veränderten wie Färbung und Struktur der übrigen Oberfläche. Waren das Zeichen von Vegetation? Gab es auf dem Mars Pflanzen, vielleicht sogar Tiere? Die Ernüchterung kam im Sommer 1965, als die US-Sonde *Mariner 4* in rund 9000 Kilometer Abstand am Mars vorbeiflog und

22 Schwarz-Weiß-Bilder übertrug. Statt blühender Landschaften zeigten sich darauf mehr als 300 Krater.

Der Planet ähnelte nicht der Erde, sondern dem Mond! Über den Geröllfeldern, Sanddünen und Canyons liegt eine dünne Atmosphäre aus Kohlendioxid. Für Geologen hat Mars eine Menge zu bieten: mächtige Schildvulkane – Olympus Mons ist mit 25 Kilometern der höchste bekannte Berg im Sonnensystem –, tiefe Canyons oder gewaltige Becken und Hochplateaus. Der rötliche Schimmer stammt von Eisenoxiden im Boden. Und es gibt Wasser, wenige Meter tief unter der Oberfläche sowie an den Polen. Die Landesonde *Phoenix* registrierte im Jahr 2008 sogar Schnee, der aus Wolken fiel; die Kristalle verdampfen jedoch, bevor sie am Boden ankommen. Überhaupt kann Wasser in flüssiger Form auf der Oberfläche nicht existieren, es ist zu kalt und der Luftdruck zu gering.

So interessiert die Wissenschaftler vor allem die Geschichte des Mars. War er einst ein Ort der Wärme und des Wassers? Hat sich auf ihm vielleicht doch Leben entwickelt? Existieren noch heute niedere Organismen? Diese Fragen liefern nicht zuletzt die Schubkraft für teure Missionen zum Roten Planeten. Im Jahr 1976 landeten die beiden *Vikings* als erste Raumsonden weich auf dem Mars. Sie entnahmen Bodenproben und analysierten sie in Bordlabors. Obwohl das ein oder andere Experiment positiv ausfiel, glauben die Forscher heute, dass die *Vikings* keinerlei Lebensspuren nachgewiesen hatten. Und auch die vermeintlichen Anzeichen organischen Materials im Marsmeteoriten ALH 84001, der im Jahr 1996 Aufsehen erregte, entpuppten sich als Fehlalarm. Soweit wir bisher wissen, ist Mars eine tote Ödnis.

E. T. und das Marsgesicht

E. T. ist auf dem Mars gelandet, hat dort Pyramiden gebaut und ein riesenhaftes Gesicht in den Felsen gehauen. Und hat nicht die Raumsonde *Viking* im Jahr 1976 diese Spuren der Außerirdischen fotografiert? Viele fantasiebegabte Autoren hielten den Mythos vom Marsgesicht jahrelang lebendig. Im Frühjahr 1998 hat der *Mars Global Surveyor* allen Spekulationen ein Ende bereitet und die vermeintlichen Pyramiden als optische Täuschung entlarvt. Die Kamera nahm einen vier Kilometer breiten und 80 Kilometer langen Streifen der Cydonia-Region unter die Lupe. Dabei überflog der unbemannte Späher auch das Marsgesicht. Das Bild hätte sogar noch einzelne »Fältchen« in dem Antlitz gezeigt, so hoch war die Auflösung der Optik.

Doch was selbst ernannte Experten zuvor für Augen, Nase und Mund hielten, ist nichts als der nackte, unbehauene Fels eines etwa drei Kilometer langen und eineinhalb Kilometer breiten Tafelbergs. Seit Urzeiten steht er in der Wüste, Sandablagerungen und Winderosion haben auf ihm ihre Spuren hinterlassen. Genau diesen Berg hatte das elektronische Kameraauge von *Viking* gesehen – nur mit weniger scharfem Blick und bei anderem Sonnenstand. Das Spiel aus Licht und Schatten hatte menschliche Gesichtszüge vorgegaukelt. Die neuesten Bilder lassen sogar eingefleischte »Mars-Archäologen« zweifeln. Aber manche behaupten hartnäckig, die Aufnahmen seien gefälscht, um die Wahrheit zu vertuschen.

Der *Mars Global Surveyor* war im September 1997 in eine Umlaufbahn um den Roten Planeten eingeschwenkt. Eigentlich sollte er, behutsam von der Atmosphäre gebremst, bis März 1998 den idealen Orbit erreichen und mit der Oberflächenkartierung beginnen. Doch die Marshülle erwies sich als unerwartet dicht. Es gab Probleme mit einem Sonnenpaddel, der Missionsplan musste geändert werden. Erst im Jahr 1999 positionierte das

Kontrollzentrum den Späher dann endgültig über dem Planeten, seine eigentliche Mission konnte beginnen.

Furcht und Schrecken

Johannes Kepler war von dem Gedanken besessen, dass sich die göttliche Schöpfung als »Zahlenharmonie« im Universum widerspiegelt. Daher behauptete der Astronom im frühen 17. Jahrhundert, der Planet Mars sei von zwei Monden umgeben. Schließlich hatte die Erde einen und beim Jupiter – dem äußeren Nachbarn des Mars – hatte Galileo Galilei gerade vier Trabanten entdeckt. Kepler bekam die Marsmonde aber nie zu Gesicht. Dennoch gingen sie im 18. Jahrhundert sogar in die Literatur ein. Der englische Schriftsteller Jonathan Swift beschreibt sie in seinem Roman *Gullivers Reisen* als Satelliten, die ihren Mutterplaneten in 7,5 und 21,5 Stunden umrunden. Und auch Voltaire entwirft in *Micromégas* das Bild von zwei sehr kleinen Monden.

Im Sommer 1877 kam Mars der Erde wieder einmal besonders nahe. Auf der ganzen Welt richteten Forscher ihre Teleskope zum Roten Planeten. Einer von ihnen war Asaph Hall. Er wollte die hypothetischen Himmelskörper endlich dingfest machen. Mitte August fand er am knapp 70 Zentimeter großen Linsenteleskop der Marinesternwarte in Washington nahe dem Mars tatsächlich zwei schwach glimmende Lichtpünktchen. Er nannte sie Phobos und Deimos – »Furcht« und »Schrecken« – in Anspielung auf Homer, der in seiner *Ilias* dem Kriegsgott Ares (Mars) die beiden gleichnamigen Begleiter an die Seite stellt.

Die literarischen Visionen von Swift und Voltaire erwiesen sich als zutreffend: Phobos benötigt für einen Marsumlauf 7 Stunden 39 Minuten, Deimos 30 Stunden 18 Minuten. Die

Raumsonde *Mariner 9* enthüllte die kartoffelförmige Gestalt der beiden winzigen Himmelskörper, die in der Längsachse 27 Kilometer (Phobos) und 15 Kilometer (Deimos) messen. Die Experten glauben, dass die Trabanten ursprünglich als Planetoiden durchs Planetensystem schwirrten und von Mars später eingefangen wurden. Die Monde sind von einer dicken Staubschicht überzogen; Krater auf den Oberflächen zeugen von heftigem Beschuss mit Weltraumtrümmern. Phobos und Deimos bleiben in Amateurteleskopen unsichtbar.

Der Gasriese

Ein Hauch von Knoblauch umweht den Göttervater. Gut, dass ihn selbst während einer Opposition durchschnittlich immer noch an die 630 Millionen Kilometer von uns trennen. Jupiter ist ein dankbares Beobachtungsobjekt. Schon ein kleines Teleskop offenbart ein Scheibchen, das von hellen und dunklen Querstreifen durchzogen ist und ovale Flecke zeigt – gigantische Wirbelstürme. Der berühmteste ist der Große Rote Fleck mit rund 40 000 Kilometer Durchmesser. Er schwimmt quasi in der Gasatmosphäre, welche die feste Oberfläche des Jupiters umgibt und sich Zehntausende von Kilometern hoch auftürmt. Sie besteht zu 89 Prozent aus molekularem Wasserstoff und zu knapp elf Prozent aus Helium. Außerdem finden sich darin Spuren von Ammoniak, Methan, Azethylen und Phosphin (Knoblaucharoma).

Mit einer Temperatur von minus 145 Grad sind die oberen Schichten zwar recht kühl. Aber Jupiter besitzt ein heißes Innenleben: Eine Raumsonde tauchte vor einigen Jahren in seine Atmosphäre und gab in 160 Kilometern Tiefe bei plus 152 Grad und einem Druck von 22 Atmosphären ihren Geist auf.

2. Im Reich der Sonne

Das Inferno setzt sich nach innen fort, tief unter Jupiters »Haut« steigt die Temperatur wohl auf Werte um die 11 000 Grad. Und bei hohem Druck werden Atome und Moleküle zerquetscht, verhält sich Wasserstoff wie flüssiges Metall. Im Zentrum schließlich vermuten Forscher eine Gesteinskugel von etwa 20 000 Kilometer Durchmesser.

Wer sich mit dem Fernrohr zu einer längeren Audienz beim Göttervater entschlossen hat, wird bemerken, wie an einem Rand der Jupiterscheibe allmählich neue Flecken und Wölkchen auftauchen, während sie am gegenüberliegenden Rand verschwinden. Dies ist ein direktes Zeichen für die rasche Rotation; innerhalb von knapp zehn Stunden dreht sich Jupiter einmal um seine Achse. Als Folge davon erscheint der Planet nicht kreisrund, sondern an seinen Polen deutlich abgeplattet.

Im Jahr 1994 machte Jupiter Schlagzeilen. In der Nacht des 16. Juli kollidierte der erste von knapp zwei Dutzend Brocken des zerborstenen Kometen Shoemaker-Levy 9 mit dem Gasriesen. Am 22. Juli war das Feuerwerk vorbei. Das bedeutete Großeinsatz für Berufsastronomen. Die Amateure visierten den Planeten ebenfalls an, in der Hoffnung, von dem Spektakel etwas mitzubekommen. Tatsächlich zeigten sich in der Atmosphäre eine Zeit lang dunkle Flecken: Jupiter war von dem Bombardement deutlich gezeichnet.

Der Göttervater sorgte nicht zum ersten Mal für Aufsehen: »Als ich also um die erste Stunde der auf den 7. Januar des laufenden Jahres 1610 folgenden Nacht die Gestirne des Himmels durch das Fernrohr betrachtete, geriet mir der Jupiter ins Bild, und da ich mir ein sehr vorzügliches Instrument gebastelt hatte, erkannte ich, dass bei ihm drei Sternchen standen, die zwar klein, aber sehr hell waren (...) Am 13. erblickte ich zum ersten Mal vier Sternchen...« Das schreibt Galileo Galilei in seinem kleinen Büchlein *Sidereus Nuncius*.

Die Entdeckung der von ihm so genannten »Mediceischen Sterne« sollte die Welt verändern. Der italienische Gelehrte beobachtete über mehrere Tage den Tanz der Monde um den Jupiter und zog daraus den Schluss, dass auch die Planeten einschließlich der Erde einen größeren Himmelskörper umkreisen: die Sonne. So begann der Streit um die kopernikanische Lehre. Vor der Inquisition musste Galilei am 22. Juni 1633 dem vermeintlichen Irrglauben abschwören.

Die vier Trabanten – mindestens 67 sind es insgesamt, wie wir heute wissen – heißen übrigens nach ihrem Entdecker Galileische Monde und lassen sich schon im Fernglas beobachten: Io, Europa, Ganymed und Kallisto. Es ist ein faszinierendes Spiel, das die punktförmigen Satelliten im Lauf von mehreren aufeinanderfolgenden Beobachtungsabenden aufführen: Gelegentlich ziehen sie vor dem Planeten vorüber, werfen pechschwarze winzige Schatten auf seine Atmosphäre oder verschwinden hinter der Jupiterkugel. Zum Genuss wird eine solche Mondenschau allerdings erst in Teleskopen mit einer Öffnung ab zehn Zentimeter Durchmesser.

Unter speienden Vulkanen

Die Galileischen Monde Io, Europa, Ganymed und Kallisto sind wahre Spielwiesen für Geologen. Dicke Eispanzer umhüllen drei der vier Satelliten, unter der Kruste von Europa vermuten manche Experten einen Ozean aus Wasser. Io misst 3632 Kilometer im Durchmesser und umläuft den Jupiter innerhalb eines Schlauchs aus elektrisch geladenen Elementarteilchen. Darüber hinaus kneten die Gezeitenkräfte des Planeten das Mondinnere durch. Das Ergebnis: Io ist der vulkanisch aktivste Körper im Sonnensystem.

Bis zu 400 Kilometer hohe Schwefelfontänen erheben sich über die bizarre Oberfläche des Trabanten. Im Jahr 1998 waren die Vulkane Zamama und Prometheus aktiv; das Kameraauge der Raumsonde *Galileo* nahm damals die gewaltigen Eruptionen auf, die vor dem schwarzen Hintergrund des Weltalls wie aufgespannte Regenschirme erscheinen. Selbst auf Ios Nachtseite zeigen sich diese Ausbrüche, weil die ausgeschleuderten Wolken länger von der Sonne beschienen werden.

Die von Lava und Schwefelablagerungen überzogene, mit schwarzen, braunen, grünen, orangefarbenen und roten Gebieten gesprenkelte Oberfläche Ios ähnelt einer Pizza. Die Vulkane formen die Landschaft um. Io verändert ständig sein Antlitz. Im Jahr 1999 zog *Galileo* dreimal an dem faszinierenden Jupitermond vorüber. Obwohl die Raumsonde zeitweise durch intensive Strahlung außer Gefecht gesetzt war, lieferte sie Bilder mit hoher Detailauflösung. Sie zeigen unter anderem eine Lavafontäne, die etwa eineinhalb Kilometer hoch in den Himmel steigt. Die glühende Masse war so heiß, dass die Kamera geblendet wurde. Auf dem Foto erscheint die Fontäne als verschwommener weißer Fleck. Der Schnappschuss entpuppte sich als Glückstreffer: Die Chance, eine solche Eruption vor die Linse zu bekommen, stand 1:500.

Tauchfahrt auf Europa

Nach mehr als 360 Jahren teleskopischer Erkundung haben ab den 1970er-Jahren zahlreiche Raumsonden die äußeren Planeten und ihre Trabanten aus der Nähe erkundet. Insbesondere der Jupitermond Europa regt die Fantasie der Forscher an. Er ist – wie die meisten seiner großen Kollegen – von einer Eiskruste überzogen, weist aber keine Gebirge und nur wenige Krater auf. Irgendetwas muss die 3138 Kilometer große Kugel glätten: Vielleicht liegt unter dem an manchen Stellen nur einige hundert Meter dicken Eispanzer ein Ozean aus flüssigem Wasser? Durchschlägt ein kosmischer Brocken die Kruste, tritt Wasser durch das Loch nach oben und gefriert bei Temperaturen von minus 180 Grad sofort – die Scharte ist ausgewetzt.

Bei Wasser werden alle Exobiologen hellhörig, gilt es doch als Urquell des Lebens. Daher feiern die Wissenschaftler jeden Hinweis auf einen einst feuchten Mars, den ihre Sonden liefern, und sei er noch so indirekt. Auf dem Roten Planeten gibt es heute sicher kein Meer mehr – im Gegensatz zu Europa: Die Gezeitenkräfte des Jupiters kneten dessen Inneres durch, liefern Wärmeenergie und halten so das Wasser für sehr lange Zeit flüssig.

Ebenso wie die Unterwelt der irdischen Ozeane von Organismen wimmelt, die ohne Licht und Sauerstoff auskommen, könnten sich faszinierende Kreaturen in Europas Wasserreich tummeln. Würden wir je davon erfahren? Ja, lautet die Antwort der US-Raumfahrtbehörde. Denn schon heute plant die NASA eine Art U-Boot, das an Bord einer Sonde auf Europa landen, sich durch das ewige Eis bohren und dann im Ozean auf Tauchfahrt gehen soll.

Der Ringplanet

Im Englischen begegnet er uns jede Woche am Samstag (*Saturday*), am Himmel gleicht er einem hellen Stern: Saturn. Doch erst das Fernrohr zeigt den »Herrn der Ringe« in voller Schönheit und enthüllt die zart gestreifte blassgelbe Saturnkugel, scheinbar schwerelos schwebend inmitten der Ringe. In Wirklichkeit beträgt der Äquatordurchmesser des Planeten rund 120 000, der Poldurchmesser etwa 107 000 Kilometer. Ursache für diese Abplattung ist die rasche Rotation des Gasriesen, ein Tag auf ihm dauert nur gut zehn Stunden.

Den etwa erdgroßen Gesteinskern des Saturn umhüllen Zehntausende Kilometer dicke Schichten aus Wasserstoff und Helium. In der äußeren Atmosphäre toben Stürme mit Windgeschwindigkeiten von mehr als 1500 Kilometer pro Stunde. Die Dichte des Saturn ist übrigens so gering, dass er in einem riesigen Wasserbecken schwimmen würde.

Christiaan Huygens war ein weitsichtiger Forscher. Er untersuchte Pendelbewegungen, konstruierte Taschenuhren mit Spiralfedern und Unruh, vermutete, dass es jede Menge Planeten bei fremden Sternen geben könnte (!) und spekulierte über außerirdisches Leben. Seine bedeutende astronomische Entdeckung versteckte er in einem Buchstabenrätsel, um sich die Priorität zu sichern: Dem Wissenschaftler war es im Jahr 1655 gelungen, das Rätsel um die seltsame Gestalt des Saturn zu lösen.

In den ersten Teleskopen hatte sich der Planet als Kugel präsentiert, an der scheinbar eine Art Henkel klebte. Oder er sah aus wie von zwei kleineren Kugeln umgeben, die bisweilen jedoch komplett verschwanden. Der Anblick des Saturn hatte schon den italienischen Gelehrten Galileo Galilei verwirrt, der durch sein winziges Fernrohr nur die längliche Gestalt erkennen konnte. Huygens fand heraus, dass Saturn »von einem dünnen Ring umgeben ist, der den Planeten in keinem Punkt berührt«.

Heute enthüllt schon ein kleines Teleskop das faszinierende Ringsystem. Raumsondenfotos zeigen Zehntausende von Einzelringen, die aus unzähligen Eis- und Felsbrocken bestehen und in der Äquatorebene des Saturn kreisen wie kleine Satelliten. Der Anblick des bei einem Durchmesser von 960 000 Kilometern lediglich wenige Hundert Kilometer dünnen Ringsystems wechselt je nach Stellung von Erde und Saturn; wenn wir exakt auf die Kante sehen, scheint es nicht mehr zu existieren. Saturn regiert über mindestens 62 Monde, eine Handvoll erscheinen im Amateurfernrohr als schwache Sternchen.

Cassini und seine Entdeckung

Wer den Saturnring mit eigenen Augen durch ein großes Teleskop betrachtet hat, wird dessen Anblick nicht so schnell vergessen. Und vielleicht fragt er sich, woraus dieser Ring besteht? Zunächst dachten die Forscher an ein starres Gebilde, vergleichbar einer kosmischen Compact Disc. Im Jahr 1705 vertrat Giovanni Domenico Cassini als Erster die Ansicht, der Ring sei eine Ansammlung winziger Satelliten, die man im Teleskop nicht beobachten könne. Ein Jahrhundert später bestätigten die Theoretiker, dass ein festes System nicht stabil sein und bei der kleinsten Störung auseinanderbrechen und auf den Planeten stürzen würde.

Cassini galt als einer der besten Himmelsbeobachter des 17. Jahrhunderts. Mit den Teleskopen der Pariser Sternwarte entdeckte er zum Beispiel die Rotation von Mars und Jupiter. Vor allem aber der Saturn hatte es ihm angetan. Seine Beobachtungen dokumentierte er in Zeichnungen. Im Jahr 1676 fertigte er eine Skizze des Saturn an, die ein erstaunliches Detail verrät: eine schmale schwarze Linie innerhalb des Rings, der sich somit aus den beiden Komponenten A und B zusammensetzte. Mitte des 19. Jahrhunderts spürte man noch eine dritte Ringkomponente (C) auf. Mittlerweile kennen die Forscher sieben Hauptringe (A bis G), die aus mehr als 100 000 Einzelringen bestehen – und aus Trümmern, deren Größe zwischen der von Staubkörnchen und großen Wohnblöcken liegt.

Heute zeigt jedes mittlere Amateurfernrohr bei ruhiger Luft und ab etwa 150-facher Vergrößerung diese Cassinische Teilung. Lange Zeit dachten die Wissenschaftler, dass die Lücke in den Ringen absolut leer sei. Die beiden *Voyager*-Raumsonden nahmen die Teilung in den 1980er-Jahren unter die Lupe und fanden darin zur Überraschung der Fachleute mehrere helle dünne Ringe.

Über die Entstehung der Ringe streiten die Fachleute: Wurden sie gleichzeitig mit dem Planeten aus einer gemeinsamen Urwolke geboren? Oder setzte ein zerbrochener Mond die Brösel frei? Möglicherweise wirkten beide Prozesse zusammen. Vor einigen Jahren bot das Saturnsystem eine weitere Überraschung: Im Oktober 2009 entdeckte das Weltraumteleskop *Spitzer* im Infrarotlicht einen neuen, um 27 Grad gegen die Äquatorebene geneigten Ring. Er erstreckt sich in einem Abstand von sechs bis zwölf Millionen Kilometern um die Saturnkugel und besteht aus extrem dünn verteilter Materie. Diese umkreist den Saturn gemeinsam mit dem Mond Phoebe, der möglicherweise die Quelle für das Ringmaterial liefert.

Landung auf Titan

Giovanni Domenico Cassini ist der Namenspatron einer Sonde, die auf verschlungenem Kurs zum Ringplaneten flog. Mit dabei war die kleine Kapsel *Huygens*, deren Reise spektakulär enden sollte: Mit hoher Geschwindigkeit tauchte sie am 14. Januar 2005 in die dichte Hülle des mit 5150 Kilometer Durchmesser größten Saturnmondes Titan ein. Der wurde von Christiaan Huygens im Jahr 1655 entdeckt und erscheint schon in einem guten Fernglas als winziges Sternchen.

Während des zweieinhalbstündigen stürmischen Fallschirmabstiegs durch die minus 200 Grad Celsius kalte Atmosphäre aus Stickstoff und Methan nahm *Huygens* Messdaten auf und sendete Bilder der Oberfläche, welche die dichten Wolken erst ab einer Höhe von 20 Kilometern freigaben. Einige Aufnahmen zeigen eine schwarze Fläche – möglicherweise ein See aus einer teerartigen Flüssigkeit. Das Landegebiet ähnelt auf den Fotos der kargen Oberfläche des Mars. Jede Menge Brocken liegen auf dem Boden herum, manche sehen aus wie Kieselsteine. Allerdings bestehen sie offenbar aus Eis und Kohlenwasserstoffen. Der Himmel ist gelb-orange und dunstig. Die Forscher vermuten, dass die klimatischen Verhältnisse auf Titan denen ähneln, die vor mehr als vier Milliarden Jahren auf der Erde geherrscht hatten.

In der Saturnfamilie gibt es noch ein bemerkenswertes Mitglied: Enceladus. Der rund 500 Kilometer durchmessende Eismond besitzt einen inneren Ozean, ähnlich wie der Jupitertrabant Europa. Das Meer könnte die Quelle der vor zehn Jahren von der Raumsonde *Cassini* aufgespürten aktiven Geysire sein. Diese Fontänen spritzen in einem Gebiet um den Südpol, in dem man jede Menge paralleler Verwerfungen findet, die sogenannten Tigerstreifen. Im Frühjahr 2014 haben Forscher das Schwerefeld von Enceladus untersucht. Aus den Daten schließen sie ebenfalls auf einen Ozean, der 40 bis 50 Kilometer unter dem Südpol liegt und bis zu zehn Kilometer tief sein könnte.

Herschels Welt

Eigentlich hätten schon die Astronomen der alten Kulturen das schwache Lichtpünktchen sehen müssen, das behäbig durch die Tierkreisbilder zieht. Doch erst am 13. März 1781 spürte es Friedrich Wilhelm Herschel mit einem selbst gebauten 15-Zentimeter-Spiegelfernrohr in der Konstellation Zwillinge auf. Herschel hielt seine Entdeckung zunächst für einen Kometen. Aber das Objekt erschien nicht diffus; andererseits war es auch nicht so punktförmig wie ein Stern. Tatsächlich entpuppte sich der geheimnisvolle »Komet« als neuer, siebter Planet: Herschel hatte den Uranus gefunden. Gemeinsam mit Jupiter, Saturn und Neptun zählt er zu den Gasplaneten. Uranus besitzt einen Durchmesser von rund 51 000 Kilometern – viermal größer als die Erde. Er dreht sich sehr schnell um die eigene Achse: Ein Tag dauert nur gut 17 Stunden.

Wasserstoff, Helium und in den obersten Schichten Methan bilden die dichte, blaugrün schimmernde Atmosphäre des Uranus, der den Namen des Urgottes der klassischen Mythologie trägt. Der Himmelskörper läuft auf einer nahezu kreisförmigen Bahn in durchschnittlich etwa 2,9 Milliarden Kilometern Abstand um die Sonne. Für eine Umrundung des Tagesgestirns benötigt er 84 irdische Jahre. Weil seine Rotationsachse stark geneigt ist und praktisch mit der Umlaufebene zusammenfällt, rollt der Planet gleichsam auf seiner Bahn dahin. Daher zeigt während der Hälfte des Uranusjahres einer der beiden Pole zur Sonne, während den anderen kein Fünkchen Licht erreicht.

Der Urgott schmückt sich mit einem Ringsystem, das Astronomen 1977 mit dem fliegenden *Kuiper-Airborne*-Observatorium entdeckt haben. Neun Jahre später erhielt Uranus Besuch von der Erde, als die US-Raumsonde *Voyager 2* an ihm vorbeiraste. Sie lieferte nicht nur detaillierte Bilder der Wolkenhülle, sondern auch Ansichten seiner vereisten Monde. Mindestens 27 Trabanten sind bis heute bekannt, einer davon ist die rund 470 Kilometer durchmessende Miranda, deren Oberfläche ziemlich chaotisch aussieht. Das mag daran liegen, dass Miranda einst einen kosmischen Treffer abbekam, auseinanderfiel und sich nach einiger Zeit gleichsam »falschrum« neu zusammensetzte.

Ein blauer Planet

Am 28. Dezember 1612 richtete Galileo Galilei sein Teleskop auf den strahlend hellen Jupiter. Der Planet war ihm von früheren Beobachtungen her bestens vertraut. Und so dachte sich der italienische Gelehrte auch nichts, als er in unmittelbarer Nähe von Jupiter ein schwach glimmendes Lichtpünktchen sah, das er für einen Mond oder einen Fixstern hielt. Was Galilei nicht ahnte: In diesem Moment hätte er einmal mehr Geschichte schreiben können, denn hinter dem vermeintlichen Stern verbarg sich ein neuer Planet. Erst 234 Jahre später wurde er aufgespürt und nach dem römischen Gott der Meere benannt: Neptun.

Seine Entdeckung steckt voller Kuriositäten: Der Engländer John Adams kalkulierte seinen Ort und schickte das Material an Sir George Biddell Airy, der aber gar nicht erst anfing, am Teleskop zu fahnden. Tatsächlich entdeckte man im Jahr 1998 Briefe, die beweisen, dass Adams' Planetenposition extrem ungenau war; Airy hätte Neptun gar nicht finden können. Der Franzose Urbain Leverrier machte sich unabhängig von den Bemühungen des Engländers an die Arbeit. Seine Berechnungen gelangten auf Umwegen zu James Challis, der mehr oder weniger lustlos nach Neptun suchte – weshalb er ihn gleich zweimal übersah.

Schließlich wandte sich Leverrier an Johann Gottfried Galle in Berlin: »Heute möchte ich von dem unermüdlichen Beobachter verlangen, dass er einige Augenblicke der Durchforschung einer Region des Himmels widmen möge, wo es einen Planeten zu entdecken geben kann«, schrieb er. Leverriers Brief traf am 23. September 1846 in Berlin ein. In derselben Nacht stöberten Galle und sein Student Heinrich Louis d'Arrest in der genannten Gegend und stießen auf ein schwaches Lichtpünktchen. Die Himmelsmechanik triumphierte: Leverrier hatte die Position des neuen Planeten allein aus Bahnstörungen seines Nachbarn Uranus vorausberechnet.

Die Astronomen tauften den Himmelskörper nach dem römischen Meeresgott Neptun. Er schob die Grenze des Sonnensystems bis in eine Entfernung von viereinhalb Milliarden Kilometer hinaus. Bereits in einem kleinen Fernglas erscheint Neptun als unscheinbares Sternchen. Ein mittleres Amateurfernrohr zeigt ein winziges Scheibchen ohne Details. Selbst große Profiteleskope enthüllen kaum Einzelheiten, vom Weltraumteleskop *Hubble* einmal abgesehen. Die bisher besten Ansichten der fernen Welt lieferte die US-Sonde *Voyager 2*. Im Jahr 1989 raste sie in nur 4905 Kilometer Entfernung an dem Planeten vorbei.

Neptun hat mit knapp 50 000 Kilometern den rund vierfachen Erddurchmesser, besitzt ein Ringsystem und ist Herr über mindestens 14 Monde. Wie es sich für den Meeresgott gehört, leuchtet die Gaskugel in tiefem Blau. Die Farbe entsteht aber nicht durch Wasser, sondern durch das viele Methan in der Atmosphäre, das den Anteil an rotem Sonnenlicht herausfiltert. In der dichten Wolkenhülle zeigen sich helle streifenförmige Cirruswolken und dunkle Flecken, in denen Stürme mit Windgeschwindigkeiten bis zu 2100 Kilometer pro Stunde toben.

Auffälligstes Merkmal beim Besuch von *Voyager 2* war der Große Dunkle Fleck – ein erdgroßer Wirbelsturm. Mittlerweile scheint er verschwunden zu sein, das *Hubble*-Teleskop fahndete ein paar Jahre später vergeblich nach ihm. Neptun strahlt zweimal mehr Wärme ab, als er von der Sonne empfängt. Er muss also über einen inneren Ofen verfügen. Die Forscher vermuten, dass sich der Planet unter der eigenen Schwerkraft zusammenzieht und dabei Energie freisetzt.

Der Außenseiter

Percival Lowell war ein eigensinniger Mann, sehr reich und ein wenig versponnen. Und er litt an chronischem Marsfieber. Überzeugt davon, dass auf dem Roten Planeten intelligente Wesen hausen, ließ er im Jahr 1894 in Flagstaff im US-Bundesstaat Arizona eine Sternwarte bauen, um den Himmelskörper zu beobachten. Lowell starb 1916, ohne die kleinen grünen Männchen je gesehen zu haben. 14 Jahre später führte Clyde Tombaugh, der Sohn eines Farmers, das Observatorium trotzdem zu Weltruhm. Als Amateurastronom hatte er mit seinem selbst gebauten Fernrohr Mars und Jupiter beobachtet und Zeichnungen dieser Planeten an den Direktor der Lowell-Sternwarte geschickt. Der war von den Arbeiten so angetan, dass er Tombaugh eine Stelle anbot.

Mit Eifer ging der Neue ans Werk, um den »Planeten X« aufzuspüren. Denn Percival Lowell hatte nicht nur fest an die Marsianer geglaubt, sondern auch an einen bisher unentdeckten Himmelskörper jenseits der Bahn des Neptun. Am Nachmittag des 18. Februar 1930 verglich Clyde Tombaugh fotografische Platten einer Region im Sternbild Zwillinge. Da sprang ihm ein schwaches Lichtpünktchen ins Auge, das innerhalb von drei Tagen um 3,5 Millimeter gewandert war: der »Planet X«.

Am 14. März 1930 berichteten die Zeitungen von dem sensationellen Fund des Observatoriums in Flagstaff. Noch am selben Tag schrieb ein Bibliothekar aus Oxford an den englischen Astronomen Herbert Hall Turner, dass seine elfjährige Enkelin von der Entdeckung gehört und spontan den Namen Pluto vorgeschlagen habe. Tatsächlich leitete Turner diese Idee nach Flagstaff weiter – und die dortigen Astronomen willigten sofort ein.

Der Name fügte sich gut in die mythologischen Bezeichnungen der anderen Planeten ein: Pluto ist der römische Gott der Unterwelt, bei den Griechen hieß er Hades oder Aidoneus. Außerdem sind die Anfangsbuchstaben auch die Initialen des Sternwartengründers Percival Lowell. Die Namensgeberin war Venetia Burney, verheiratet Phair. Die Degradierung ihres Täuflings zum Zwergplaneten im Jahr 2006 hat sie noch erlebt – sie starb 90-jährig im April 2009.

Der Zwergplanet braucht für einen Sonnenumlauf knapp 248 Jahre. Seine mittlere Entfernung zum Tagesgestirn beträgt rund sechs Milliarden Kilometer. Pluto besitzt einen Durchmesser von etwa 2390 Kilometern. Im Jahr 1988 fanden Forscher eine dünne Methanatmosphäre und schätzten ihre Dicke auf mindestens 100 Kilometer. Außerdem wiesen sie in der Gashülle auch noch Kohlenmonoxid nach. Beobachtungen mit einem Radioteleskop auf Hawaii zeigten, dass die Atmosphäre bis in mehr als 3000 Kilometer Höhe reicht. Aufgrund seiner elliptischen Umlaufbahn ist Pluto starken Schwankungen der Sonneneinstrahlung ausgesetzt. Die Wissenschaftler vermuten daher, dass die Atmosphäre während des Plutowinters komplett ausfriert, auf die vereiste, rötlich schimmernde Oberfläche schneit und dort zu Methaneis wird.

Sterngucker verstehen, warum Pluto vom Thron gestoßen und zum Zwergplaneten degradiert wurde: Selbst im großen Amateurfernrohr erscheint er als schwacher Stern, den nur das geübte Auge sieht. Seine Bahn ist extrem stark gegen die Ebene des Sonnensystems geneigt. Außerdem hat die Schwerkraft die Umlaufzeit von Pluto und seinem Nachbarn Neptun auf das Verhältnis zwei zu drei eingestellt. Diese Eigenschaften weisen auch die Anfang der 1990er-Jahre entdeckten Plutinos auf – kleine Körper am Rand des Sonnensystems.

Im Jahr 1978 fand ein Forscher den Plutomond Charon. Er ist mit einem Durchmesser von 1207 Kilometern halb so groß wie sein Mutterplanet. Mittlerweile haben die Astronomen noch vier weitere, lediglich einige Kilometer große kartoffelförmige Trabanten entdeckt: Nix, Hydra, Kerberos und Styx.

Neue Horizonte in der Finsternis

Aufgrund seiner Distanz ist Pluto ein weißer Fleck auf der astronomischen Landkarte. Selbst in Opposition, wenn er in größte Erdnähe gerät, trennen uns immer noch ungefähr 4700 Millionen Kilometer von dem Zwergplaneten. Das von ihm reflektierte

Sonnenlicht braucht dann nicht weniger als gut vier Stunden, um zu uns zu gelangen. Der Gott der Unterwelt und sein Reich liegen also buchstäblich im Dunkeln.

Das soll sich am 14. Juli 2015 ändern. An jenem Tag wird die Raumsonde *New Horizon* in 9600 Kilometer Abstand am Pluto und in 27 000 Kilometer an seinem größten Mond Charon vorbeirasen. Es wird ein sehr flüchtiges Rendezvous, denn die im Januar 2006 gestartete Sonde fliegt mit gut 50 000 Kilometern pro Stunde – an ein Einschwenken in eine Umlaufbahn und damit ein längeres Verweilen ist bei diesem Höllentempo nicht zu denken. In nur wenigen Stunden muss sich automatisch ein geballtes wissenschaftliches Beobachtungsprogramm abspulen. Aufgrund der langen Signallaufzeit können die Wissenschaftler auf der Erde nicht eingreifen. Die Beobachtungen und Messungen beginnen schon einige Monate zuvor.

New Horizon trägt acht Instrumente an Bord, unter anderem *Lorri*, den *Long Range Reconnaissance Imager*. Dahinter verbirgt sich ein Teleskop mit 21 Zentimetern Durchmesser und einer hochempfindlichen CCD-Kamera. Dieses elektronische Auge soll Bilder liefern, auf denen noch 25 Meter große Details erscheinen. Andere Detektoren sollen die chemische Zusammensetzung Plutos und Charons herausfinden, Moleküle wie Methan aufspüren, Druck und Temperatur der hauchdünnen Atmosphäre messen oder die Dichte des interplanetaren Staubs bestimmen.

Besondere Fracht an Bord von *New Horizon*: ein wenig Asche von Clyde Tombaugh, der Pluto im Jahr 1930 entdeckt hatte. Die Reise des kleinwagengroßen Spähers endet nicht am Zwergplaneten. Denn jenseits von Plutos Reich tun sich neue Horizonte auf, beginnt der mit unzähligen Weltraumbrocken besiedelte Kuipergürtel. Mindestens zwei dieser Vagabunden am Rand des Sonnensystems soll die Raumsonde ansteuern.

Ceres, der Zwerg

Am Neujahrsabend 1801 durchmusterte Giuseppe Piazzi das Firmament. Der Direktor des sizilianischen Observatoriums war darauf spezialisiert, Fixsterne zu katalogisieren. An jenem 1. Januar beobachtete er ein Lichtpünktchen, das nicht ins Bild passte, bewegte es sich doch im Laufe der folgenden Abende unter den Fixsternen weiter. Piazzi glaubte, einen Kometen gefunden zu haben. Die Aufregung der Astronomen war groß, als sich herausstellte, dass ihr Kollege einem neuen Planeten auf die Spur gekommen war. Er erhielt den Namen Ceres, nach der römischen Göttin des Ackerbaus.

Danach überschlugen sich die Ereignisse: Am 28. März 1802 meldete der Bremer Amateur Wilhelm Olbers einen weiteren Planeten, und knapp zweieinhalb Jahre später wurde wieder einer entdeckt. Jetzt gab es neben Ceres auch noch Pallas und Juno. Alle kreisen sie in der Lücke zwischen Mars und Jupiter um die Sonne. Rasch wurde klar, dass das keine ausgewachsenen Planeten sein konnten. Man bezeichnete die Gruppe als Planetoiden; üblich ist heute auch der Name Asteroiden oder Kleinplaneten.

Ceres galt mit 1000 Kilometer Durchmesser lange Zeit als die größte Vertreterin dieser Art. Die Kugel ist an den Polen leicht abgeplattet und dreht sich alle neun Stunden um die eigene Achse. Im Jahr 2006 adelte die Internationale Astronomische Union die Ceres und erhob sie in den Stand eines Zwergplaneten. Die besten Ansichten von Ceres gewann das Weltraumteleskop *Hubble*, das vor einigen Jahren auf der Oberfläche mehrere dunkle Flecken entdeckte. Kein irdischer Späher ist bisher an dem Zwergplaneten vorbeigekommen. Das soll sich ändern: Im Frühjahr 2015 wird die US-Raumsonde *Dawn* zu einem Rendezvous mit Ceres erwartet.

Die Gesamtzahl der Asteroiden schätzen die Forscher auf einige Millionen, mehr als 638 000 stehen bisher in den Katalogen. Früher dachten die Astronomen, es handle sich um Überreste eines zerplatzten Planeten. Doch die Asteroiden gleichen vielmehr Baumaterial, aus dem sich nie ein größerer Körper formen konnte. Alle zusammen besitzen sie nur etwa ein Tausendstel der Erdmasse. Vor wenigen Jahren lieferte die Raumsonde *Galileo* Nahaufnahmen von Gaspra und Ida. Die beiden Kleinplaneten entpuppten sich als kartoffelförmige, kraterübersäte Brocken. Zur Überraschung der Experten wird Ida von einem winzigen Mond umkreist. Das scheint aber kein Einzelfall zu sein: Von der Erde aus haben Astronomen vor einigen Jahren einen Satelliten bei dem Planetoiden Dionysus gesichtet.

Manche Kleinplaneten tanzen aus der Reihe. Das heißt: Sie können relativ nahe an unserem Planeten vorbeifliegen – wie die Mitglieder der Apollo-Familie – und sogar mit ihm kollidieren. Es gibt aber auch Objekte wie Chiron, der weit draußen im Sonnensystem seine Bahn zieht. Möglicherweise ist Chiron ein Komet. Wer den Zwergplaneten Ceres oder die helleren Planetoiden Vesta, Pallas oder Juno beobachten will, benötigt ein Aufsuchekärtchen und ein Fernglas. Mehr als ein Lichtpünktchen ist aber auch im größeren Teleskop nicht zu sehen.

Erotische Begegnung

Viele Sternfreunde beobachten den Himmel mit Leidenschaft. Manche finden dabei sogar Eros. Viel mehr als ein unscheinbares Sternchen geben die Teleskope allerdings nicht her. Dafür entschädigt das Wissen, auf ein Stück kosmisches Urgestein zu blicken – und auf ein wahres Schatzkästchen. Denn der Kleinplanet (433) Eros gilt als Relikt aus der Geburtsphase des Sonnensystems vor 4,6 Milliarden Jahren. Außerdem soll er Milliarden Tonnen von Aluminium, Platin und Gold enthalten.

Der Astronom Gustav Witt hat den erdnussförmigen, 33 mal 13 Kilometer messenden Himmelskörper am 13. August 1898 an der Berliner Urania-Sternwarte entdeckt und nach dem griechischen Liebesgott benannt. Schnell wurde klar, dass der Planetoid auf seinem Weg um die Sonne bei jedem Umlauf eine gewisse Strecke innerhalb der Marsbahn wandert und sich der Erde bis auf 22 Millionen Kilometer annähern kann – astronomisch gesehen ein Katzensprung. Doch den Forschern war diese Entfernung verständlicherweise viel zu groß, und so schickten sie die Raumsonde *Near Shoemaker* zu einem Tête-à-tête mit Eros. Im Februar 2000 schwenkte das automatische Vehikel in eine Umlaufbahn um den Brocken ein, zwölf Monate später landete es auf ihm.

Die Fotos zeigen eine narbige, mit Kratern überzogene Oberfläche. Offenbar überstand Eros die vergangenen Jahrmilliarden keineswegs unfallfrei, die Risse und Dellen zeugen von heftigem Beschuss mit anderen Weltraumtrümmern. Selbst während der Opposition und damit maximaler Helligkeit und größter Annäherung an die Erde bleibt einem Eros ohne Fernrohr verborgen. Der Planetoid ist einfach kein Objekt für das bloße Auge.

Die Trojaner

Die Schlacht um Troja geht ins Finale. Achilles hat die Bewohner in ihre Stadt zurückgedrängt. Einzig Hektor hält sich noch vor den Mauern auf. Auf ihn hat es Achilles abgesehen: Dreimal jagt er seinen Gegner um die Stadt. Schließlich tötet er ihn nach einem kurzen Zweikampf. Elf Tage trägt Troja Trauer. So endet der Trojanische Krieg, eine der bekanntesten Sagen der Antike. Zu Beginn des 20. Jahrhunderts stehen sie wieder auf: Achilles und Hektor, Ajax und Agamemnon, Patroclus und Priamus und all die anderen Protagonisten der Homerschen *Ilias*. Sie zeigen sich als schwache Sternchen am Firmament. Die Astronomen nennen sie Asteroiden, Planetoiden oder Kleinplaneten. Die weitaus meisten dieser kilometergroßen kartoffelförmigen Objekte bevölkern den Bereich zwischen Mars und Jupiter. Sie haben sich seit der Frühzeit des Sonnensystems nahezu unverändert erhalten und gelten daher als kosmisches Urgestein.

Je nach Umlaufbahn unterscheiden die Astronomen unterschiedliche Familien. Achilles, den ersten der Trojaner, fand Max Wolf im Jahr 1906 an der Heidelberger Sternwarte. Die Trojaner weisen eine Besonderheit auf: Sie laufen auf derselben Bahn um die Sonne wie Jupiter, allerdings in 60 Grad Abstand vor und hinter dem Gasplaneten. Dort bewegen sie sich auf einem nierenförmigen Kurs um jeweils einen sogenannten Lagrange-Punkt. In ihm heben sich die Gravitationskräfte benachbarter Himmelskörper und die Zentrifugalkräfte gegenseitig auf. Das heißt: In einem Lagrange-Punkt – fünf davon gibt es – herrscht himmelsmechanische Stabilität. Benannt sind diese Vorzugsorte nach dem französischen Mathematiker Joseph-Louis Lagrange.

Bis heute haben die Forscher knapp 5000 Jupiter-Trojaner entdeckt, 3175 davon eilen dem Planeten voraus, 1742 folgen ihm nach. Weil die Lagrange-Punkte keine Spezialität des Jupiters sind, existieren Trojaner auch bei anderen Planeten. So besitzt Neptun derer acht, Mars vier. Selbst die Erde wird von einem umzingelt. Astronomen entdeckten ihn erst vor kurzem. Das Objekt ist etwa 300 Meter groß und 150 Millionen Kilometer von uns entfernt. Und bei Jupiter fanden Forscher einen ungewöhnlichen Trojaner: Keinen Asteroiden, sondern einen aktiven Kometen mit ausgeprägtem Schweif.

Eris & Co.

Im Planetensystem wimmelt es von natürlichem Weltraumschrott. Kometen ziehen um die Sonne und verlieren dabei Substanz. Kreuzt die Erde eine solche staubige Bahn, hagelt es Sternschnuppen. Die Kometen stammen aus der Oortschen Wolke, die unser Planetensystem einhüllt. Zum kosmischen Kleinzeug zählen auch die Planetoiden: meist unregelmäßig geformte Himmelskörper von wenigen hundert Metern bis einigen hundert Kilometern Größe. Als deren Wohnort nennen ältere Astronomiebücher den Bezirk zwischen Mars und Jupiter. Doch im Jahr 1992 fanden Forscher einen Brocken an der Grenze des Planetensystems. Dieses Objekt 1992QB1 entpuppte sich als erstes Mitglied des Kuipergürtels.

Anfang der 1950er-Jahre hatte der niederländische Wissenschaftler Gerard Kuiper in seinen Theorien ein gigantisches Reservoir an Eis- und Gesteinsklumpen jenseits von Neptun und Pluto vermutet. Bis heute kennen die Astronomen rund 1000 Angehörige dieser Asteroidenfamilie. Darunter sind einige Brocken von beachtlicher Größe: Quaoar etwa, benannt nach dem Schöpfungsgott der Tongva-Indianer. Das tiefgefrorene Trumm besitzt mit rund 1250 Kilometer den halben Durchmesser von Pluto und umrundet die Sonne einmal in 288 Jahren.

Ist Quaoar ein Planet? Nein, er gilt als Asteroid. Denn an Größe übertroffen wird er von drei anderen Kuipergürtel-Objekten: Makemake, Haumea und Eris. Diese drei bilden mit Pluto und Ceres die Gruppe der fünf bisher bekannten Zwergplaneten. Eris, benannt nach der griechischen Göttin der Zwietracht und des Streits, übertrifft mit einem Durchmesser von gut 2300 Kilometern Pluto an Größe. Sie besitzt einen Mond, Dysnomia, und umläuft die Sonne einmal in ungefähr 560 Jahren. Ihre Bahn ist extrem exzentrisch, also eiförmig. Im sonnenfernsten Punkt steht sie fast 15 Milliarden Kilometer von der Sonne entfernt. Das Licht benötigt dann nahezu 14 Stunden, um diese gewaltige Strecke zu durcheilen.

Nichts als Staub, Eis und Gas

Die 1990er-Jahre bescherten uns zwei helle Kometen: Hyakutake und Hale-Bopp. Am 1. April 1997 erreichte Letzterer mit knapp 137 Millionen Kilometern seine geringste Entfernung zur Sonne. Das Tagesgestirn heizte dem schätzungsweise 60 Kilometer großen gefrorenen Brocken gehörig ein. Der Kern spie mächtige Gas- und Staubfontänen in den Weltraum. Bis zu einer Länge von 40 Vollmonddurchmessern erstreckte sich sein Schweif über den Himmel. Hale-Bopp entwickelte sich zum Medienstar. Erinnern Sie sich noch?

Kometen sind keineswegs Dämpfe aus irdischen Sümpfen und Höhlen, für die sie Aristoteles hielt. Und auch als Menetekel der Apokalypse, als Vorzeichen für Krieg, Pest und Hungersnot taugen sie nicht. Der dänische Astronom Tycho Brahe fand im Jahr 1577 heraus, dass die Kometen als eigenständige Himmelskörper durch das Weltall ziehen, weit jenseits der Mondbahn. Aber auf welchen Pfaden? Waren es Kreise oder Ellipsen? Dann sollten sie regelmäßig am Himmel aufkreuzen.

Der englische Astronom Edmond Halley stellte solche Überlegungen an – und sagte die Wiederkehr eines Kometen voraus, der sich offenbar schon 1531 und 1607 am Firmament ein Stelldichein gegeben hatte. Laut Halley sollte er 1758 erneut erscheinen. Am 25. Dezember dieses Jahres wurde der Halleysche Komet tatsächlich entdeckt. Er schien brav den Gesetzen der Himmelsmechanik zu folgen. Kometen waren berechenbar geworden.

Im 19. und 20. Jahrhundert enträtselten die Forscher außerdem ihre Natur. Es sind uralte, mehrere Kilometer große poröse

Brocken aus Gestein und Eis, die da durchs All fliegen. Nähern sie sich der Sonne, tauen sie auf. Das Material verdampft und hüllt den Kern in eine einige Hunderttausend Kilometer große Gashülle. Das Sonnenlicht wirbelt Staub aus dem Kometenkern, der Sonnenwind – ein Strom elektrisch geladener Teilchen – fegt Gaspartikel weg. So entstehen der gelblich schimmernde Staub- und der blau glimmende Gasschweif. Einige hundert Millionen Kilometer können sich diese Fahnen durch das Planetensystem ziehen.

Wer das Glück hat, einen hellen Kometen zu erleben, sollte ihn mit einem lichtstarken Feldstecher (zum Beispiel 7 x 50) ins Visier nehmen. Damit kommen die Schweife besonders schön zur Geltung. Ein Teleskop zeigt wegen seines kleinen Gesichtsfelds nur einen winzigen Ausschnitt des Kometen; es eignet sich aber gut dazu, die Strukturen um den Kern sowie die inneren Bereiche der Koma – jene Glashülle, die den Kern umhüllt – zu beobachten.

Sterne, die vom Himmel fallen

Zwischen glühenden Eisenplatten liegt ein Mann. Flammen umlodern ihn, dunkler Rauch steigt auf. Kurz vor seinem Tod erhebt der Mann noch einmal die Stimme: »Der Braten ist schon fertig, dreh ihn um und iss«, sagt er zu seinem Folterknecht. Glaubt man der Legende, dann hat sich diese Szene tatsächlich so abgespielt. Damals, am 10. August 258, ließ Kaiser Valerian den Diakon Laurentius in Rom verbrennen. Die katholische Kirche hatte einen Märtyrer mehr – und der Volksmund einen Namen für Sterne, die im Sommer vom Himmel fallen: Laurentiustränen. Hunderte von Leuchtspuren blitzen in den Nächten zwischen dem 10. und dem 14. August am Firmament auf. Manche werden so hell wie der Planet Venus. Diese Meteore heißen Perseiden.

Was verbirgt sich hinter dem Feuerwerk? Sind es die Gase abgestorbener Pflanzen, oder elektrisch geladene Luftmassen, wie griechische Gelehrte glaubten? Erst im 19. Jahrhundert erkannte der italienische Astronom und Entdecker der Marskanäle Giovanni Schiaparelli die kosmische Natur der Sternschnuppen. Schneller als jeder Düsenjet rast unsere Erde um die Sonne. Pro Stunde legt sie knapp 110 000 Kilometer zurück. Die Schwerkraft des Zentralgestirns fesselt auch die Kometen. Sie bestehen aus einem mehrere Kilometer großen tiefgefrorenen Kern aus Eis und Staub. In Sonnennähe entwickeln diese Objekte Gas- und Staubschweife.

Kometen, die auf periodischen Bahnen sehr oft das Tagesgestirn umlaufen, lösen sich allmählich auf. Nach den Gesetzen der Himmelsmechanik bleiben die Teilchen jedoch nahezu in der Spur. Durchkreuzt die Erde die Kometenbahn, setzt sie sich diesem Bombardement der Brösel aus. Dringt ein solcher winziger Meteoroid mit einer Geschwindigkeit von 216 000 Kilometern pro Stunde in die Erdatmosphäre ein, bildet sich durch die Reibung an den Luftteilchen hinter ihm ein Plasmakanal, in dem es zu atomaren Prozessen kommt: Ein Meteor blitzt auf, meist in ungefähr 80 Kilometern Höhe. Übersteht der Meteoroid den Parforceritt durch die Atmosphäre und stürzt zu Boden, spricht man von einem Meteoriten.

Der Ursprungskomet der Perseiden ist der Komet 109P/Swift-Tuttle. Einer seiner Entdecker, Lewis Swift, hatte als Bub großes Pech: Im Alter von 13 Jahren brach er sich die linke Hüfte. Die Verletzung, an der er sein ganzes Leben lang laborierte, hinderte den Farmersohn aus dem US-Staat New York daran, im elterlichen Betrieb mitzuhelfen. So las er viel, vor allem über Astronomie. Der 1835 erschienene Halleysche Komet prägte sich dem jungen Sternfreund tief ein. Fast 30 Jahre später wurde er in der Fachwelt bekannt: Am 15. Juli 1862 entdeckte Lewis Swift seinen ersten Kometen – unabhängig von ihm sichtete der Astronom Horace Parnell Tuttle am amerikanischen Harvard-Observatorium das blasse Lichtfleckchen.

Der Komet Swift-Tuttle entwickelte sich zu einem prachtvollen Objekt, dessen Schweif über eine Länge von 60 Vollmonddurchmessern am Himmel schimmerte. Aus den Bahndaten errechneten die Forscher damals eine Umlaufzeit von 120 Jahren und prophezeiten sein nächstes Erdrendezvous für 1981. Doch Swift-Tuttle blieb verschwunden. Erst am 26. September 1992 entdeckte ein japanischer Amateurastronom das Objekt wieder. Auch ohne dass man ihn sah, war der Schweifstern allgegenwärtig: Seit Jahrhunderten schickte und schickt er jedes Jahr Mitte August kosmische Grüße zur Erde – die Perseiden.

Die Meteore scheinen alle von einem bestimmten Punkt am Himmel herzukommen – wie die Flocken, die während einer Autofahrt durch einen dichten Schneesturm vor der Windschutzscheibe auftauchen. Dieser Punkt heißt Radiant. Seine jeweilige Lage in einem Sternbild gibt dem Meteorschauer seinen Namen. Neben den Perseiden aus der Konstellation Perseus zählen mitunter die Leoniden aus dem Löwen (lat. *leo*) Mitte November zu den ergiebigsten »Sternenregen«. So zuckten im Jahr 1999 in einer Novembernacht pro Stunde an die 5000 Meteore über das Firmament.

Der freie Blick zum Firmament und ein Plätzchen ohne Streulicht sind die wichtigsten Voraussetzungen für die Meteorjagd. Grundsätzlich eignet sich das bloße Auge am besten zur Beobachtung. Erfahrene Amateurastronomen führen genau Protokoll, zählen die Sternschnuppen, notieren besonders hellglänzende Feuerkugeln und schätzen deren Helligkeit.

Die Geminiden

Etwa zwei Dutzend Meteorschauer fegen im Lauf eines Jahres über die Erde hinweg. Manche sind ergiebig wie in den späten 1990er-Jahren die Leoniden im November oder berühmt wie die Perseiden (Laurentiustränen) im August, andere – etwa die Hydraiden im März – unauffällig und kaum bekannt. Mitte Dezember dagegen lohnt sich der Blick zum Himmel: Dann sind die Geminiden aktiv. Stündlich huschen bis zu 120 Sternschnuppen über das Firmament, manche davon leuchten sehr hell auf. Wegen eines perspektivischen Effekts scheinen die Meteore aus den Zwillingen zu kommen und heißen daher nach dem lateinischen Namen für dieses Sternbild (Gemini).

Hinter den himmlischen »Leuchtraketen« verbergen sich kosmische Staubkörnchen, die mit Geschwindigkeiten um 125 000 Kilometer pro Stunde auf die Erde einprasseln, während ihrer Höllenfahrt durch die Atmosphäre die Moleküle der Luft gehörig durcheinanderbringen und schließlich verdampfen. In dieser Hinsicht folgen die Geminiden dem Schicksal aller anderen Meteorströme. Und doch tanzen sie aus der Reihe: Während die meisten Sternschnuppen einst von Kometenkernen abbröselten, stammen die Geminiden offenbar von einem Planetoiden. Die Astronomen haben ihn erst im Jahr 1983 entdeckt und nach dem Sohn des griechischen Sonnengotts Phaethon getauft.

Der Brocken besitzt einen Durchmesser von knapp sieben Kilometern und umkreist in gut eineinhalb Jahren die Sonne, der er sich bis auf 20 Millionen Kilometer nähern kann. Phaethons Umlaufbahn stimmt gut mit jener der Geminiden überein, was als Hauptindiz für die Verwandtschaft gilt. Der Planetoid gehört zur Familie der Apollos – Kleinplaneten, die der Erde in die Quere kommen können, weil sie deren Bahn kreuzen. Einen Zusammenstoß mit Phaethon befürchten die Fachleute aber nicht. Die Geminiden werden also weiterhin Mitte Dezember als *shooting stars* auf der Himmelsbühne auftreten, wie sie das seit 1838 regelmäßig tun.

Boliden am Himmel

Die Erde steht unter Dauerfeuer. Millionen Geschosse aus dem All prasseln ständig auf sie ein. Die meisten sind mikroskopisch klein und verpuffen mehr oder weniger unbeobachtet. Viele sind etwa so groß wie Zuckerkörnchen, regen während ihres heißen Ritts durch die Atmosphäre die Luft zum Leuchten an und zeichnen Lichtspuren ans Firmament: Sternschnuppen. In den 1940er-Jahren nutzten die Forscher zusätzlich Radar, um sie auch tagsüber zu verfolgen.

Gelegentlich ist unter den lautlos dahinflitzenden Sternschnuppen der ein oder andere »Knaller« dabei – ein Meteor, der heller leuchtet als die Venus und ein heftiges Geräusch auslösen kann. Auf solche sogenannten Boliden haben es Wissenschaftler des Instituts für Planetenforschung in Berlin abgesehen. Sie betreiben das Feuerkugelnetz mit 25 Stationen in Deutschland, Luxemburg und Nordostfrankreich und arbeiten mit Kollegen in Tschechien, Österreich und den Niederlanden zusammen.

Herzstück jeder Station ist ein Parabolspiegel mit 36 Zentimetern Durchmesser, der den gesamten Himmel abbildet. Über ihm sitzt eine Kamera, die das gespiegelte Firmament fotografiert. Eine rotierende Blende deckt das Kameraobjektiv 12,5-mal pro Sekunde ab. Dadurch erscheinen die Lichtspuren von Meteoren zerhackt und lassen sich so von den kontinuierlichen Spuren der Sterne und Planeten unterscheiden.

Die Überwachung erfolgt automatisch, der Stationsleiter muss am Morgen lediglich den Film in der Kamera weitertransportieren und die Aufnahmen am Monatsende ans Berliner Institut schicken. Dort gewinnen die Fachleute unter anderem Erkenntnisse über Häufigkeit und Beschaffenheit der kosmischen Geschosse. Sie heißen Meteoroide, solange sie durch den Weltraum ziehen. Landen sie nach einem feurigen Flug durch die Erdatmosphäre auf dem Erdboden, werden sie Meteorite genannt. Einer der berühmtesten »Fälle« ist der von Neuschwanstein: Am 6. April 2002 gingen Trümmer eines Meteoroiden nahe des bayerischen Königsschlosses nieder. Dank des Feuerkugelnetzes konnten bisher drei Meteorite gefunden werden.

Weltweit fahnden noch andere automatische Netze nach Sternschnuppen wie CAMS (*Cameras for Allsky Meteor Surveillance*). An den mit empfindlichen Videokameras ausgestatteten Stationen beteiligen sich auch viele Amateure. Innerhalb von wenigen Jahren hat CAMS an die 47 000 Bahnen registriert und dabei neue Ströme entdeckt, die von bisher unbekannten Kometen oder Asteroiden stammen. So musste die Internationale Astronomische Union bei ihrer Versammlung im Juni 2009 eine Liste mit nicht weniger als 385 Meteorströmen bearbeiten.

Der große Knall über Sibirien

S. B. Semjenow sitzt am Morgen des 30. Juni 1908 friedlich auf der Veranda seines Hauses in der russischen Siedlung Wanawara, als ihn die Druckwelle einer Explosion mehrere Meter durch die Luft schleudert und er die Besinnung verliert. »Ich kam zu mir und dann hörte ich diesen Lärm, der das ganze Haus erschütterte und es beinahe aus seinen Fundamenten hob«, erinnert er sich. Andere Augenzeugen sehen einen Feuerball vom Firmament stürzen und danach einen gewaltigen Rauchpilz, der in den Himmel steigt. Etwa 700 Kilometer entfernt von Semjenows Haus hält der Lokführer der Transsibirischen Eisenbahn den Zug an, weil er glaubt, der Kessel sei explodiert oder ein Waggon entgleist. Überall auf der Welt schlagen seismologische Instrumente an.

Erst 19 Jahre nach dem großen Knall dringt eine Expedition in das Katastrophengebiet vor, einem entlegenen Landstrich nahe des Flusses Steinige Tunguska in Sibirien. Dort sind auf einer Fläche von mehr als 2000 Quadratkilometern schätzungsweise 80 Millionen Bäume umgeknickt. Weitere Explosionsspuren wie einen Krater gibt es nicht.

Über das Tunguska-Ereignis lässt sich trefflich spekulieren. War ein Schwarzes Loch mit der Erde kollidiert? Ein Vulkan ausgebrochen? Oder gar ein Ufo havariert? Tatsächlich wäre den Menschen vor 100 Jahren beinahe ein Stück Himmel auf den Kopf gefallen: Ein etwa 50 Meter großer Gesteinsbrocken aus dem Sonnensystem hatte unseren Planeten getroffen – aber nicht ganz. Das kosmische Geschoss erhitzte sich bei seinem Flug durch die Atmosphäre, zerbrach schließlich am Luftwiderstand und wurde einige Kilometer über dem Boden pulverisiert. Ein gebündelter Feuerstrahl schoss weiter in Richtung Erde, wo Hitze- und Druckwellen die Landschaft verwüsteten.

In diesem Szenario besaß der Meteorit die Sprengkraft von 250 Hiroshima-Bomben und damit ein Viertel weniger als früher gedacht. Damit war die Bombe aus dem All möglicherweise kleiner. Weil Trümmer von geringer Größe häufiger sind als riesige Brocken, sollte sich das Tunguska-Ereignis statistisch gesehen etwa alle hundert Jahre wiederholen. Was akademisch klingt, hat tatsächlich praktische Auswirkungen: Am 15. Februar 2013 erlebten die Bewohner der Stadt Tscheljabinsk im Ural eine ähnliche Geschichte!

Gefährliche Donnersteine

Am Morgen des 15. Februar 2013 zog ein greller Meteor über die russische Stadt Tscheljabinsk. Ein lauter Knall begleitete das vielfach gefilmte und fotografierte Spektakel. Durch die Druckwelle wurden an die 3700 Gebäude beschädigt, knapp 1500 Menschen durch Glassplitter und herumfliegende Bauteile verletzt. Meteoritenbruchstücke stürzten in den Tschebarkulsee, ungefähr 80 Kilometer südwestlich von Tscheljabinsk gelegen. Das größte bisher gefundene wiegt rund 650 Kilogramm.

Hinter dem Meteor steckte ein rund 19 Meter großer Brocken mit einer Masse von 12 000 Tonnen. Am 15. Februar war er, aus Richtung Sonne kommend, mit einem Tempo von nahezu 70 000 Kilometern pro Stunde in die Erdatmosphäre gedonnert und zerborsten. Mehrere Brocken fielen zu Boden.

Es war nicht das erste Mal, dass ein Stein vom Himmel fiel. Am späten Vormittag des 7. November 1492 etwa zuckt ein greller Lichtblitz über das Firmament unweit des elsässischen Städtchens Ensisheim. Kurz darauf folgt ein »grüsam Donnerschlag«. Als sich die Menschen von dem Schrecken erholt haben, entdecken sie Ungeheuerliches: Inmitten eines Feldes hatte sich ein 127 Kilogramm schwerer Stein »eine halbe Mannslänge tief« in den Boden gebohrt. Ein Stück Himmel war auf die Erde gestürzt. Kaiser Maximilian I. lässt den Donnerstein im Chor der Pfarrkirche aufhängen und untersagt, jemals etwas von ihm abzuschlagen. Offenbar hat das kaiserliche Verbot wenig genützt: Mittlerweile wiegt der im Rathaus von Ensisheim ausgestellte Brocken gerade mal 56 Kilogramm.

Bereits die Gelehrten der Antike kannten Steine, die vom Firmament fallen. Aristoteles hielt sie für Erscheinungen innerhalb der Erdatmosphäre. Die Griechen nannten sie Meteore. Darunter verstehen die Astronomen heute die Leuchtspuren am Himmel. Eine solche Sternschnuppe entsteht, wenn ein Meteoroid mit einer Geschwindigkeit zwischen 70 000 und 250 000 Kilometer pro Stunde in die Atmosphäre eindringt und verglüht. Die meisten dieser Teilchen haben eine Masse von einem Zehntel Gramm. Größere Trümmer entwickeln sich zu Feuerkugeln oder Boliden, die kurzfristig so hell strahlen können wie die Sonne.

Die schwergewichtigen Meteoroide überstehen den feurigen Ritt durch die Lufthülle und stürzen als Meteorite zur Erde. Jährlich hageln an die 20 000 kosmische Geschosse mit einem Gewicht von jeweils mehr als 100 Gramm herab – nur die wenigsten auf besiedeltes Gebiet.

Die Fachleute unterscheiden je nach Zusammensetzung drei Typen: Eisen- und Steinmeteorite sowie eine Mischung von beiden. Erst im 18. Jahrhundert erkannten Forscher die außerirdische Natur dieser Trümmer. Die weitaus meisten stammen aus dem Planetoidengürtel zwischen Mars und Jupiter. Einige wenige wurden beim Aufprall großer Brocken aus Mond und Mars herausgeschleudert und gelangten schließlich zur Erde. Und ein Teil der Meteoroiden steckte in Kometen, die sich längst aufgelöst haben. Kreuzt unsere Erde die Bahn einer solchen Schuttdeponie, fallen besonders viele Sterne vom Himmel.

Mars und Mond als Zielscheiben

Nicht nur die Erde ist Ziel für Brocken aus den Tiefen des Raums. Forscher haben auf dem Mars 248 Einschlagkrater aufgespürt, die in den vergangenen zehn Jahren neu entstanden sind. Die kleinsten unter ihnen haben Durchmesser von 80 Zentimeter, die größten von etwa fünf Meter. Die hohe Trefferquote rührt von der dünnen Atmosphäre des Roten Planeten her, die einen heranrasenden Meteoroiden kaum zu bremsen vermag. Spuren von Kollisionen findet man außerdem auf dem Jupiter. Die bekannteste Kollision ereignete sich im Jahr 1994, als gleich ein ganzer Komet – Shoemaker-Levy 9 – auf den Riesenplaneten donnerte und in dessen dichter Gashülle jede Menge dunkle Flecken hinterließ.

Auch den Mond erwischt es hin und wieder. Wie am 17. März 2013, als Wissenschaftler der US-Raumfahrtbehörde NASA einen Blitz im Mare Imbrium registrierten. Ein 30 bis 40 Zentimeter großer Meteoroid war mit einer Geschwindigkeit von 90 000 Kilometer pro Stunde auf die staubige Oberfläche geprallt und hatte bei seinem Aufschlag das Energieäquivalent von fünf Tonnen des Sprengstoffs TNT freigesetzt. Dabei muss er einen ungefähr 20 Meter durchmessenden Krater in den Boden gesprengt haben. Das Ereignis hat durchaus keinen Seltenheitswert, nicht weniger als 300 Einschläge haben die Forscher in den vergangenen zehn Jahren während eines systematischen Überwachungsprogramms beobachten können.

Mit jenem Impakt vom 25. Juni 1178 konnte es aber bisher kein anderer aufnehmen. Damals, so berichtet der Chronist Gervasius von Canterbury, haben fünf Mönche an der schmalen Mondsichel ein geradezu mystisches Schauspiel gesehen: Plötzlich spaltete sich das obere der beiden Mondhörner »und aus dem Mittelpunkt der Spaltung schoss eine Flammenfackel empor, die Feuer, heiße Kohlen und Funken ausspie«. An der bezeichneten Stelle findet man heute den Krater Giordano Bruno, den strahlenförmig helles Auswurfmaterial umgibt und der als jüngster Mondkrater gilt. Ist er das Resultat des Lichtblitzes von Canterbury?

3. Blick zu den Sternen:
Wie sie entstehen, leben und vergehen

Die Farben des Himmels

Bei einer Exkursion über das Firmament können wir selbst ohne optische Hilfsmittel viel über die Sterne erfahren. Wir sollten einmal auf ihre Farben achten. Weil unsere Augen über 20-mal mehr an Helligkeits- als an Farbsensoren verfügen, erscheinen nachts alle Katzen grau – und die meisten Lichtpünktchen wenig bunt. Das ändert sich, wenn wir besonders helle Sterne ansehen. Lassen Sie uns in einer klaren Winternacht zu einem Streifzug aufbrechen. Da sticht in der Konstellation Orion sofort der rötliche Schulterstern Beteigeuze ins Auge; rechts unterhalb des Gürtels funkelt Rigel in bläulich weißem Licht. Dagegen leuchtet Kapella im Bild Fuhrmann eher gelblich. Aldebaran im Stier schimmert wiederum deutlich orange. Woher stammen die unterschiedlichen Farben?

Ein Stern ist ein Gasballon. Die meiste Zeit seines Lebens verbrennt der natürliche Fusionsreaktor in seinem Zentrum Wasserstoff zu Helium. Dabei erzeugt er gigantische Energiemengen. Strahlung und Konvektion transportieren sie nach außen und heizen die Gasschichten an der Oberfläche auf mehrere Tausend Grad auf. Nach den Strahlungsgesetzen hängen Temperatur und Farbe eng zusammen. Ein Stück Eisen, das langsam erhitzt wird, leuchtet zunächst rot, dann orange, gelb und schließlich fast weiß. Zwar sind die Sterne keine Eisenkugeln, aber der eben beschriebene Zusammenhang gilt im Grunde auch für sie.

Die Oberflächentemperatur unserer Sonne beispielsweise beträgt etwa 5500 Grad. Durch ein neutrales Filter betrachtet, strahlt sie weißgelb. Damit ähnelt ihre Farbe etwa jener von Kapella im Fuhrmann. Tatsächlich besitzt dieser Stern eine vergleichbare Oberflächentemperatur. Die roten Sonnen Beteigeuze und Aldebaran müssen kühler sein – ihre Temperaturen liegen bei rund 3300 Grad. Der bläulich weiße Rigel ist mit 12 000 Grad entsprechend heiß. Mit diesen Beobachtungen ist uns ein kleines Stück Astrophysik gelungen, denn die Temperaturen spielen eine wichtige Rolle im Verständnis von Aufbau und Entwicklung der Sterne.

Das All in 3-D

Mit schwingender Keule kämpft Orion gegen allerlei Getier. Diese Szene spielt sich in einer klaren Winternacht auf der südlichen Himmelsbühne ab. Dort prangt unübersehbar der mächtige Jäger der griechischen Mythologie. Der Gürtel, die hellen Schultersterne Beteigeuze und Bellatrix und die beiden Fußsterne Rigel und Saiph bilden eine der markantesten Konstellationen des Firmaments. Wie alle anderen Figuren auch ist der Orion eine optische Täuschung: Unterschiedlich ferne Sonnen projizieren sich auf das flache Himmelsgewölbe. Das Weltall in »3-D« sieht ganz anders aus, als wir es gewohnt sind. Beteigeuze zum Beispiel ist etwa 640 Lichtjahre von der Erde entfernt, Rigel rund 770 und Bellatrix lediglich 250. Ein Lichtjahr entspricht der Strecke, die das Licht in einem Jahr zurücklegt: 9,46 Billionen Kilometer! Die Werte für die Entfernungen sowie die Leuchtkraft- und Masseangaben in diesem Buch sind übrigens keineswegs in Stein gemeißelt, denn eine exakte Bestimmung dieser Größen ist auch heute noch äußerst schwierig.

3. Blick zu den Sternen

Erst im 19. Jahrhundert verstanden es die Astronomen überhaupt, das Universum einigermaßen zu vermessen. Friedrich Wilhelm Bessel gelang im Jahr 1838 die erste Entfernungsbestimmung eines Sterns. Dazu ermittelte er die sogenannte trigonometrische Parallaxe. Das Prinzip ist einfach, man macht sich dabei die optische Ortsverschiebung des Sterns zunutze. So wie unser ausgestreckter Daumen vor einem entfernten Hintergrund scheinbar hin und her springt, wenn wir ihn abwechselnd mit dem rechten und linken Auge anvisieren, kann sich auch ein nahe gelegener Stern – dank der stets wechselnden Perspektive, die uns die Erde bei ihrer Reise um die Sonne beschert – im Laufe eines Jahres in Bezug auf einen ferneren Stern verschieben und dabei an der Himmelskugel eine Ellipse beschreiben. Je näher der zu vermessende Stern zur Erde steht, umso größer fällt seine scheinbare Bewegung aus. Anhand der zu verschiedenen Zeiten von unterschiedlichen Beobachterstandpunkten erfassten Positionen eines Sterns lässt sich seine Entfernung zu uns konstruieren. Der Winkel, der von der Ortsverschiebung des Sterns abhängt, wird als jährliche trigonometrische Parallaxe bezeichnet. Solche Parallaxen sind minimal, lassen sich nur mit aufwendiger Technik nachweisen und reichen lediglich für relativ nahe Sterne bis zu einer Distanz von etwa 300 Lichtjahren.

Die scheinbaren Helligkeiten der Objekte am Firmament entsprechen nicht deren wahren Leuchtkräften. So glänzen manche Sterne wie Flutlichter, andere glimmen wie Kerzen. Das heißt: Große Helligkeit bedeutet keineswegs immer geringe Entfernung. Rigel gehört zu den Flutlichtern. Er strahlt 40 000-mal heller als unsere Sonne. Weil er außerdem noch einen 60-fach größeren Durchmesser besitzt als sie, gilt er als Überriese. Beteigeuze bringt es gar auf 55 000-fache Sonnenleuchtkraft, und auch seine Größe hat astronomische Dimensionen: Die Wissenschaftler schätzen den Durchmesser der rötlichen Gaskugel auf gut 900 Millionen Kilometer. Darin hätte das innere Sonnensystem bis jenseits der Umlaufbahn des Mars bequem Platz.

Die nächsten Fixsterne

Den der Erde am nächsten liegenden Fixstern haben wenige Menschen gesehen. Er heißt Proxima Centauri, gehört zur Konstellation Zentaur und zeigt sich nur in einem lichtstarken Fernglas oder Teleskop. 4,22 Lichtjahre – 40,5 Billionen Kilometer – trennen uns von diesem Gasball. Stünde er an der Stelle unserer Sonne, wäre es auf der Erde duster und kalt: Proxima Centauri ist sehr klein und glimmt außerordentlich schwach. Dagegen schmückt sein Nachbar Alpha Centauri, auch Toliman genannt, als auffallender Lichtpunkt den Südhimmel. Hinter diesem hellsten Stern des Bildes verbergen sich zwei Sonnen. Das Paar umkreist einen gemeinsamen Schwerpunkt und führt dabei ein kosmisches Ballett auf. Das Duo ist 4,40 Lichtjahre von der Erde entfernt – und eigentlich Teil eines Trios. Denn offenbar fesseln Schwerkraftbande Proxima Centauri an die beiden Toliman-Partner; etwa eine Million Jahre dauert ein Umlauf.

Auf der nördlichen Himmelsbühne hält Barnards Pfeilstern den Rekord in Sachen geringster Abstand: 5,94 Lichtjahre trennen uns von ihm. Der Stern schimmert, für das bloße Auge unbeobachtbar, im Schlangenträger und ist ebenso zwergenhaft wie sein Gegenstück am südlichen Firmament. Der amerikanische Astronom Edward Emerson Barnard spürte diese Sonne im Jahr 1916 anhand ihrer großen Eigenbewegung auf. Daher stammt auch der Beiname »Pfeilstern«: In einem Jahrhundert legt er am irdischen Firmament immerhin die Strecke eines Vollmonddurchmessers zurück.

Dies zeigt, dass die Sterne tatsächlich nicht »fix« sind, sondern beständig durch das Universum wandern. Daher ändern sich auch die Abstände zwischen ihnen – und Proxima Centauri wird eines Tages seinen Status als Erdnachbar verlieren. Eine orange schimmernde Zwergsonne im Sternbild Schlange wird seine Rolle übernehmen, noch aber ist Gliese 710 rund 64 Lichtjahre von uns entfernt. In 1,36 Millionen Jahren steht er nach den Berechnungen der Astronomen in einer Distanz von nur einem Lichtjahr. Am Himmel wird er dann so hell leuchten wie Antares im Skorpion.

Die Fachleute vermuten, dass der Stern einen Kometenschauer auslösen wird. Denn bei seiner engen Begegnung berührt er den äußeren Bereich der Oortschen Wolke, in der sich astronomisch viele Kometenkerne tummeln. Die Schwerkraft von Gliese 710 sollte einige von ihnen aus der Bahn werfen und in Richtung Sonne schleudern. Möglicherweise kollidiert einer dieser kilometergroßen Brocken mit unserem Planeten – dann wäre das schwache Lichtpünktchen im Bild Schlange der »Schicksalsstern« der Erde.

Der Polarstern

Um ihn dreht sich das Firmament, er weist die Nordrichtung, und seine Höhe über dem Horizont entspricht der geografischen Breite des Beobachtungsorts: der Polarstern. Ungefähr 430 Lichtjahre ist Polaris, wie er auch genannt wird, von der Erde entfernt. Der Nordstern besitzt einen bereits in kleinen Teleskopen sichtbaren Begleiter und ist ein Cepheide; dahinter verbirgt sich eine Sonne, die pulsiert und dabei ihre Helligkeit verändert.

Polaris hat Einiges zu bieten. Da ist zunächst seine große absolute Strahlkraft – in Wirklichkeit leuchtet er nämlich rund 2500-mal heller als unsere Sonne. Und neben dem erwähnten Begleiter mit der Bezeichnung Polaris B haben Wissenschaftler mit dem Weltraumteleskop *Hubble* auch noch einen Dritten im Bunde entlarvt: Polaris Ab. Von der Erde aus gesehen steht das Sternchen ganz nah an seiner Muttersonne, in deren Glanz es beinahe vollständig verblasst. Die Astronomen mussten *Hubbles* hohe Trennschärfe bis an die Grenze ausreizen, um die ferne Sonne aus ihrem Schattendasein herauszuholen. Der Begleiter wird in den nächsten Jahren im Fokus der Forscher bleiben. Aus der Beobachtung seiner Umlaufbahn lässt sich nämlich die Masse der Hauptkomponente bestimmen.

Der Polarstern gehört zur Kleinen Bärin, deren hellsten Sterne den Kleinen Wagen formen. Diese Figur ist am lichtverschmutzten Großstadthimmel nicht immer einfach zu sehen. Daher haben Laien oft Schwierigkeiten, Polaris zu finden. Als Suchhilfe dient am besten der Große Wagen. Dazu sind die beiden hinteren Kastensterne etwa viermal zu verlängern. Polaris erscheint nicht gerade als auffälliges Gestirn. Dennoch war er wegen seiner besonderen Stellung in der Nähe des Himmelsnordpols früher bei Seeleuten als Lotse willkommen.

Der Himmelsnordpol ist jener Punkt, an dem die Rotationsachse der Erde das Firmament durchstößt. Richtet man eine Kamera auf diese Nabe und belichtet eine oder zwei Stunden lang, erkennt man auf dem Bild konzentrische Lichtspuren. Sie stammen von Sternen, die sich während der Belichtungszeit von Ost nach West gedreht haben – als Folge der Erdrotation in der entgegengesetzten Richtung. Die dicke Lichtspur in der Nähe des Zentrums ist Polaris. Stünde er exakt im Nordpol, wäre er auf dem Bild ein runder Klecks. So aber trennen ihn nahezu zwei Vollmonddurchmesser von dieser Idealposition.

Die mit knapp einem Vollmonddurchmesser geringste Distanz zum Himmelsnordpol wird er im Jahr 2102 erreichen. Im antiken Griechenland übrigens eignete sich Polaris entgegen eines weitverbreiteten Glaubens nicht sehr gut als Nordstern, war er doch nicht weniger als 24 Vollmonddurchmesser von seiner heutigen Position entfernt.

Woher kommt diese Wanderung? Unser Planet taumelt wie ein Kreisel – natürlich für uns unmerklich und über einen sehr langen Zeitraum. Innerhalb von 25 850 Jahren beschreibt die

Erdachse einen vollständigen Kreis. Das heißt: Der Himmelsnordpol (und natürlich auch der Himmelssüdpol) verschiebt sich bezüglich der Gestirne. Vor 4700 Jahren wies der hellste Stern in der Konstellation Drache die Nordrichtung, im Jahr 14 500 wird Wega in der Leier diese Rolle spielen.

Unterwegs im Sommerdreieck

An einem klaren Augustabend stehen hoch im Süden drei auffallend helle Sterne. Sie bilden die Spitzen eines Dreiecks. Einen offiziellen Namen trägt diese Konstellation nicht, Hobbyastronomen nennen sie Sommerdreieck. Beginnen wir unsere Reise durch die Figur bei der Wega. Etwa 25 Lichtjahre ist dieser dritthellste Stern am nördlichen Firmament von der Erde entfernt. Die Wega strahlt mit 40-facher Sonnenleuchtkraft. Die Forscher schätzen ihr Alter auf rund eine Milliarde Jahre. Dagegen erscheint unsere Sonne mit 4,6 Milliarden Jahren als Oldie.

Anfang der 1980er-Jahre machte die Wega Schlagzeilen, als der Infrarotsatellit *IRAS* eine ausgedehnte Staubwolke fand, die den Stern umgibt. Vielleicht blicken die Astronomen dabei in die Vergangenheit der Erde zurück: Die Wolke könnte auf die Geburt eines Planetensystems hindeuten. Vor einer »Invasion von der Wega«, so der Titel einer Science-Fiction-Serie, brauchen wir uns aber nicht zu fürchten.

Die Wega ist der Hauptstern im Bild Leier. Wandern wir von ihr schräg nach unten in südöstlicher Richtung, treffen wir auf Atair im Adler. Der Stern gehört mit 17 Lichtjahren Distanz ebenfalls zur Nachbarschaft der Sonne, die er um mehr als das Zehnfache an Leuchtkraft übertrifft. Seine Oberflächentemperatur beträgt etwa 8000 Grad und ist damit höher als die der Sonne. Atair besitzt auch einen größeren Durchmesser, etwa drei Millionen Kilometer.

Deneb schließlich vervollständigt die Eckpunkte des Dreiecks. Er sitzt am Haupt des Schwans, der mit weit ausgebreiteten Schwingen durch die Milchstraße fliegt. Hinter Deneb steckt ein wahrer Gigant. Seine Entfernung ist sehr unsicher; nach neuesten Erkenntnissen beträgt sie etwa 3200 Lichtjahre. Deneb strahlt am irdischen Firmament nahezu so hell wie Wega oder Atair – die uns viel näher stehen. Aus diesem Grund muss Deneb eine gewaltige Leuchtkraft besitzen. Tatsächlich zählt er zu den Überriesen.

Die Sonnenwiege im Orion

Eine Sternenwiege ziert das Schwert des Himmelsjägers Orion. Mehr als 700 frisch geschlüpfte Sonnen stehen dort beisammen, eingebettet in eine mächtige Wasserstoffwolke. Dunkle Scheiben umgeben manche dieser jungen Gasbälle. Auf Bildern des Weltraumteleskops *Hubble* gleichen sie kosmischen Frisbees. Es gibt für sie nur eine Erklärung: Planetensysteme, die gerade geboren werden. Von alledem wusste Nicolas Claude Fabri de Peiresc nichts, als er im frühen 17. Jahrhundert den Orionnebel beschrieb. Der französische Astronom war aber sicher nicht der eigentliche Entdecker. Das Fleckchen schräg unterhalb der Gürtelsterne zeigt sich in einer klaren mondlosen Nacht bereits dem bloßen Auge; es muss also schon im Altertum bekannt gewesen sein.

Ein gutes Amateurfernrohr enthüllt die filigrane Gestalt des rund 1500 Lichtjahre entfernten Nebels. In seinem Zentrum blinkt das Trapez – vier heiße, nur einige 100 000 Jahre alte Sterne. Ebenso wie die übrigen Sternenbabys regt ihre Strahlung die dichten Gasschwaden zum Leuchten an. Außerdem reflektieren winzige Staubkörnchen das Licht. Auf Farbaufnahmen erscheint der Orionnebel daher rot und blau. Dunkle Staubwolken durchziehen das Gebilde, dessen Kerngebiet am Firmament der Größe von drei Vollmonddurchmessern entspricht. Der gesamte Komplex reicht bis an die Grenzen der Konstellation Orion.

Nach den Modellen der Forscher entstehen Sterne aus Gas- und Staubwolken. Aus diesem Grund galt der Orionnebel seit langem als ideale Brutstätte. Die von *Hubble* entdeckten proto-planetaren Scheiben scheinen zu beweisen, dass dort auch die Geburt von Planeten an der Tagesordnung ist. Vielleicht finden die Wissenschaftler in Orions Schwert noch weitere Systeme in unterschiedlichen Entwicklungsstadien. Dann könnten sie quasi im Zeitraffer das verfolgen, was sich vor rund 4,6 Milliarden Jahren abgespielt hat, als unsere Sonne und ihre Planeten auf die Welt kamen.

Löcher in der Milchstraße

In einer klaren, dunklen Julinacht überspannt ein diffuser Lichtschleier das Firmament von Norden nach Süden: die Milchstraße. Sie verläuft durch die Konstellationen Kassiopeia, Kepheus, Schwan, Adler und Schütze. Anfang des 17. Jahrhunderts bemerkte der italienische Astronom Galileo Galilei im Teleskop, dass dieses geheimnisvolle Band aus unzähligen Sternen besteht. Sie alle gehören zu unserer Galaxis, einer gigantischen Spirale mit rund 200 Milliarden Sonnen sowie Gas- und Staubwolken.

Wer mit dem Fernglas durch die Milchstraße spaziert, bemerkt bei genauem Hinsehen im Bild Schütze ein kleines »Loch im Himmel«. Das Objekt trägt den Namen Barnard 92. Es ist nach dem Amerikaner Edward Emerson Barnard benannt und kein Einzelfall. Die Astronomen beobachten innerhalb der Milchstraße viele dieser Dunkelwolken, die das Licht der dahinterliegenden Sterne verschlucken und daher im Kontrast schwarz erscheinen.

Die Wolken bestehen aus einem Cocktail von Gas und Staub, der allerdings nur ein Zehntel Prozent der Masse ausmacht. Offenbar dient der Staub als eine Art Klebstoff für Atome, die Moleküle bilden. Die Forscher haben in den Dunkelwolken sogar schon Aminosäuren entdeckt, die Bausteine für die lebenswichtigen Proteine. Ansonsten ähnelt ihre chemische Zusammensetzung der des übrigen Weltalls: drei Viertel Wasserstoff, ein knappes Viertel Helium und der Rest schwerere Elemente. Weil weder Licht noch Wärmestrahlung in die Wolken dringt, herrschen in ihnen Temperaturen von 260 Grad unter Null. Aus diesem Grund bewegen sich die Teilchen sehr langsam, die Wolken können unter ihrer eigenen Schwerkraft kollabieren – und auf diese Weise die Geburt von Sternen einleiten.

Barnard fand nicht nur den fünften Jupitermond Amalthea, sondern war der erste Forscher, der die Natur der Dunkelwolken erkannte. Der 1927, vier Jahre nach seinem Tod veröffentlichte fotografische Katalog verzeichnet 700 dieser Objekte. Ihre scheinbare Größe am Himmel ist sehr unterschiedlich. Die kugelförmigen Globulen sind winzig und nur auf Fotos zu sehen, andere Wolken wie der berühmte »Kohlensack« in der Konstellation Kreuz des Südens überdecken eine Fläche von mehreren Quadratgrad und zeigen sich bereits dem bloßem Auge.

Der Nordamerikanebel

Wer den zarten Nebelschleier der Milchstraße in voller Pracht genießen möchte, der suche sich in einer klaren Nacht ein Plätzchen abseits jeglichen störenden Lichts und gewöhne

3. Blick zu den Sternen

seine Augen mindestens eine halbe Stunde lang an die Dunkelheit. Lohnenswert ist es, im Schwan auf Safari zu gehen, denn dort glimmt ein vergleichsweise helles Wölkchen aus Sternen, Gas und Staub. Auf erfahrene Hobbyastronomen wartet in dieser Konstellation außerdem ein Leckerbissen: Östlich des Hauptsterns Deneb stoßen sie mit einem lichtstarken Fernglas auf einen Nebel mit der wissenschaftlichen Bezeichnung NGC 7000.

Friedrich Wilhelm Herschel entdeckte das wolkige Objekt im Jahr 1786. Es diente als Motiv für eines der ersten fotografischen Himmelsporträts: Am 12. Dezember 1890 nahm Max Wolf das Wölkchen an einem Teleskop der Heidelberger Sternwarte auf. Wolf nannte es wegen seiner Gestalt »Nordamerikanebel«. Sein Spektrum verrät, dass es von mindestens einem Stern zum Leuchten angeregt wird. Früher tippten die Fachleute auf Deneb selbst, heute ist die Frage wieder offen. Vermutlich verbirgt sich die zur Strahlung anregende Sonne innerhalb der benachbarten Dunkelwolke. Diese trennt den Nordamerika- vom ebenfalls rötlich schimmernden Pelikannebel.

Die beiden leuchtenden Nebel gehören zusammen und bilden einen gigantischen, um die 3000 Lichtjahre entfernten Gaswolkenkomplex. Auf lang belichteten Bildern großer Fernrohre sehen die Nebel sehr dicht aus. Weil sie im Vergleich zu irdischen Maßstäben ungeheuer groß sind, wird dieser Effekt aber nur vorgetäuscht. Im Mittel enthält ein Kubikzentimeter Nordamerikanebel lediglich zehn Wasserstoffatome – viel weniger als ein irdisches Vakuum! Trotzdem schätzen die Astronomen die Gesamtmasse allein des Nordamerikanebels auf rund hundert Sonnenmassen.

Das Siebengestirn

Das Firmament ist flach, hat einen Durchmesser von gut 30 Zentimetern und besteht aus Bronze. Es gibt Sonne, Mond und eine Gruppe von sieben Sternen, offenbar die Plejaden. Die Forscher können die Schöpfer nicht mehr fragen, denn die Himmelsscheibe von Nebra ist ungefähr 3600 Jahre alt. Schon damals also haben die Menschen aufmerksam den Lauf der Gestirne verfolgt. Und die Plejaden zählen zu den prominenten Beobachtungsobjekten. Der Prophet Amos erwähnt sie ebenso wie der griechische Dichter Hesiod im 7. Jahrhundert v. Chr. Dass dieser offene Sternhaufen ungefähr 125 Millionen Jahre alt ist, mindestens 1200 Sonnen umfasst und rund 400 Lichtjahre von uns entfernt steht, wissen allerdings erst die Astronomen der Neuzeit.

Für die Griechen verkörperten die Plejaden die sieben Töchter der Götter Atlas und Plejone: Alkyone, Asterope, Celaeno, Elektra, Maja, Merope und Taygeta. Dumm nur, dass das bloße Auge meist nur sechs Sterne ausmacht – was sich in einer klaren Januarnacht leicht überprüfen lässt. Aber Merope ist mit Sisyphos verheiratet und schämt sich, dass ihr Mann ständig einen Stein den Berg hinauf rollen muss; daher ist sie ganz blass und kaum zu sehen. Andererseits schreibt der griechische Astronom Ptolemäus von nur vier Sternen.

Das im 17. Jahrhundert erfundene Fernrohr wiederum zeigte wesentlich mehr Mitglieder, weshalb in der Renaissance zu den sieben Schwestern die Eltern namentlich hinzugefügt wurden. Aber selbst ohne optische Hilfe wollen manche Beobachter neun oder gar zehn Plejadensterne sehen. Egal wie groß die Familie von Atlas und Plejone wirklich ist: Der Blick zum »Siebengestirn« lohnt immer, vor allem mit Fernglas oder Teleskop. Die Sterne funkeln wie auf schwarzem Samt hingestreute Edelsteine, bläulich schimmernde Nebelschwaden scheinen die helleren zu umgeben.

Die Plejaden stecken aber nicht nur voller Mythen. Sie haben auch eine wissenschaftlich interessante Geschichte zu erzählen: Einst schwebte in den Tiefen des Weltalls eine gigantische Wasserstoffwolke. Jede Menge Materieklumpen durchzogen sie, die Knoten rotierten und kondensierten dabei. Dichte und Temperatur stiegen. Schließlich zündeten im Zentrum einer jeden dieser Gaskugeln atomare Feuer, nahezu gleichzeitig wurden 1200 Sterne geboren. Mehr als 100 Millionen Jahre später gehören die hellsten dieser Sonnen zum festen Beobachtungsprogramm irdischer Sterngucker.

Der Stern der Isis

Drei funkelnde Lichtpunkte dominieren am spätabendlichen Märzhimmel die Szene im Südosten: Regulus im Löwen, Arktur im Bootes und Spika in der Jungfrau. Gemeinsam bilden diese Sterne das Frühlingsdreieck. Die Geschichte der bläulichen Spika reicht – wie die der meisten anderen hellen Sterne – Tausende Jahre zurück. So sahen die Babylonier in dem Bild Jungfrau zunächst eine Kornähre. Später ging die Bezeichnung auf den Hauptstern über, während die gesamte Konstellation mit einer Frauengestalt verknüpft wurde. Die babylonischen Priesterastrologen setzten sie mit der Göttin Istar gleich, die Ägypter mit Isis.

Die Wurzeln der Mythologie verlieren sich im Dunkeln, und dennoch weist eine interessante Spur weit in die Vergangenheit zurück: Vor 13 000 Jahren nämlich lag im Sternbild Jungfrau der sogenannte Frühlingspunkt – jener Ort am Himmel, an dem die Sonne zum astronomischen Frühlingsanfang steht. Mit diesem Markstein beginnt die Jahreshälfte, in der gesät und geerntet wird. Spika ist gut 250 Lichtjahre von uns entfernt. Das Licht, das wir heute von ihr empfangen, ging auf die Reise, als der kleine Mozart gerade als Wunderkind durch Europa tourte. Hinter Spika verbergen sich zwei Sonnen. Sie laufen so dicht umeinander, dass die Gezeitenkräfte ihre Gaskugeln zu kosmischen Eiern verformen. Die Hauptkomponente des Spikasystems gleicht einem stellaren Flutlicht mit dem achtfachen Durchmesser und der 13 400-fachen Leuchtkraft unserer Sonne.

Beteigeuze, der Riese

Beteigeuze hat viele Namen. Bed El-Geuze etwa, was im Arabischen so viel heißt wie »Achselhöhle«. Oder Yad al-Jauza, »Hand des Riesen«. Die Griechen sahen in dem Stern die rechte Schulter des mächtigen Jägers Orion. Der zählt zu den prächtigsten Konstellationen des Himmels und steht im Winter nachts hoch im Süden. Der orangerot funkelnde Beteigeuze, der weißlich leuchtende Rigel an Orions linkem Fuß sowie die drei Gürtelsterne formen ein Bild im Bild: den Jakobsstab, ein mittelalterliches Winkelmessgerät.

Beteigeuze könnte eines Tages gleichsam mit einem Schlag berühmt werden, wird er doch als heißer Kandidat für eine Supernova gehandelt. Obwohl die Forscher die Entfernung immer noch nicht genau kennen – als Mittelwert gilt 640 Lichtjahre – wissen sie, dass Beteigeuze eine Megasonne ist. Stünde sie im Zentrum des Planetensystems, reichten die Ausläufer ihrer Gasatmosphäre über die Bahn des Mars hinaus. Dabei ist die Hülle so dünn, dass Astronomen von einem roten Vakuum sprechen. Der Überriese strahlt 55 000-mal so hell wie unsere Sonne, seine Masse beträgt etwa ihr 20-Faches – die sich in einem vergleichsweise kleinen Kern konzentriert. Die Helligkeit von Beteigeuze schwankt, weil die Sternkugel sich mehr oder weniger regelmäßig aufbläht und wieder zusammenzieht. Diese ständigen Pulsationen gehen Beteigeuze an die Substanz: Mehrere Materiehüllen umgeben die Riesensonne wie eine Zwiebelschale. Die Astronomen glauben, dass Beteigeuze bereits an seinem Lebensende angekommen und auf dem besten Weg zur Supernova ist. Dann würde es die »Schulter« des Orion förmlich zerreißen – und die Lichtbotschaft eines Tages bei uns eintreffen.

Sirius, der Flammende

Wer vom Balkon seiner Wohnung in München, Hamburg oder Berlin den Himmel beobachtet, muss schon ein begeisterter Sterngucker sein, um sein Hobby nicht enttäuscht aufzugeben. Die Dunst- und Lichtglocken der Großstädte verschlucken die zarten Schimmer kosmischer Welten. Die meisten Konstellationen erscheinen unvollständig. Das Firmament schrumpft zum Fragment und zeigt nur etwa 300 Sterne; auf dem Land oder im Gebirge leuchten in klaren Nächten fast zehnmal mehr. Um einer astronomischen Stadtflucht vorzubeugen, sei ein Objekt beschrieben, dessen Licht die größten Chancen hat, sich gegen Straßenlampen und Leuchtreklamen durchzusetzen. Und Wissenschaftsgeschichte hat es auch noch geschrieben: Sirius.

Neben diesem Eigennamen, der im Griechischen so viel heißt wie »der Flammende«, trägt der hellste Fixstern am irdischen Firmament die Bezeichnung Alpha Canis Maioris – Alpha im Großen Hund. Im Februar bezieht er Stellung am südwestlichen Abendhimmel. Seine Strahlen, die uns jetzt erreichen, gingen vor fast neun Jahren auf die Reise, denn Sirius ist etwa 8,7 Lichtjahre von der Erde entfernt. Um den Hundsstern ranken sich viele Sagen. Das mag mit seinem rätselhaften Funkeln zusammenhängen. Bei großer Luftunruhe und nahe am Horizont flackert er in allen Farben des Regenbogens.

Die alten Ägypter verehrten Sirius als Gottheit. Um das Jahr 3000 v. Chr. trat jährlich kurze Zeit nach seinem ersten sichtbaren Aufgang in der sommerlichen Morgendämmerung der Nil über die Ufer und machte die Täler fruchtbar. Sirius markierte damit ein wichtiges Datum für die Landwirtschaft. Aus alter Zeit stammt auch der Begriff »Hundstage«, mit dem wir noch heute die heiße Jahreszeit bezeichnen. Bereits die Griechen hatten erkannt, dass es natürlich nicht Sirius ist, der die Hitze bringt. Gleichwohl ist der Stern recht feurig. In den äußeren Schichten seiner Gaskugel herrscht eine Temperatur von 10 000 Grad. Wegen seiner astronomisch großen Entfernung zur Erde kriegen wir davon aber nichts zu spüren. Dennoch zählt Sirius zu den uns am nächsten gelegenen Sonnen.

Im 19. Jahrhundert entrissen die Forscher Sirius ein Geheimnis. Fixsterne stehen nicht fest, sondern sie wandern durchs All. Dies macht sich am Himmel durch eine sehr geringe Eigenbewegung bemerkbar. Im Jahr 1844 fand Friedrich Wilhelm Bessel heraus, dass Sirius auf seiner Bahn schlingert – so, als ob ein schwerer Körper an ihm zerrt. Die Suche nach dem vermeintlichen Störenfried blieb fast zwei Jahrzehnte lang erfolglos. Dann entdeckte der Optiker Alvan G. Clark mit einem neuen Teleskop unmittelbar neben Sirius ein winziges Pünktchen. Der Begleiter – Sirius B – war gefunden.

Doch die eigentliche Überraschung sollte noch kommen. Als Forscher den Stern näher untersuchten, stellten sie fest, dass er zwar so viel Masse besitzt wie unsere Sonne, aber nur etwa so groß ist wie die Erde. Das heißt: Ein Würfelzucker großes Stück Sirius B würde mehrere Tonnen auf eine irdische Waage bringen! Und: Er besitzt eine enorme Anziehungskraft. Ein auf der Erde 80 Kilogramm schwerer Mensch würde auf der 25 000 Grad heißen Oberfläche der fernen Sonne etwa 28 000 Tonnen wiegen (müsste er nicht vorher verdampfen). Um das herauszufinden, nutzten die Forscher den von Albert Einstein beschriebenen Effekt der Gravitationsrotverschiebung. Dabei folgten sie einer langen Tradition: Bereits im Jahr 1925 half eine solche Messung an Sirius B dabei, die Allgemeine Relativitätstheorie zu bestätigen.

Der Gasball gehört einer Klasse an, die Fachleute Weiße Zwerge nennen – ausgebrannte Sterne, in deren Herzen das atomare Feuer erloschen ist. Innerhalb von Milliarden Jahren kühlen sie ab und treiben dann als schwarze Schlacke im Universum.

Diamanten am Himmel

Am winterlichen Firmament flackert Sirius tief im Südosten kurz nach seinem Aufgang in allen Farben des Regenbogens, weil seine Strahlen dann die dicke Suppe der horizontnahen Luftschichten passieren müssen und von der turbulenten Atmosphäre besonders stark gebeutelt werden. Im Jahr 1862 spürte der Optiker Alvan G. Clark dicht neben Sirius ein schwaches Lichtpünktchen auf. Dieser Sirius B genannte Stern wäre im Amateurfernrohr leicht sichtbar, würde ihn nicht der Glanz seiner Muttersonne in den Schatten stellen. Andererseits hat der Begleiter die Wissenschaft erhellt: Er gilt als erster entdeckter Weißer Zwerg.

Ein Blick auf Sirius B bedeutet eine Reise in die Zukunft unserer Sonne. Noch steht das Tagesgestirn glücklicherweise in der Blüte seines Lebens und verbrennt Wasserstoff zu Helium. Doch in fünf Milliarden Jahren ändert sich das Schicksal des Sterns dramatisch: Geht der Wasserstoff zur Neige, zündet bei Temperaturen um die 100 Millionen Grad das Helium und fusioniert zu Kohlenstoff und Sauerstoff. Eines Tages kommt der stellare Kernreaktor zum Stillstand. Jetzt beginnt der Todeskampf, in dessen Verlauf sich das Zentrum des Gasballs immer mehr verdichtet, während starke Sonnenwinde seine äußere Hülle ins All blasen und daraus fantastische Gespinste zaubern. Übrig bleibt schließlich eine Kugel aus Kohlenstoffschlacke, umgeben von einer gasförmigen Schicht aus Wasserstoff und Helium – der Weiße Zwerg.

In solchen Gebilden stecken die größten Diamanten der Welt. So untersuchten die Astronomen einen Weißen Zwerg in der Konstellation Zentaur. Die Analyse des Lichts ergab, dass sein Kern kristallisiert sein muss und damit die molekulare Struktur des stellaren Kohlenstoffs jener von Diamanten entspricht. Nach dem Beatles-Song *Lucy in the Sky with Diamonds* tauften die Forscher ihren Fund »Lucy«. Seine Karatzahl schätzen sie auf zehn Milliarden Billionen Billionen – eine Eins mit 34 Nullen. Im Vergleich dazu ist der größte Diamant der Erde ein Nichts: Nur auf lächerliche 530 Karat bringt es der »Star of Africa«. Dafür wird kein Mensch den kosmischen Edelstein funkeln sehen: Er steckt im Herzen einer ausgebrannten Sonne, 50 Lichtjahre von der Erde entfernt.

Antares, der Gegenspieler des Mars

In klaren Juninächten funkelt um Mitternacht tief im Süden ein heller Stern. Die Griechen nannten ihn Antares – Gegenspieler des Mars. Der Name rührt von seinem orangeroten Farbton her, in dem auch der irdische Nachbarplanet schimmert. Bei den Persern galt Antares als einer der vier Himmelswächter. Tatsächlich ist der Hauptstern des Tierkreisbildes Skorpion ein Schwergewicht, sein Durchmesser übertrifft den unserer Sonne um das 700-Fache. Stünde er im Zentrum des Planetensystems, würden Merkur, Venus, Erde und Mars innerhalb seiner gigantischen Gaskugel kreisen. Der Überriese weist noch andere Superlative auf: So etwa strahlt er 65 000-mal kräftiger als die Sonne, die er um das 17-Fache an Masse übertrifft.

Antares zählt zu den Sternen, die wir im Herbst ihres Lebens beobachten. Er hat schon verschiedene Prozesse der Kernfusion durchlaufen und wird bald ein eisernes Herz besitzen. Die Schale, in der Helium verbrennt, liegt weit außen in seiner Hülle. Daher ist die mächtige Sternenkugel nicht mehr ganz stabil. Es rumort in ihren Eingeweiden, Antares pulsiert schon ein wenig. So schwankt seine Helligkeit mit einer Periode von 4,75 bis 5,8 Jahren. Außerdem weht auf ihm ein heftiger Sturm, der Materie ins All bläst und den Stern in einen Gasnebel einhüllt. Kurz: Antares scheint auf dem besten Weg zu einer Supernova zu sein. Vielleicht ist der Überriese längst explodiert und die Botschaft von dieser kosmischen Katastrophe auf dem Weg zur Erde – immerhin 600 Jahre benötigt das Licht für die Reise zu uns.

Bis dahin können die Astronomen noch ein wenig rätseln, was es mit dem Begleitstern auf sich hat. Der wurde am 13. April 1819 entdeckt und erscheint in Teleskopen ab 12 Zentimeter Öffnung als bläulich weißes Pünktchen. Aber sind Antares und sein Partner ein echtes Paar – also durch Schwerkraftbande aneinander gefesselt – oder gehören sie zu den optischen Doppelsternen, die nur zufällig in derselben Richtung am Firmament zusammenstehen? Wir wissen es nicht genau. Die Astronomen haben die Umlaufzeit zu ungefähr 880 Jahren gemessen – manche Forscher nehmen allerdings mindestens 2500 Jahre an – und den gegenseitigen Abstand der beiden Sterne auf 80 Milliarden Kilometer bestimmt. Der »Gegenmars« hält wohl noch so manche Überraschung bereit.

Eta Carinae, die Megasonne

Mit dem 700-fachen Durchmesser und der 17-fachen Masse der Sonne ist Antares im Skorpion ein Schwergewicht. Aber Meister in seiner Klasse der Roten Überriesen ist er nicht. Eine Megasonne am Südhimmel läuft ihm den Rang ab: Eta Carinae in der Konstellation Schiffskiel (lat. *carina*). Der Gigant leuchtet vier Millionen Mal so hell wie die Sonne und hat mindestens die 100-fache Masse. Seit Jahrhunderten beobachten die Forscher ein ständiges Auf und Ab seiner Helligkeit. Im Jahr 1843 flammte Eta Carinae plötzlich auf und glänzte – nach Sirius – als zweithellster Stern am südlichen Firmament. Kurz darauf verblasste seine Pracht. Rund 100 Jahre später entdeckten Astronomen einen Nebel um Eta Carinae; weil er die Gestalt eines kleinen Männchens hat, wird er als Homunkulus bezeichnet.

Was hat das alles zu bedeuten? Massereiche Sterne führen ein hektisches Leben. Die atomaren Prozesse in ihren Eingeweiden laufen viel schneller ab als in der Sonne. Außerdem verlieren sie ungeheure Mengen an Materie, die sie als Sternenwind ins All blasen. Im Lauf ihrer Entwicklung blähen sich die stellaren Gasbälle stark auf. Dieses Dasein als Überriesen bringt die Sterne aus dem Gleichgewicht. Die Helligkeit beginnt zu schwanken, und der Sternenwind frischt zu einem Sturm auf. Bisweilen schleudert der Stern einen Teil seiner Hülle explosionsartig davon. Es war wohl ein solches dramatisches Ereignis, das die Astronomen 1843 bei Eta Carinae beobachtet hatten.

Die ins All freigesetzte Materie bildete den Homunkulus-Nebel. Er vereint drei Sonnenmassen Gas und Staub. Seine inneren Regionen dehnen sich mit einer Geschwindigkeit von rund 600 Kilometern pro Sekunde aus. So ändert dieser Sternenkokon allmählich seine Gestalt. Aufnahmen mit dem Weltraumteleskop *Hubble* zeigen eine komplizierte Struktur. Manche Experten erklären sie durch eine zweite Sonne. Eta Carinae wäre demnach ein Doppelsternsystem, in dem sich die Komponenten mit einer Periode von fünfeinhalb Jahren einmal umkreisen.

Im Bann der Schwerkraft

Zu den bekanntesten Himmelsfiguren zählt zweifellos der Große Wagen. Wer ihn aufmerksam beobachtet und gute Augen hat, spürt über dem mittleren Deichselstern namens Mizar in einer Distanz von etwa einem Drittel Vollmonddurchmesser ein schwaches Lichtpünktchen auf. Dieser Stern heißt Alkor, wird aber meist »Reiterlein« oder »Augenprüfer« genannt. Mizar und Alkor sind Doppelsterne. Ob sie tatsächlich ein Paar bilden und einander umtanzen, wissen die Experten aber nicht genau.

Betrachten wir Mizar mit einem Fernrohr von mindestens 50 Millimetern Öffnung, entpuppt er sich wiederum als zweifach. Der lichtschwache Zwilling besitzt einen Abstand von nur einem Hundertfünfundzwanzigstel des Vollmonddurchmessers. Giovanni Battista Riccioli hat die beiden Geschwister 1650 entdeckt. Sie sind auf jeden Fall echt: Ihren gemeinsamen Schwerpunkt umkreisen sie in 20 000 Jahren einmal. Vielleicht besitzt jeder Stern noch einen unsichtbaren Begleiter.

Mizar ist keine Ausnahme. Gut die Hälfte aller Sonnen gehört zu Doppel- oder gar Mehrfachsystemen, kommt also in einer einzigen großen Gas- und Staubwolke auf die Welt. Während physische Doppelsterne durch Schwerkraftbande aneinander gefesselt werden, stehen bei den optischen Doppelsternen zwei Sonnen am Firmament zufällig in derselben Richtung, sind aber verschieden weit von der Erde entfernt. Die Forscher unterscheiden noch andere Sterntypen, die nur spezielle Beobachtungsverfahren entlarven. Ein Beispiel dafür sind die spektroskopischen Doppelsterne: Zwei Partner umkreisen einander auf sehr engen Bahnen und erscheinen selbst im besten Teleskop als ein einziges Lichtpünktchen. Erst wenn die Wissenschaftler das Licht in seine Farben zerlegen, verraten sich die Begleiter durch ihre Spektrallinien – wie bei Mizar, hinter dem nach Meinung mancher Experten insgesamt fünf Sterne stecken könnten.

Magnetsterne

Das Unglück brach am fünften Tag über die Mannschaft herein. Ein gewaltiger Sturm kam auf, der ihr Boot immer weiter vom Kurs abtrieb – direkt auf den Magnetberg zu. Da halfen auch keine Gebete, »die Kraft des Berges begann, das Schiff an sich zu ziehen, dass es in Stücke ging«. Die Ritter im Volksbuch *Herzog Ernst* müssen mit einer der Gefahren kämpfen, die auf die Seefahrer früherer Jahrhunderte neben furchtbaren Schlangen und anderen Monstern in den Untiefen des Ozeans lauerten. Vielleicht kannten die Matrosen die Sage um den Schafshirten Magnes, der eines Tages beobachtete, wie kleine schwarze Brocken an der eisernen Spitze seines Hirtenstabes festklebten.

Tatsächlich waren solche Magnetsteine schon im antiken Griechenland bekannt. Erst im 11. Jahrhundert jedoch benutzten die Chinesen das Eisenerz Magnetit als Kompass. Irdische Magnetberge gehören ins Reich der Fabel. Magnetische Sterne gibt es wirklich. Denn: Magnetfelder sind im Universum allgegenwärtig. Sie durchziehen unsere Milchstraße und stecken nicht nur im galaktischen Gas, sondern werden auch in den daraus geformten Sonnen eingebacken. Die meisten Sterne besitzen allerdings sehr schwache globale Magnetfelder.

In den 1950er-Jahren entdeckten die Astronomen aber sogenannte Ap-Sterne. In deren Hüllen fanden sich große Mengen an Metallen wie Mangan oder Chrom. Die Himmelskörper haben die zwei- bis zehnfache Masse unserer Sonne – und ein tausendfach stärkeres Magnetfeld. Der Stern Alioth in der Deichsel des Großen Wagens zählt zu dieser Objektklasse. Auch unter den Weißen Zwergen, den ausgebrannten Kernen gewöhnlicher Sterne, fanden die Forscher manch magnetisches Exemplar.

Doch die Magnetare schlagen alles. Die extrem dicht gepackten, etwa 20 Kilometer großen Überbleibsel von Supernova-Explosionen drehen sich unvorstellbar schnell um ihre Achse.

Während der Geburt eines solchen Neutronensterns wird nicht nur die Materie zusammengequetscht, sondern auch das Magnetfeld, das ein Dynamoeffekt kurz nach dem Kollaps noch erheblich verstärkt. So erreichen diese Sternleichen Feldstärken, die denen von 100 Milliarden handelsüblichen Stabmagneten entsprechen. Die Magnetare verraten sich durch extrem kurze Gammablitze. Würden wir uns diesen Sternen bis auf 100 000 Kilometer nähern, zögen sie uns alle metallischen Gegenstände aus der Tasche. Für interstellare Raumschiffe würden Magnetare eine echte Gefahr bedeuten.

Pulsierende Sonnen

Die Aufgabe ist nicht eben spannend, aber Henrietta Swan Leavitt verfolgt sie mit großer Akribie: Die Astronomin gehört zu jenen Frauen, die um die Wende des 20. Jahrhunderts am US-amerikanischen Harvard-Observatorium wissenschaftliche Fronarbeit leisten. Leavitt katalogisiert Sterne, deren scheinbare Helligkeit schwankt. Dazu vergleicht sie Fotos der beiden Magellanschen Wolken, den Begleitgalaxien der Milchstraße, und findet 1777 solcher kosmischen Blinkfeuer. Die Forscherin konzentriert sich auf 25 Veränderliche, die allesamt in der Kleinen Magellanschen Wolke stehen und einen Lichtwechsel innerhalb einiger Stunden oder weniger Tage zeigen.

Als Miss Leavitt die Sterne in einem Diagramm nach Helligkeit und Periode sortiert, macht sie eine Entdeckung: Es scheint so, als wären Sterne, die in kurzem Rhythmus flackern, lichtschwächer als solche mit langer Periode. Angenommen, alle untersuchten Sterne wären gleich weit von der Erde entfernt – was bei der Kleinen Magellanschen Wolke tatsächlich zutrifft –, so spiegeln die Helligkeiten am Himmel die echten Leuchtkräfte wider. Und daraus lässt sich wiederum der Abstand zu den Sternen bestimmten. Da sich alle Sterne vom Typ Delta Cephei an diese Beziehung halten, mussten die Astronomen nur die Distanzen von einigen Sternen bestimmen, um die Skala zu eichen. Henrietta Swan Leavitt hatte den Schlüssel zur Vermessung des Universums gefunden.

Im Jahr 1923 bestimmt Edwin Hubble mehrere Cepheiden-Perioden im Andromedanebel und kann dank Leavitts Entdeckung erstmals die Entfernung einer fremden Milchstraße abstecken. Ohne Kenntnis von Galaxiendistanzen wäre die Expansion des Universums nicht nachzuweisen. Allerdings bemerkten die Astronomen in den 1940er-Jahren, dass verschiedene Arten von Cepheiden mit unterschiedlichen Leuchtkräften existieren. Das blieb nicht ohne Folgen: Mussten doch sämtliche auf diesem Weg ermittelten Entfernungen auf einen Schlag verdoppelt werden. Aber die Wissenschaftler nahmen das gelassen hin. Die Perioden-Leuchtkraft-Beziehung blieb eines der wertvollsten Verfahren, wenn es darum ging, Hunderttausende, ja sogar Millionen von Lichtjahren weit in den Raum vorzudringen.

Der Neue im Delfin

In Deutschland war es Nachmittag, als Koichi Itagaki einen neuen Stern entdeckte. An jenem 14. August 2013 hatte der japanische Amateurastronom nachts sein 60-Zentimeter-Spiegelteleskop in Richtung des Sternbilds Delfin gerichtet. Dabei spürte er ein Lichtpünktchen auf, das er in keiner seiner Sternkarten finden konnte. In den folgenden Stunden wurde diese Nova Delphini immer heller und erreichte am 16. August ihr Maximum – da war sie als schwaches Sternchen mit bloßem Auge zu sehen. In den folgenden Tagen nahm die Leuchtkraft stetig ab und entwickelte sich bis heute zum Objekt für das Fernglas. Was war geschehen?

Schon im Altertum beobachteten die Menschen gelegentlich einen *stella nova*, einen »neuen Stern«. Während die mittelalterlichen Chronisten in Europa solche Novae ignorierten – ihr Erscheinen störte die perfekte göttliche Schöpfung –, berichten chinesische Aufzeichnungen akribisch davon. Die Chinesen glaubten, aus Veränderungen am Firmament das Schicksal der Menschen vorhersagen zu können. Erst in der Neuzeit gelang es den Wissenschaftlern, das Rätsel zu lösen.

Das Überraschende: Der vermeintlich »neue« Stern ist ein eine Milliarde Jahre alter Weißer Zwerg. Solche ausgebrannten Sonnen sind am Ende ihres Lebenswegs angekommen – und ziemlich lahme Gebilde. Ihr innerer Fusionsreaktor läuft nicht mehr und sie dämmern dem ewigen Vergessen entgegen. Manche dieser Objekte besitzen jedoch einen Partner, mit dem sie um einen gemeinsamen Schwerpunkt kreisen. Sie sind also Teil eines Doppelsternsystems. Hat sich der Begleiter zu einem roten Riesenstern entwickelt, kommt der Weiße Zwerg noch einmal in Schwung: Begierig saugt der Kleine von dem Großen ungeheure Mengen an Materie auf.

Das wasserstoffreiche Gas sammelt sich in einer Scheibe um den Zwerg, wird in seiner Atmosphäre schließlich abgebremst und heizt diese mächtig an. Bei Temperaturen von einigen Millionen Grad zündet schlagartig eine explosive Fusionsreaktion. Der Weiße Zwerg blitzt wie ein kosmisches Feuerwerk auf, zerbirst aber nicht, sondern wirft vielmehr seinen Gasmantel ab. Mit Geschwindigkeiten von bis zu 2500 Kilometern in der Sekunde rast die Materie ins All und setzt ungeheure Mengen an Strahlung frei. So geschehen bei dem neuen Stern im unscheinbaren Bild Delfin. Am 14. August 2013 fing Koichi Itagaki das Licht mit seinem Fernrohr auf.

Die Nova Delphini war die zweithellste, die in den vergangenen 38 Jahren am Nordhimmel aufgeflammt ist. Den Rekord von

V1500 Cygni konnte sie nicht brechen. Damals war der Stern so hell, dass er die Kontur der Konstellation Schwan (Cygnus) veränderte. Doch auch die Nova Delphini zeigte einen beträchtlichen Leuchtkraftzuwachs. Russische Astronomen wollen den Weißen Zwerg in einem Katalog identifiziert haben. Er ist so schwach, das er sich nur auf Fotos größerer Teleskope zeigt. Demnach hätte die Nova Delphini um das 25 000-Fache heller geleuchtet als der Weiße Zwerg zuvor.

Manche Novae zeigen immer wieder Helligkeitsausbrüche, weil sich der Materieraub des Zwergs mehrfach wiederholt. Astronomen bezeichnen das als rekurrierende Novae. Die »Neuen« gehören zur großen Familie der variablen Sterne. Viele Hobbyastronomen haben sich darauf spezialisiert, die wechselnden Helligkeiten dieser Sterne zu bestimmen und Lichtkurven zu zeichnen. Manche verwenden dazu elektronische Messinstrumente. Aber selbst mit der Stufenmethode, bei der sie die relativen Helligkeitsunterschiede zwischen dem Veränderlichen und einem konstant scheinenden Vergleichsstern schätzen, erzielen geübte Beobachter eine erstaunliche Genauigkeit.

Die Forscher unterscheiden grundsätzlich zwischen Pulsations- und Bedeckungsveränderlichen. Erstere vergrößern mehr oder weniger regelmäßig ihre Oberfläche und strahlen daher mal heller, mal schwächer. Letztere gehören zu Doppelsternsystemen, umlaufen also einen gemeinsamen Schwerpunkt; bei passendem Winkel scheinen sie von der Erde aus betrachtet gelegentlich vor- oder hintereinander vorbeizuziehen. Diese gegenseitigen Bedeckungen zeigen sich als Helligkeitsschwankungen. Sehr schön kann man das mit bloßem Auge am »Teufelsstern« Algol im Perseus verfolgen. Knapp alle drei Tage leuchtet er besonders schwach, wobei seine Helligkeit jeweils innerhalb von drei Stunden auf ein Minimum sinkt.

Das Blinken des Teufelssterns

Der griechische Gelehrte Ptolemäus nannte ihn »Haupt der Medusa«, die Araber sahen in ihm einen »Teufelskopf« und benannten ihn nach einem Wüstengeist, der stets in wechselnder Gestalt erscheint. Tatsächlich ist Algol unheimlich. Der rund 90 Lichtjahre entfernte Stern im Bild Perseus leuchtet gewöhnlich ruhig vom Firmament. Aber alle 69 Stunden fällt seine Helligkeit innerhalb von nur dreieinhalb Stunden auf weniger als ein Sechstel des Normallichts, um danach in derselben Zeit wieder auf den ursprünglichen Wert zu steigen.

Im Jahr 1669 beschrieb der italienische Gelehrte Geminiano Montanari das unheimliche Zwinkern von Algol. Seine Aufzeichnungen wurden aber kaum beachtet. Erst der englische Astronom John Goodricke beobachtete Algol intensiv im Winter 1782 und erklärte das seltsame Verhalten mit einem unsichtbaren Begleitstern, der sich alle 69 Stunden vor Algol schiebt und dessen gleißend helle Gaskugel bedeckt.

Das Medusenhaupt gilt als Paradebeispiel für die Bedeckungsveränderlichen. Die Forscher glauben, dass vielleicht die Hälfte aller Sonnen nicht als Einzelgänger durchs Universum treiben, sondern mindestens in Zweiergrüppchen. Solche Doppelsterne kreisen um ihren gemeinsamen Schwerpunkt. Im Fernrohr erscheinen manche als eng beieinander stehende Lichtpünktchen; andere lassen sich wegen ihres geringen Abstands gar nicht trennen. Fällt die Sichtlinie zur Erde zufällig mit der Bahnebene des Doppelsterns zusammen, verrät sich das Zwillingspaar bei uns durch den periodischen Helligkeitswechsel.

Schwankungen zeigt auch Epsilon Aurigae in der Konstellation Fuhrmann. Alle 27 Jahre erreicht seine Helligkeit ein Minimum. Hinter Almaaz, so der arabische Eigenname des Veränderlichen, steckt ein komplizierterer Mechanismus als bei Algol. Weil die Verfinsterung zwei Jahre dauert, muss der Begleiter entweder enorm groß oder ungewöhnlich beschaffen sein, etwa wie ein Schwarzes Loch. Die Astronomen vermuten, dass Almaaz von einer ausgedehnten dünnen Staubscheibe umlaufen wird. In der Mitte dieser Scheibe könnten zwei Sterne sitzen. Almaaz selbst besitzt mindestens die 15-fache Masse unserer Sonne, die beiden Begleiter haben jeweils die achtfache. Aber weder die Scheibe noch die beiden vermuteten Sterne lassen sich direkt beobachten – das etwa 2000 Lichtjahre von der Erde entfernte System bleibt rätselhaft.

Eindeutiger liegen die Verhältnisse bei der »Wunderbaren«: Mira im Bild Walfisch pulsiert ganz einfach, das heißt, ihre Gaskugel vergrößert und verkleinert sich regelmäßig. Alles läuft viel weniger hektisch ab als bei Algol, ihr Rhythmus dauert elf Monate, hat es aber in sich: Mira strahlt im Minimum nur ein Tausendstel so schwach wie im Maximum! Die ungefähr 300 Lichtjahre von der Erde entfernte Sonne gilt als Roter Riese und gehört zur Gruppe der Pulsationsveränderlichen: Das sind Sterne, die sich mehr oder weniger periodisch aufblähen und zusammenziehen, wobei ihre gesamte Leuchtkraft schwankt.

Röntgenblitze aus dem Herkules

Der Stern im Herkules veränderte langsam seine Helligkeit. Für Cuno Hoffmeister war das nichts Besonderes, hatte er doch 10 000 andere solcher unsteten Lichtpünktchen entdeckt. Veränderliche nennen die Astronomen sie. Also tat Hoffmeister seine Pflicht: Er taufte das Objekt HZ Herculis, nahm es in seinen Katalog auf – und vergaß es. Gut drei Jahrzehnte später, im Dezember 1970, startete der Satellit *Uhuru*, der den Himmel mit Röntgenaugen mustern sollte. Just in der Konstellation Herkules entdeckte der Späher eine starke Quelle mit seltsamem Verhalten: Im Mittel alle 1,24 Sekunden sandte sie Blitze aus, deren Abstand sich periodisch im Lauf von 1,7 Tagen änderte. Und für jeweils fünf Stunden hörten die Blitze ganz auf.

Steckten etwa Außerirdische hinter diesem kosmischen Leuchtturm? Die Astronomen hatten bald eine natürliche Erklärung parat: Eine Röntgenquelle kreist innerhalb von 1,7 Tagen einmal um einen normalen Stern und verschwindet dabei regelmäßig für fünf Stunden hinter seinem Gasballon. Ein paar Monate später fanden die Forscher heraus, dass Hoffmeisters Veränderlicher HZ Herculis im sichtbaren Spektralbereich tatsächlich einen periodischen Lichtwechsel zeigt: 1,7 Tage. Damit war das Rätsel fast gelöst.

Jetzt brauchte man nur noch eine Erklärung für den Röntgenstrahler selbst, doch die war ebenfalls schnell gefunden. Demnach verbirgt sich dahinter ein sogenannter Neutronenstern, ein ungefähr 20 Kilometer großer, dicht gepackter Stern, der von HZ Herculis Materie aufsaugt. Diese strömt auf die Magnetpole des Neutronensterns, erhitzt sich dabei und sendet im Takt der raschen Rotation alle 1,24 Sekunden einen Röntgenblitz aus. Das Objekt scheint im Röntgenlicht zu pulsieren, weshalb solche Objekte auch Pulsare heißen. Der gut 16 000 Lichtjahre entfernte HZ Herculis ist übrigens mit dem bloßem Auge nicht zu sehen. Ein Teleskop von mindestens 20 Zentimetern Öffnung zeigt ihn als schwaches Pünktchen. Sein Geheimnis gibt er beim Blick durchs Fernrohr aber nicht preis.

»Es ist nicht da«

Am Februarhimmel leuchten hoch im Südosten die Zwillinge. In diesem Bild verbirgt sich für das bloße Auge unsichtbar die Leiche eines Sterns. Vor etwa 300 000 Jahren ist diese massereiche

Sonne in einer gewaltigen Explosion zugrunde gegangen. Das kosmische Feuerwerk muss am irdischen Firmament ein eindrucksvolles Schauspiel gewesen sein und heller gestrahlt haben als der Vollmond – denn diese Supernova war nur wenige Hundert Lichtjahre entfernt. Die Forscher wissen von dem Objekt erst seit 1972: Damals registrierte der Satellit *SAS-2* starke Gammastrahlen. Im optischen Bereich des Spektrums zeigte sich zunächst kein passendes Gegenstück. Der italienische Astronom Giovanni Bignami nannte die geheimnisvolle Gammaquelle daher Geminga, was im Mailänder Dialekt so viel heißt wie »es ist nicht da«.

Zwei Jahrzehnte lang gab Geminga Rätsel auf. Dann sahen die Augen des Satelliten *Rosat* ein Objekt, das Röntgenlicht aussandte – jedoch nicht konstant, sondern mit einer Periode von 0,237 Sekunden. Hinter diesem rhythmischen Flackern steckt ein Neutronenstern, der sich vier Mal pro Sekunde um seine Achse dreht. Einem Leuchtturm ähnlich, sendet er dabei stark gebündelte Strahlenkegel aus. Weil einer in Blickrichtung zur Erde liegt, blinkt der Stern scheinbar auf.

Ein solcher Neutronenstern – auch Pulsar genannt – besitzt einen Durchmesser von ungefähr 20 Kilometern. In ihm ist die Materie so dicht gepackt, dass ein Würfelzucker großes Stück auf der Erde eine Milliarde Tonnen wiegen würde. Dabei werden Protonen und Elektronen, die Bestandteile der Atome, ineinander gequetscht und erzeugen Neutronen. Neutronensterne sind die Überreste von Supernovae, explodierten Riesensonnen. Mittlerweile ist es sogar gelungen, Geminga im sichtbaren Licht zu identifizieren: Das Objekt glimmt so schwach wie ein Glühwürmchen in 5000 Kilometern Entfernung.

Der Tod unserer Sonne

Wer genießt nicht die Jahreszeit, in der es besonders lang hell ist? Was aber passiert, wenn die Sonne eines Tages überhaupt nicht mehr scheint? Gibt uns die winterliche Zeit der Kälte und der Dunkelheit einen Vorgeschmack auf das Schicksal der Erde? Früher dachten die Astronomen tatsächlich, dass die Sonne in ferner Zukunft verglüht und alles irdische Leben den Kältetod stirbt. Heute wissen wir: Ganz im Gegenteil heizt uns der Feuerball vor seinem Ende kräftig ein. Bereits eine geringe Zunahme seiner Leuchtkraft bringt das komplizierte globale Thermostat aus dem Gleichgewicht. Und einem neuen Modell zufolge verdoppelt sich die durchschnittliche Oberflächentemperatur der Erde in 800 bis 900 Millionen Jahren von jetzt 15 auf mehr als 30 Grad. Das reicht aus, damit Menschen, Tiere und Pflanzen zugrunde gehen.

In etwa 1,3 Milliarden Jahren besiedeln nur noch primitive Einzeller die Tiefsee. Einige Hundert Millionen Jahre später verdampfen auch die Ozeane. Bei Temperaturen um die 250 Grad und ohne flüssiges Wasser sterben selbst die robustesten Bakterien. Zu dieser Zeit arbeitet der Fusionsreaktor im Innern der Sonne längst nicht mehr im Normalbetrieb. Das Verbrennen von Wasserstoff zu Helium verlagert sich an den Rand der Kernregion. Dichte und Temperatur steigen, unter dem zunehmenden Druck expandiert die Sonne.

In fünf Milliarden Jahren verdoppelt sich ihre Leuchtkraft, verschlingt der Gasball die Planeten Merkur und Venus und befördert die jetzt glühende Erde möglicherweise auf eine höhere Umlaufbahn. Als Roter Riese schlittert die Sonne zunehmend in die Krise. Zwei nukleare Kraftwerke – verteilt auf zwei Schalen – liefern Energie und kommen sich gegenseitig ins Gehege. Der Sonnenwind weht immer heftiger und bläst die Hülle des Riesensterns ins All. Der kosmische Striptease endet mit einem nackten, ausgebrannten Weißen Zwerg. Dessen Ultraviolettstrahlung lässt den ihn umgebenden Kokon als Planetarischen Nebel hell leuchten. In zehn Milliarden Jahren beginnt der Weiße Zwerg zu einem schwarzen Schlackehaufen zu schrumpfen – der Glanz der Sonne verblasst für alle Zeiten.

Ein Rauchkringel in der Leier

Im Bild Leier erspähen Sterngucker mit dem Fernglas ein verwaschenes Fleckchen. Der französische Astronom Antoine Darquier hatte das Objekt im Jahr 1779 entdeckt, sein Landsmann Charles Messier nahm es als Nummer 57 in seinen Katalog auf. M 57 gilt als Paradebeispiel für einen Planetarischen Nebel. Dabei hat er mit Planeten nichts zu tun – vielmehr erlaubt er einen Blick in die Zukunft unserer Sonne. Das filigrane Wölkchen ähnelt in Wirklichkeit einem Donut. Und im Zentrum sitzt ein ausgebrannter Stern, der seine Gashülle vor mehr als 20 000 Jahren ins All geblasen hat.

Das Szenario hätte ein Science-Fiction-Autor nicht besser erfinden können: Milliarden Jahre lang hatte der Stern ruhig geleuchtet und unvorstellbare Mengen Energie produziert. Denn in seinem Innern arbeitete ein Fusionsreaktor, der Wasserstoff in Helium umwandelte. Als der Vorrat an Brennmaterial zur Neige ging, blähte sich der Stern auf – so, wie das unsere Sonne in etwa fünf Milliarden Jahren tun wird.

Ihr Durchmesser wird im Vergleich zu heute um das 200-Fache anwachsen. Dieser Rote Riese verschlingt die Planeten Merkur und Venus. Ein heftiger Sonnensturm bläst, der Gasschicht um Gasschicht des Sterns abträgt und seinen dichten Kern freilegt. Um diese Sternleiche, Weißer Zwerg genannt, sammelt sich die Materie in einem Torus: Ein Planetarischer Nebel entsteht.

Während die Sonne erheblich an Substanz verliert, verringert sich ihre Anziehungskraft. Die Schwerkraftfesseln werden lockerer, und einem Modell zufolge driftet die Erde nach außen und entkommt so einem Sturz in die Gluthölle. Dem Leben hilft das trotzdem nichts mehr: Lange bevor sich die Sonne zu einem Roten Riesen aufgebläht hat, ist der einst blaue Planet zu einer toten, feurig-flüssigen Kugel geworden.

Die Sonne selbst wird noch viel länger existieren. Ihr Überbleibsel ist ein erdgroßer Weißer Zwerg im Zentrum des Planetarischen Nebels. Exakt dieses Stadium sehen wir beim Objekt M 57, denn große Amateurfernrohre zeigen nicht nur den kosmischen Rauchkringel, sondern offenbaren in dessen Mitte auch ein schwaches Sternchen: den Weißen Zwerg.

Berstende Sterne

Im Stier glimmt ein zartes Wölkchen, das Amateurastronomen mit kleinen Teleskopen leicht finden. Der französische Forscher Charles Messier beobachtete es 1758 und nahm es als erstes Objekt in seinem Katalog der Sternhaufen und Nebel auf. M 1, so wissen wir heute, ist der Überrest einer kosmischen Katastrophe, die sich vor mehr als 950 Jahren unserer Zeitrechnung zutrug. Damals, am 11. April 1054, entdeckte ein Mönch in Flandern »eine helle Scheibe«. Insbesondere chinesische Astronomen beobachteten diesen neuen Stern, der sich über mehrere Wochen sogar am Taghimmel zeigte.

Heute wissen wir, dass eine ferne Sonne mit einem gewaltigen Feuerwerk zerborsten war. M 1 – wegen seiner Gestalt im Fernrohr auch Krabben- oder Krebsnebel genannt – ist aber nicht das einzige Überbleibsel dieser Supernova. Im Herzen der Gaswolke sitzt ein Objekt, das alle 0,033 Sekunden intensive

Radiopulse ausstrahlt. Ein Peilsender der kleinen grünen Männchen? Die Forscher, die in den 1960er-Jahren die Signale mehrerer solcher Quellen entdeckten, dachten das tatsächlich für einen Moment. Sie nannten die mysteriösen Radiosender schlicht Pulsare.

Geht ein Stern mit mehr als der achtfachen Masse unserer Sonne dem Ende entgegen, gerät sein Inneres aus dem Gleichgewicht. Die Kernfusion, die den Gasball einige Hundert Millionen Jahre am Leben erhalten hatte, kommt schließlich zum Erliegen. Der nach außen gerichtete Strahlungsdruck nimmt ab, die nach innen wirkende Gravitation gewinnt die Oberhand. Das geht nicht lange gut: Während die äußeren Sternregionen ins All katapultiert werden und das Objekt als Supernova aufleuchtet, kollabiert sein Kern. Dabei verdichtet sich die Materie des toten Sternherzens so sehr, dass ein würfelzuckergroßes Stück auf der Erde ungefähr eine Milliarde Tonnen wiegen würde. Bei diesen Dichten verwandeln sich Protonen und Elektronen zu Neutronen.

Die Durchmesser der glatten Sternkugeln liegen bei rund 20 Kilometern. Sie rotieren sehr schnell, ähnlich einer Eiskunstläuferin, die mit angelegten Armen eine Pirouette dreht. Hier liegt auch der Schlüssel zu den Pulsaren. Denn während die ausgebrannten Sternleichen bis zu 700-mal pro Sekunde um ihre Achse kreiseln, werden geladene Teilchen entlang starker Magnetfeldlinien beschleunigt und senden elektromagnetische Strahlung in verschiedenen Wellenlängenbereichen aus. Diese Strahlung ist in Richtung der Magnetfeldachse kegelartig gebündelt. Überstreicht ein solcher Kegel die Erde, scheint der Stern als Pulsar aufzublitzen.

Es gibt grundsätzlich noch ein zweites Szenario für eine Supernova. Danach sammelt ein Weißer Zwerg von einem Begleitstern jede Menge Materie auf – so lange, bis er unter seiner eigenen Masse kollabiert. Dabei kommen Fusionsprozesse in Gang, die den Weißen Zwerg schließlich zerreißen: Er leuchtet als Supernova vom Typ Ia auf.

Wolkenfetzen um Cassiopeia A

Es hätte ein grandioses Schauspiel werden können, aber es ging ohne Zeugen über die Bühne. Auf der Erde schrieb man das Jahr 1667, und irgendwo in den Tiefen des Universums hatte 11 000 Jahre zuvor ein gewichtiger Stern im Sterben gelegen. In seinem Todeskampf hatte er sich zu einem gigantischen Gasball aufgeblasen, zu einem Roten Riesen. Doch dann hielt die Schwerkraft der Masse nicht mehr Stand: Innerhalb von Sekunden kollabierte die Kugel.

Der Kern des Sterns stürzte in sich zusammen, eine Stoßwelle lief nach außen und riss wenige Stunden später die Gasschichten an der Oberfläche mit sich fort. Der Stern leuchtete um das Hundertmilliardenfache seiner vorherigen Helligkeit auf: Eine Supernova war geboren. Deren Strahlung raste mit 300 000 Kilometern in der Sekunde durch das All – und traf 1667 auch die Erde. Aber niemand nahm sie wahr.

Erst 1947 entdeckten die Astronomen im Bereich der Radiowellen das letzte Licht der Sternleiche. Drei Jahre später gelang es, die kosmische Katastrophe außerdem im Optischen aufzuspüren. Seither wurde der jüngste bekannte Supernova-Überrest innerhalb unserer Milchstraße gründlich untersucht. Eine der schönsten Ansichten dieses Cassiopeia A genannten Objekts stammt von dem Röntgensatelliten *Chandra*. Aber auch das Weltraumteleskop *Hubble* lieferte eine eindrucksvolle Aufnahme aus 18 Einzelbildern. Sie zeigt einen ziselierten Ring aus explodierter Sternmaterie, deren zarte Filamente rot, grün und blau leuchten.

Die Explosionswolke expandiert mit hoher Geschwindigkeit. *Hubble* fotografierte das Objekt im Abstand von neun Monaten und fand innerhalb dieser vergleichsweise kurzen Zeit deutliche Veränderungen. So bewegt sich ein Teil der Wolkenfetzen mit 50 Millionen Kilometern pro Stunde. Mit diesem Tempo würde die Reise von der Erde zum Mond lediglich eine halbe Minute dauern. Im Zentrum des Rings steht ein Neutronenstern von nur 20 Kilometer Durchmesser – das Überbleibsel der gestorbenen Riesensonne.

Massemonster

Sie verbiegen den Raum und dehnen die Zeit. Sie gehören gleichermaßen zum Inventar von Science-Fiction-Autoren wie von Astronomen: Schwarze Löcher. Diese fantastischen Gebilde machen immer wieder von sich reden – und sei es durch den berühmten britischen Astrophysiker Stephen Hawking, der Anfang 2014 in einem kurzen Aufsatz behauptete, dass es sie gar nicht gibt. In der Theorie jedenfalls existieren sie schon lange.

Der Mathematiker Pierre Simon de Laplace beschäftigte sich Ende des 18. Jahrhunderts mit ihnen in einem Gedankenexperiment: Er ließ einen beliebigen Körper so lange schrumpfen, bis die berechnete Fluchtgeschwindigkeit auf seiner Oberfläche die Lichtgeschwindigkeit erreichte. Das heißt: Nicht einmal Licht könnte ihn verlassen, würde es doch von der immensen Anziehungskraft zurückgezwungen wie ein Stein, den man auf der Erde nach oben wirft. Der Körper bliebe unsichtbar. Er wäre zu einem Schwarzen Loch geworden. Dessen Radius berechnete mehr als 100 Jahre später Karl Schwarzschild. Für die Erde beträgt er beispielsweise einen knappen Zentimeter, unser Globus müsste also auf die Größe einer Kirsche zusammengequetscht werden. Bei Planeten kommt so etwas nicht vor, wohl aber bei Sternen.

Die stellaren Gasbälle leben von der Fusion, die tief in ihrem Innern abläuft. Bei hoher Temperatur und unvorstellbarem Druck verbrennen sie Wasserstoff zu Helium. Geht der Brennstoff irgendwann zur Neige, gerät das Gleichgewicht der Kräfte ins Wanken: Der Stern bricht in sich zusammen und zerbirst im selben Augenblick als Supernova. Im Zentrum von sehr massereichen Sonnen steckt jetzt für einige winzige Augenblicke eine ausgebrannte Kugel. Sie ist nicht stabil, sondern kollabiert unter ihrem eigenen Gewicht. Schließlich erreicht der Durchmesser des Gebildes den doppelten Schwarzschildradius.

Ein solches Schwarzes Loch lässt sich sehr schwer direkt beobachten, wenngleich die Astronomen planen, mit ausgefeilter Instrumententechnik demnächst den Schatten eines solchen Objekts abzubilden. Einfacher ist es dagegen, ein Schwarzes Loch über seine starken Schwerkraftfesseln dingfest zu machen. Diese zwingen nämlich die Sterne in seiner Umgebung auf bestimmte Umlaufbahnen; so verrät sich etwa das Massemonster im Herzen unserer Milchstraße. Und: Schwarze Löcher schlingen gierig Materie in sich hinein. Bei der Mahlzeit entsteht Strahlung, welche die Astronomen messen können. Als heiße Kandidaten für stellare Schwarze Löcher gelten die sogenannten Röntgendoppelsterne, wo ein unsichtbarer Partner seinen Begleitstern aussaugt.

Der Pistolenstern

In klaren Sommernächten funkeln tief im Süden die Sterne des Schützen. In Richtung dieses Bildes, rund 26 000 Lichtjahre von der Erde entfernt, liegt das Zentrum unserer Milchstraße. Dichte Schleier aus Gas und Staub verhüllen den Blick in das galaktische Herz. Nur mit einem Trick gelingt es den Astronomen, dessen Geheimnisse zu entlocken: Sie beobachten nicht im sichtbaren Licht, sondern verwenden Strahlung, welche die Wolken zu durchdringen vermag – Radiowellen etwa oder Infrarot. So fanden die Forscher heraus, dass im Zentrum der Milchstraße ein gigantisches Schwarzes Loch lauert. Und dort leben auch allerhand Sternriesen.

Ein bemerkenswertes Exemplar besitzt die zweimillionenfache Leuchtkraft und die 150-fache Masse unserer Sonne. Das Infrarotauge des Weltraumteleskops *Hubble* hat das rekordverdächtige Objekt entdeckt. Es sitzt inmitten eines rund vier Lichtjahre großen Gasnebels, der mit viel Fantasie einer Faustfeuerwaffe ähnelt und in dessen Innern die Riesensonne strahlt. Die Astronomen tauften sie Pistolenstern. Der Gigant ist ein unruhiger Geselle. Vor vielleicht 5000 Jahren schleuderte er einen Teil seiner Masse ins All und bildete dabei den beobachteten Nebel. Das war eine spektakuläre Abspeckaktion. Denn als der Pistolenstern vor einer Million Jahren geboren wurde, besaß er wohl die 200-fache Masse unserer Sonne.

Ein solch schwerer Ballon kann nicht stabil sein. So bläst ein heftiger Sternwind mit einer Geschwindigkeit von 1,8 Millionen Kilometern pro Stunde und sorgt für einen ständigen Substanzverlust. Die Dauerdiät wird dem Pistolenstern schlecht bekommen. Ebenso ungesund ist sein verschwenderischer Lebenswandel – in nicht einmal zehn Sekunden produziert er so viel Energie wie unsere Sonne während eines ganzen Jahres. Eines Tages wird der Pistolenstern in einer gewaltigen Explosion seinen Tod finden. Dann wird ein rauchender Colt übrig bleiben, ein bizarrer, bunt schimmernder Nebelschleier aus Gas. Und der Kern des Sterns wird in ein Schwarzes Loch zusammenstürzen und aus dieser Welt verschwinden.

Braune Zwerge

Jupiter ist ein Planetenriese. Er besitzt den elffachen Durchmesser und die 318-fache Masse der Erde. Aber Jupiter wirkt wie ein Zwerg im Vergleich zur Sonne; in ihrem Innern hätten 1,3 Millionen Erdkugeln Platz. Im Gegensatz zu den Planeten leuchtet unser Tagesgestirn selbst – wie alle Sterne. Die Energie bezieht die Sonne aus thermonuklearen Prozessen, die tief in ihrem Zentrum ablaufen. Der Fusionsreaktor funktioniert aber nur, weil die Sonne schwergewichtig genug ist und die Temperaturen im Kern bei mehreren Millionen Grad liegen. Am Computer erschaffen Astronomen alle Arten von Sternen. Sie lassen Gaswolken so lange in sich zusammenstürzen, bis sich tief in den Nebeln dichte, massereiche und sehr heiße Kugeln formen. Beobachtungen mit großen Teleskopen stimmen gut mit diesen virtuellen Schöpfungsszenarien überein.

In den 1970er-Jahren haben Forscher einen Stern konstruiert, der sich gegenüber der Sonne ausnimmt wie ein Leichtgewicht. Er hat nur ein Zwölftel ihrer Masse und ist mit einigen Hunderttausend Grad Kerntemperatur lediglich lauwarm. Unter diesen Bedingungen kann das Atomfeuer nicht zünden. Und die Oberflächentemperatur des Gasballs liegt im Mittel nur bei 1200 Grad, das sind etwa 4300 Grad weniger als auf der Sonne. Der »Möchtegernstern«, dessen Durchmesser eher einem Planeten vom Typ Jupiter ähnelt, glimmt ganz schwach. Die Astronomen bezeichnen ein solches Gebilde wegen seiner geringen Größe und der niedrigen Leuchtkraft als Braunen Zwerg.

Aber gibt es Braune Zwerge wirklich? Im Jahr 1995 lieferte das Weltraumteleskop *Hubble* Aufnahmen des 19 Lichtjahre entfernten Sterns Gliese 229. Auf den Bildern zeigte sich neben der ohnehin recht lichtschwachen fernen Sonne ein unscheinbares Pünktchen – Gliese 229B. Die Experten halten ihn für den ersten jemals beobachteten Braunen Zwerg. Gliese 229B steht im Grenzgebiet der Konstellationen Hase und Großer Hund, die am Winterhimmel zu sehen sind.

Im Frühjahr 2014 entdeckten Astronomen den mit 7,2 Lichtjahren Entfernung viertnächsten Himmelskörper. Das Objekt hat eine Masse zwischen drei und zehn Jupitermassen, liegt also weit unterhalb jener Grenze, jenseits derer Wasserstoff zu Helium verschmilzt. Damit zählt WISE 0855-0714, so der etwas komplizierte

Name des Neuen, offenbar zu den Braunen Zwergen. Mit einer Oberflächentemperatur zwischen minus 48 und minus 13 Grad ist er der kälteste Vertreter seiner Klasse, die kühlsten zuvor bekannten Braunen Zwerge haben etwa Raumtemperatur.

Der Gouldsche Gürtel

Es muss ein berauschender Anblick gewesen sein: Am pechschwarzen Himmel funkelten Dutzende heller Sterne, hin und wieder flammte einer als Supernova auf und beleuchtete eine bizarre Landschaft. Das galaktische Feuerwerk ist längst erloschen, an die 30 Millionen Jahre sind seither vergangen. Doch am Firmament haben Astronomen die Spuren der einstigen Pracht aufgespürt – den Gouldschen Gürtel. Schon im Jahr 1847 fand John Herschel eine Zone heller Sterne, die sich durch die Bilder Orion und Großer Hund über Schiffskiel, Hinterdeck und Segel bis zum Kreuz des Südens, Zentaur, Wolf und Skorpion zieht. Dieser schmale Streifen ist etwa 20 Grad zur Ebene der Milchstraße geneigt. In den 1870er-Jahren entdeckte Benjamin Gould, dass das Band noch durch weitere Konstellationen verläuft: »Dieser große Kreis scheint den Himmel zu umspannen«, schrieb der Forscher. Zu diesem Gouldschen Gürtel gehören Sterne wie Kanopus, Sirius oder Aldebaran. Unsere Sonne sitzt fast mitten darin. Was aber hat es damit auf sich?

Die gesamte Struktur ähnelt einer Ellipse mit einer großen Halbachse von 1200 und einer kleinen Halbachse von 700 Lichtjahren. Die zentrale Region dieses »Spiegeleis« ist leer. Mittlerweile haben die Astronomen in dem Gürtel große Mengen an dunklem Staub und leuchtendem Gas gefunden sowie an dessen innerem Rand riesige Wolken aus Wasserstoff. All das sind typische Ingredienzien für die Geburt von Sternen. Vermutlich vor

60 Millionen Jahren passierte die kosmische Landschaft um die Sonne einen Spiralarm der Galaxis. Die interstellare Materie kollidierte, geriet in Turbulenzen und wurde so zum Kreißsaal, in dem viele massereiche Sonnen zur Welt kamen.

Ein schwergewichtiger Stern verbraucht seinen Kernbrennstoff relativ schnell und taumelt nach einigen Millionen Jahren in die Energiekrise. Schließlich bricht der Kern unter seinem eigenen Gewicht zusammen, während eine finale Explosion den Stern zerfetzt. Eine Supernova leuchtet auf, so hell wie ein Milchstraßensystem aus Milliarden einzelner Sonnen. Der Gouldsche Gürtel birgt nicht nur die Überreste derartiger Sternleichen sowie jede Menge Molekülwolken. Zu ihm gehören außerdem viele Haufen junger Sterne, sogenannte OB-Assoziationen. Während wir die hellen Mitglieder dieser Haufen im optischen Licht sehen, beobachten die Astronomen im Gammabereich die Relikte der Supernovae sowie bei Infrarot- und Radiostrahlen die interstellaren Materiewolken.

Die drei Sterngenerationen

Als das Universum vor 13,8 Milliarden Jahren auf die Welt kam und sich der Nebel des Urknalls lichtete, gab es vor allem Wasserstoff, das einfachste aller Elemente. Dazu waberten ein wenig Helium und winzige Spuren von Lithium durch das All. Aus diesen chemischen Zutaten bildeten sich die ersten Sterne. Sie flammten ungefähr 200 Millionen Jahre nach dem Urknall auf – an den Knoten eines kosmischen Netzwerks, das den Raum durchzog und offenbar durch die rätselhafte Dunkle Materie erzeugt wurde. Angetrieben von der Gravitation kondensierten gigantische Gaswolken zu Kugeln von mehreren Hundert Sonnenmassen.

Im Zentrum eines solchen Gebildes sprang schließlich ein Atomreaktor an und verwandelte Wasserstoff in Helium. Dank der simplen Zusammensetzung waren die Sterne der ersten Generation – Astronomen nennen sie Population III – recht »luftig«. Deshalb konnte sie der bei der Kernfusion entstandene enorme Strahlungsdruck nicht auseinandertreiben. Und so glühten diese Giganten mit der zehnmillionenfachen Leuchtkraft unserer Sonne. Aber den stellaren Atommeilern war ein kurzes Leben beschieden. Innerhalb von wenigen Millionen Jahren verzehrten sie ihre gesamte Substanz und erzeugten dabei immer schwerere Elemente bis hin zum Eisen.

Dann erlosch der Reaktor im Innern mit einem Super-GAU: Der Stern flog auseinander, produzierte dabei so komplexe Stoffe wie Gold oder Uran und verteilte alles im All. Die Materie vermischte sich mit den Überresten anderer Sternleichen und verklumpte nach Äonen zu neuen Gaskugeln, zu Sternen der Population II. Diese enthalten neben Wasserstoff geringe Mengen jener Metalle, die in ihren Vorgängern erbrütet worden waren. Heute findet man die rund zehn Milliarden Jahre alten Pop-II-Sterne zum Beispiel in Kugelhaufen.

Die Unterscheidung der Generationen gelingt mittels der Spektroskopie, weil die stellaren Inhaltsstoffe im aufgefächerten Sternenlicht charakteristische Fingerabdrücke hinterlassen. Das tun sie natürlich auch im Spektrum unserer Sonne, wo sich bereits ein beträchtlicher Anteil an Metallen zeigt, wie er für die jüngste Generation typisch ist. Denn die Mitglieder dieser Population I wurden wiederum aus der Asche ihrer Ahnen geboren. Praktisch alle Sterne, die wir am Himmel mit bloßem Auge sehen, gehören dieser Familie an.

Der Kreislauf der Elemente

Das Universum gleicht einem chemischen Labor, in dem die Sterne die Elemente erbrüten. So wandelt der Fusionsreaktor im Innern der Sonne Wasserstoff in Helium um. In einigen Milliarden Jahren besteht ihr Kern nur noch aus Heliumasche. Während sich der Stern dann zum Roten Riesen aufbläht, entflammt das Helium und verbrennt zu Kohlenstoff und Sauerstoff. In diesem Stadium bläst die Sonne ihre Atmosphäre ins All, Schicht um Schicht wird freigelegt – bis der Rote Riese zu einem Weißen Zwerg geschrumpft ist. Dabei gelangen die Elemente in den Raum.

Hätte die Sonne mindestens die achtfache Masse, dann würde sie Elemente bis hin zum Eisen produzieren und als Supernova zugrunde gehen. Beim Kollaps eines solchen Riesen werden noch schwerere Elemente gekocht und freigesetzt. Die Sternschlacke treibt im Weltraum und vermischt sich mit der interstellaren Materie. In diesen Wolken können sich Gas und Staub zu Kugeln zusammenballen, in deren Herzen irgendwann einmal neue Fusionsreaktoren zünden. So setzt sich der kosmische Kreislauf fort. Im Übrigen enthält auch unser Körper Atome, die einst in Sternen steckten.

Vor einigen Jahren werteten Wissenschaftler Daten eines Infrarotsatelliten aus, der die staubreiche Umgebung um einen sterbenden Stern untersucht hatte. Im Spektrum fanden sie den Fingerabdruck eines rätselhaften Stoffs. Einige Forscher halten ihn für Fulleren, ein fußballförmiges Molekül aus 60 Kohlenstoffatomen, andere gar für Diamant. Die Astronomen kennen etwa ein Dutzend Sterne, die dieses Material fabrizieren. Edelsteine scheint es im All tatsächlich zu geben. Und nicht zuletzt in einer Probe des Orgueil-Meteoriten wurden winzige Nanodiamanten entdeckt.

4. An den Grenzen der Unendlichkeit: Das Universum von Anfang bis Ende

Unsere Milchstraße

»Die Milchstraße ist nichts anderes als eine Ansammlung von unzähligen, in Haufen gruppierten Sternen. Auf welche ihrer Abschnitte man nämlich das Fernrohr auch richten mag, sogleich zeigt sich dem Blick eine ungeheure Menge von Sternen, von denen mehrere ziemlich groß und sehr auffallend sind; die Zahl der kleinen jedoch ist schlechthin unerforschlich.« Mit diesem Satz beendete Galileo Galilei im Jahr 1610 einen jahrtausendealten Streit. Denn über die Natur jenes diffusen Bandes, das sich quer über den Himmel zieht, herrschte lange Unklarheit. Mit der richtigen Deutung des griechischen Philosophen Demokrit im 5. Jahrhundert v. Chr. wollten sich die Astronomen nicht so recht anfreunden. Und die Mythen über die Entstehung der Milchstraße brachten sie auch nicht weiter. Thomas Wright of Derham verglich sie mit einem kosmischen Schleifstein. Und Friedrich Wilhelm Herschel zählte Ende des 18. Jahrhunderts unermüdlich Sterne, um ihre Form zu entschlüsseln. Doch die Milchstraße steckt voller Gas- und Staubwolken, die das Licht verschlucken und so die Sicht auf ihre wahre Gestalt behindern.

Der Durchbruch gelang erst, nachdem die Astronomen vor 70 Jahren gelernt hatten, den Himmel mit anderen Augen zu betrachten: mit Radioteleskopen. Denn Radiowellen – wie sie Wasserstoff- oder Molekülwolken aussenden – durchdringen die Staubvorhänge. Die Verteilung der Wolken zeichnet die Struktur der Milchstraße nach, ähnlich wie das Skelett den Bau des menschlichen Körpers. Die Galaxis (vom griechischen Wort *gala* für Milch) mit ihren 100 bis 200 Milliarden Sonnen gleicht einem Diskus von 100 000 Lichtjahren Durchmesser und nur 5000 Lichtjahren Dicke und ähnelt aus der Entfernung betrachtet einem rotierenden spiralförmigen Feuerrad.

Unser Planetensystem liegt ungefähr 26 000 Lichtjahre vom Zentrum und nur 50 Lichtjahre nördlich der Hauptebene des Systems inmitten des Orionarms. Die Sonne (und mit ihr die Erde) läuft mit einer Geschwindigkeit von 250 Kilometern pro Sekunde in rund 250 Millionen Jahren einmal um das Zentrum. Obwohl die Galaxis rotiert, wickeln sich ihre Arme nicht auf. Offenbar spielen hier Dichtewellen eine Rolle. Diese pressen die Materie zusammen und pflanzen sich durch das gesamte System fort wie ein Stau auf der Autobahn.

Die Rotation birgt noch ein weiteres Rätsel: Sie sollte eigentlich den Keplerschen Gesetzen folgen, das heißt, die inneren Bereiche sollten schneller rotieren als die äußeren – so, wie das bei den Planeten der Fall ist. Allerdings weicht die Galaxis als Ganzes deutlich davon ab. Die sichtbare Masse allein erklärt dieses Verhalten nicht. Daher vermuten die Astronomen, dass ein Gutteil der Milchstraße aus Dunkler Materie besteht.

Ein Blick ins Herz der Galaxis – es liegt in Richtung der Konstellation Schütze – bleibt normalen Fernrohren verwehrt, Dunkelwolken versperren die Sicht. Radioteleskope dagegen haben Erstaunliches enthüllt: In einer Entfernung von etwa 600 Lichtjahren um den Kern beträgt die Masse der Gasscheibe ungefähr 100 Millionen Sonnenmassen! Nur drei Lichtjahre vom Zentrum entfernt treffen die Astronomen auf turbulente Materieklumpen, aus denen offensichtlich gigantische Sterne entstehen. Was aber verbirgt sich im Zentrum selbst? Offensichtlich sitzt dort ein monströses Schwarzes Loch und verschlingt alles, was ihm zu nahe kommt. Von alledem merken wir nichts, wenn wir in einer klaren Sommernacht die Milchstraße beobachten. Aber auch so bietet ihr geheimnisvolles Schimmern einen faszinierenden Anblick.

Kugelsternhaufen

In einer klaren mondlosen Septembernacht erspäht der geübte Sterngucker in der Konstellation Herkules ein verwaschenes Nebelfleckchen. Im 18. Jahrhundert nahm es Charles Messier als Objekt Nummer 13 in seinen Katalog auf. Im Teleskop zeigt sich eine kugelförmige Ansammlung von schwachen Lichtpünktchen: ein Kugelsternhaufen. Bis heute haben die Forscher etwa 150 solcher »Schneebälle« registriert, die zu unserem Milchstraßensystem gehören. Perry-Rhodan-Leser kennen M 13 als Heimat der Arkoniden, Astronomen als Ansammlung von mehreren Hunderttausend Sternen in rund 25 000 Lichtjahren Entfernung.

Wer das Objekt anvisiert, blickt aus der Hauptebene unserer Galaxis hinaus. Diese wiederum ähnelt einer gewaltigen Diskusscheibe, die an den Rändern ein wenig verbogen ist wie ein Schlapphut. An das irdische Firmament projiziert sich das Gebilde als milchig schimmerndes Band – als die Milchstraße eben. Unsere Sonne steckt in einem der vier großen Spiralarme und wandert in ungefähr 250 Millionen Jahren einmal um den zentralen, von der Seite betrachtet deutlich ausgebeulten Bereich. Während die galaktische Scheibe nur wenige Tausend Lichtjahre dick ist, misst sie von einem Rand zum anderen an die 100 000 Lichtjahre.

Neben dem flachen Diskus und der Zentrumsregion gibt es noch eine dritte Komponente: den Halo. Dieser kugelförmige Raum besitzt einen Durchmesser von etwa 160 000 Lichtjahren. In ihm finden sich unter anderem die Kugelsternhaufen. Die

Astronomen haben herausgefunden, dass der Halo keineswegs ein einheitliches Gebilde ist. Vielmehr kreist der innere Teil in derselben Richtung und genauso schnell um das galaktische Zentrum wie die Sonne. Der weiter außen gelegene Teil hingegen rotiert ungefähr doppelt so schnell in die entgegengesetzte Richtung.

Der Halo hat es in sich: Es treiben darin nicht nur Sterne sowie Gas- und Staubwolken und die Spaghetti-ähnlichen Relikte kollidierter Zwerggalaxien. Er beherbergt auch ein Gutteil der rätselhaften Dunklen Materie. Man kann sie nicht sehen, sondern nur spüren: Sie macht sich durch die Wirkung ihrer Schwerkraft bemerkbar – sowohl in der Galaxis als auch im gesamten Universum. Schätzungsweise ein Viertel des Alls besteht aus diesem unsichtbaren Stoff.

Das galaktische Jahr

Der Sternenhimmel gleicht einer Drehbühne in der Endlosschleife. Die Fixsterne scheinen eben »fix« zu sein, und von Planeten oder gelegentlich auftauchenden Kometen und Novae abgesehen, wiederholt sich sein Anblick im Rhythmus der Jahreszeiten. Was ewig erscheinen mag, ist doch begrenzt. So etwa wird Wega in 12 500 Jahren die Rolle des Polarsterns spielen – wie schon vor 14 000 Jahren in der Steinzeit. Dieser Blickwechsel liegt an einer langsamen Kreiselbewegung der Erdachse. Im Lauf der Zeit verändern sich die Konstellationen aber noch aus einem anderen Grund: Sowohl die Sterne als auch die Sonne bewegen sich durch den Weltraum. Dabei umkreist unser Planetensystem mit einer Geschwindigkeit von 250 Kilometern pro Sekunde das Zentrum der Galaxis. Ganze 250 Millionen Jahre benötigt es für eine Runde – an die 18-mal hat die Erde seit ihrer Geburt dieses Rennen bisher absolviert.

Das blieb nicht ohne Folgen, denn die kosmische Landschaft wechselt ständig und damit die unmittelbare Umgebung. So etwa, wenn unser Sonnensystem durch einen stellaren Kreißsaal zieht, in dem viele Sterne geboren werden. Die besonders massereichen explodieren nach kurzem Leben als Supernovae und senden besonders energiereiche Strahlung ins All. Trifft diese auf unseren Planeten, kann das zu Artensterben führen, wie sie in der Erdgeschichte während der vergangenen Jahrmillionen immer wieder vorgekommen sind. Ebenso könnten Staubkörnchen aus dichten interstellaren Wolken in die Erdatmosphäre prasseln, das Sonnenlicht für Hunderttausende von Jahren trüben und so zu einer globalen Eiszeit führen.

Schließlich wirkt wohl die enge Begegnung mit anderen Sternen als Gravitationsschleuder, die Kometen und felsige Eisbrocken aus den äußeren Regionen des Planetensystems in Richtung Sonne katapultiert. Die Erde wäre eines der Ziele dieses kosmischen Kugelhagels. Das irdische Leben war und ist also vielfältigen Gefahren ausgesetzt. Immerhin, eine Katastrophe müssen wir nicht fürchten: dass die Erde im galaktischen Schwarzen Loch verschwindet. Wir umrunden das gefräßige Massemonster im Zentrum der Milchstraße in der beruhigenden Entfernung von 26 000 Lichtjahren.

Eine Mahlzeit für das Schwarze Loch

Die am Himmel sichtbare Milchstraße ist Teil unserer Galaxis, die ungefähr 200 Milliarden Sterne – einer davon ist die Sonne – sowie Gas- und Staubnebel beherbergt. Im 26 000 Lichtjahre entfernten Zentrum der Milchstraße, von uns aus gesehen in

Richtung Schütze, steckt ein Schwarzes Loch. Nicht weniger als vier Millionen Sonnenmassen konzentrieren sich dort in einer Region von der Größe unseres Planetensystems. Das Gebilde ist hinter dichten Schleiern kosmischer Materie verborgen. Selbst auf Bildern von Infrarot-Teleskopen, die den Nebel zu durchdringen vermögen, bleibt es unsichtbar.

Die Forscher haben aber überzeugende Indizien gesammelt, dass es tatsächlich existiert. So etwa beobachten sie zwei Sterne, die auf eiförmigen Bahnen mit Geschwindigkeiten von mehreren Millionen Kilometern pro Stunde in 16 und 11,5 Jahren um das galaktische Zentrum rasen. Eine magische Kraft scheint sie anzutreiben. Diese Kraft ist die Gravitation. Sie lässt auch die Erde um die Sonne laufen, muss im Fall der beiden Sterne S0-2 und S0-102 aber gigantisch groß sein.

Noch darbt das Massemonster in der Milchstraße. Nahrung, die es verschlingen könnte, war bisher nicht in Sicht. Das wird sich ändern. Eine Gaswolke von ungefähr drei Erdmassen nimmt Kurs auf das Schwarze Loch und wird ihm bald sehr nahe kommen. Noch rätseln die Astronomen, ob in der galaktischen »Speise« ein Stern steckt. Ebenso wenig kennen sie den exakten Zeitpunkt der größten Annäherung und damit den Beginn des Festmahls. Das, so prophezeien die Forscher, wird drei Gänge umfassen: Zunächst wirbeln die Gezeitenkräfte der Schwerkraftfalle das Wolkengas durcheinander und ziehen es zu Spaghettifäden auseinander. Ein paar Wochen später sammelt sich die Materie in einer Scheibe um das Schwarze Loch, ähnlich Wasser um den Badewannenabfluss. Irgendwann verschwindet dann die Materie hinter dem sogenannten Ereignishorizont und damit aus unserer Welt.

Während des gesamten Dinners sollten die Astronomen die »Ess- und Verdauungsgeräusche« registrieren – in Form von Strahlung in unterschiedlichen Spektralbereichen, im Röntgenlicht ebenso wie als Radiowellen. Außerdem sollte das kosmische Mahl die einzigartige Gelegenheit bieten, Effekte der Allgemeinen Relativitätstheorie in der Natur zu studieren. Denn das schwarze Herz der Milchstraße zieht nicht nur Materie an, sondern es verbiegt förmlich die Raumzeit.

Die Sternenstadt in der Andromeda

In einer klaren Dezembernacht des Jahres 1612 musterte Simon Marius das Firmament. Der Hofastronom zu Ansbach galt als hervorragender Beobachter. Unabhängig von Galileo Galilei hatte er mit dem Fernrohr die vier hellsten Jupitermonde entdeckt. Er behauptete sogar, sie einige Wochen vor seinem berühmten italienischen Kollegen gesehen zu haben. In dieser Nacht interessierte sich Marius für die Andromeda. Das Sternbild spannt sich über den Himmel wie die Deichsel eines überdimensionalen Großen Wagens, dessen Kasten das Sternenviereck des Pegasus formt. Nach einiger Zeit entdeckte der Astronom ein seltsames Objekt. Es erschien ihm wie »die durch das Hornfenster einer Laterne gesehene Kerzenflamme«.

Mehr als ein halbes Jahrtausend vor Marius hat der arabische Astronom Al-Sufi das Objekt wohl als Erster beschrieben. Al-Sufi lebte in Isfahan und war so etwas wie ein Hofastronom. Er übersetzte die Schriften griechischer Gelehrter ins Arabische und veröffentlichte um das Jahr 964 sein Hauptwerk *Buch der Sterne*; darin erwähnt er den Andromedanebel als »kleine Wolke am Maul des großen Fisches«.

Im Oktober beginnt die Saison des Andromedanebels. Wer an einem mondlosen Abend von einem Ort ohne störende Lichtquellen aus beobachtet, sieht die »Kerzenflamme« des Simon Marius sogar mit bloßem Auge glimmen. Im 17. und 18. Jahrhundert fanden die Forscher viele solcher blass schimmernden Fleckchen. Immanuel Kant behauptete, dass sie selbstständige

Milchstraßensysteme ähnlich dem unseren seien. Erst im Jahr 1923 bewies Edwin Hubble die kühne These des Königsberger Philosophen. Damit endete ein langer Streit über die Natur dieser Welteninseln, die manche Wissenschaftler für Gaswolken innerhalb der Milchstraße gehalten hatten.

Die Andromedagalaxie übertrifft unsere Sterneninsel an Größe und Masse: In der 140 000 Lichtjahre langen Spirale stehen vermutlich eine Billion Sonnen. Wer M 31, so die Bezeichnung im Messier-Katalog, betrachtet, blickt rund zweieinhalb Millionen Jahre in die Zeit zurück, denn so lange benötigt das Licht, um zu uns zu gelangen. Mit anderen Worten: Die Galaxie ist etwa zweieinhalb Millionen Lichtjahre entfernt. Im Feldstecher oder Fernrohr erscheint sie als ausgedehnte Spindel mit hellem Zentrum. Nach Beobachtungen des Weltraumteleskops *Hubble* verfügt M 31 über zwei Kerne; in einem sitzt vielleicht ein Schwarzes Loch.

Unser Nachbar im All umgibt sich mit zwei kleinen Begleitgalaxien. Eine davon trägt die Bezeichnung M 32. Das Weltraumteleskop *Spitzer* entdeckte im Andromedanebel einen asymmetrischen Staubring. Entstanden ist er offenbar, als M 32 einst das Zentrum der Galaxie durchdrang. So kündet die Dichtewelle heute von einer kosmischen Kollision in ferner Vergangenheit.

Auf Kollisionskurs

Eine prächtige Welteninsel schimmert am Herbsthimmel – und zeigt sich bei klarem Wetter und ohne störendes Streulicht im Sternbild Andromeda als blasses Fleckchen sogar dem bloßen Auge. Der Andromedanebel ist ein Sternsystem wie unsere Milchstraße – und liegt auf Kollisionskurs! Mit einer Geschwindigkeit von etwa 500 000 Kilometern pro Stunde rast die Nachbargalaxie auf uns zu. In ungefähr vier Milliarden Jahren wird ihr gigantisches Feuerrad das gesamte irdische Firmament ausfüllen. Weil die Sonne bis dahin aber auf dem Weg zum Roten Riesen ist, werden Menschen dieses Spektakel wohl kaum bestaunen können.

Noch rätseln die Astronomen, wie der galaktische Crash weiter verläuft: Touchieren sich Milchstraße und Andromedanebel nur, oder stoßen sie frontal zusammen und verschmelzen dabei zu einer einzigen elliptischen Riesengalaxie? In jedem Fall werden die Unfallfolgen weniger dramatisch sein, als man vermuten könnte. Denn die Sterne innerhalb von durchschnittlichen Galaxien sind äußerst dünn verteilt: Auf die Größe von Tennisbällen geschrumpft, wären auf der Fläche von Deutschland nur ein halbes Dutzend verstreut. Kollisionen zwischen den Sonnen der beiden Systeme wären demnach sehr selten.

Dennoch geht es nicht ohne Reibungsverluste ab: Die gewaltigen Gezeitenkräfte lassen vor allem Gas und Staub umherwirbeln. Diese turbulenten Wolken verdichten sich und bringen nahezu gleichzeitig Hunderte Millionen neuer Sonnen hervor – es kommt zu einer Bevölkerungsexplosion der Sterne. Die Astronomen kennen viele »gebärfreudige« Milchstraßen wie die gut 60 Millionen Lichtjahre entfernte Antennengalaxie.

Auch Beispiele für Beinahezusammenstöße gibt es im Kosmos reichlich zu sehen. Dabei rauschen zwei Galaxien aneinander vorbei und entreißen sich gegenseitig Gas- und Staubwolken. Materiebrücken entstehen, die beide Sternsysteme miteinander verbinden. Bei der Wagenradgalaxie ist eine kleinere mitten durch eine größere Milchstraße geflogen, die dadurch die Form eines Rads angenommen hat.

Wenn ungleiche Partner kollidieren, artet das oft in galaktischen Kannibalismus aus: Das größere System saugt das kleinere förmlich in sich auf. Und einer Theorie zufolge haben sich die meisten elliptischen Galaxien aus der Verschmelzung von kleineren Spiralen geformt. Inmitten des Coma-Haufens sitzt ein solches fettes, einige Milliarden Jahre altes Exemplar. Da sich das Universum seit dem Urknall ausdehnt, waren die Galaxien früher viel dichter beieinander. Daher muss es im jungen Weltall viel häufiger gekracht haben.

Die Geburt der Galaxien

Das Universum ist erfüllt mit Galaxien. Wie aber kamen diese Systeme in die Welt? Wie haben sie sich entwickelt? Diese Fragen beschäftigen die Astrophysiker, wenn sie die Geschichte des Alls rekonstruieren wollen. Der Theorie zufolge sollten größere Galaxien aus der Verschmelzung kleinerer hervorgehen. Kürzlich haben Forscher die Genese der Andromedagalaxie untersucht. Dabei sind sie natürlich nicht mit der Zeitmaschine in die Vergangenheit gereist, sondern haben die Evolution am Computer nachgestellt.

Die Astronomen testeten nahezu 100 verschiedene Modelle und fanden schließlich heraus, dass es einst tatsächlich eine Kollision innerhalb der Lokalen Gruppe gegeben haben muss. Eine Galaxie von der Masse der Milchstraße stieß mit einem System zusammen, das nur ein Drittel so schwer war. Der kosmische Unfall dauerte astronomisch lang. Die Galaxien touchierten sich vor etwa neun Milliarden Jahren, tanzten dann lange umeinander und fusionierten vor fünfeinhalb Milliarden Jahren endgültig zum Andromedasystem.

Während dieser kosmischen Choreografie bildeten sich zwei sogenannte Gezeitenschweife aus, die Sterne, aber auch große Mengen Gas enthielten. Offenbar machten sie sich bald selbstständig und flogen in Richtung unserer Milchstraße. Heute rasen sie mit einer Geschwindigkeit von 350 Kilometern pro Sekunde auf uns zu. Wer schon einmal die Pracht des südlichen Sternenhimmels genossen hat, konnte sie mit bloßem Auge mühelos erkennen: Sie schimmern in den Konstellationen Schwertfisch und Tukan – und heißen Große und Kleine Magellansche Wolke.

Die rund 160 000 Lichtjahre entfernte Große Magellansche Wolke machte 1987 von sich reden, als in ihr eine Supernova explodierte. Apropos Katastrophe: In drei bis fünf Milliarden Jahren wird es in der Lokalen Gruppe wieder einen größeren Unfall geben. Dann stoßen unsere Milchstraße und die Andromedagalaxie zusammen.

Inseln im kosmischen Ozean

Arabische Seefahrer nannten sie Weiße Ochsen, der italienische Entdecker Amerigo Vespucci sah sie auf seinen Exkursionen nach Mittel- und Südamerika und Antonio Pigafetta, Berichterstatter des Portugiesen Ferdinand Magellan, beschrieb sie ausführlich in seinem Reisebericht von 1521: zwei zart schimmernde Nebelfleckchen am Südhimmel. Heute wissen wir, dass die beiden Magellanschen Wolken eigenständige Galaxien sind. Unsere Milchstraße besitzt etwa die 100-fache Masse der kleinen, jeweils rund 160 000 und 200 000 Lichtjahre entfernten Trabanten.

Im Magellanschen Strom, einer gewaltigen Fahne aus Wasserstoffgas, ziehen sie ihre Bahn um die Galaxis. Deren Gezeitenkraft zerrt an den beiden Satelliten und bringt ihre Materie gehörig durcheinander. Vielleicht wird die Milchstraße ihre Begleiter in drei oder vier Milliarden Jahren vollständig aufgesogen haben. Mehrere Zwerggalaxien hat sie sich jedenfalls schon einverleibt. Astronomen haben die erste im Jahr 1994 entdeckt, sie steckt nahe des galaktischen Zentrums. Dass es immer wieder zu kosmischen Kollisionen kommt, liegt an der Nachbarschaft unseres Sternsystems. Ebenso wie die Andromedagalaxie gehört es zu einem Schwarm von gut drei Dutzend anderen, ausnahmslos kleineren Systemen im Umkreis von zehn Millionen Lichtjahren. Sie tragen ausgefallene Namen wie »Leo III« oder »Wolf-Lundmark-Melotte«. Diese Lokale Gruppe ist ein Beispiel für einen Galaxienhaufen; das Universum ist voll davon. Der uns nächste, der Virgo-Haufen, liegt in Richtung des Sternbilds Jungfrau (lat. *virgo*) und ist schätzungsweise 75 Millionen Lichtjahre entfernt. Galaxienhaufen sind die Bausteine des Weltalls. Sie formieren sich zu noch größeren Einheiten. So vermuten die Forscher, dass die Lokale Gruppe Mitglied des Lokalen Superhaufens ist. Sie steht aber ganz am Rand dieses 100 Millionen Lichtjahre langen Konglomerats aus Galaxien. Der Virgo-Haufen dagegen scheint im Kern des Gebildes zu sitzen.

Ein Blick weit hinaus zeigt, dass der gesamte Kosmos von galaktischen Superhaufen durchzogen ist. Sie sind nicht wahllos verteilt, sondern ordnen sich offenbar an den Rändern gigantischer Waben aus leerem Raum an. Auf dreidimensionalen Karten, die ein Volumen von Hunderten von Millionen Lichtjahren umfassen, treten diese Strukturen deutlich zutage. Mit Computerclustern versuchen Wissenschaftler, die Entwicklung des Alls seit dem Urknall zu simulieren und der Ursache der kosmischen Waben auf die Spur zu kommen.

Lord Rosse und der Whirlpool

Nahe dem Großen Wagen schimmern die unscheinbaren Sterne der Jagdhunde. Durch den Feldstecher betrachtet, birgt dieses Bild ein winziges Wölkchen namens M51. Seine Geschichte beginnt im April 1845 im irischen Birr Castle. Dort hatte Lord William Parsons, der 3. Earl of Rosse, ein gigantisches Teleskop errichten lassen. Mit einem Bronzespiegel von 183 Zentimetern Durchmesser war es für mehr als 70 Jahre das größte Fernrohr der Erde. Der 17 Meter lange Tubus hing zwischen zwei burgähnlichen Mauern und ließ sich über ein System von Seilen, Winden und Flaschenzügen bewegen.

Wegen seiner Dimensionen und seiner Gestalt hieß die seltsame Konstruktion »Leviathan« (Ungeheuer) von Parsonstown. Jules Verne erwähnt das Teleskop in seinen Romanen *Von der Erde zum Mond* und *Reise um den Mond*. Mehr als drei Jahre dauerten die Arbeiten an der Himmelsmaschine. Ihr Bauherr hatte sich schon in seiner Jugend den Naturwissenschaften verschrieben und früh mit dem Schleifen und Polieren von Spiegeln begonnen.

Am Abend des 15. Februar 1845 steht Lord Rosse auf der hohen Holzbühne und blickt zum ersten Mal durch das Okular des Leviathan, im Visier den Doppelstern Kastor in den Zwillingen. Das gestochen scharfe Bild begeistert den Astronomen, und in den folgenden Wochen beobachtet er vor allem Jupiter und den Mond – wenngleich mit wesentlich schwächerer als der 6500-fachen Vergrößerung, die Jules Verne dem Teleskop zuschreibt. Lord Rosse weiß, dass die eigentliche Stärke des Instruments darin liegt, besonders lichtschwache und ausgedehnte Nebel zu zeigen.

Im April 1845 nimmt er deshalb das Objekt M 51 unter die Lupe. Er erkennt die ausgeprägte Spiralstruktur dieser sogenannten Whirlpoolgalaxie und hält sie in einer berühmt gewordenen Zeichnung fest. Lord Rosse ahnt nicht, dass er eine fremde Milchstraße mit unzähligen Sternen vor sich sieht. Die Forscher haben M 51 eingehend studiert: ein 22 Millionen Lichtjahre entferntes System, das mit einem kleineren Begleiter verbandelt ist und daher als typisches Beispiel für wechselwirkende Galaxien gilt. Der Leviathan von Birr Castle übrigens wurde in den 1990er-Jahren rekonstruiert und kann besichtigt werden.

Die große Debatte

Wie weit kann man mit bloßem Auge sehen? Astronomen fällt es leicht, diese Frage zu beantworten: zweieinhalb Millionen Lichtjahre. Das ist die Entfernung zu jenem unscheinbaren Fleckchen, das Sternfreunde im Bild Andromeda beobachten. Von allen Objekten, die wir ohne Hilfsmittel am Himmel erkennen können, liegt es am weitesten von der Erde entfernt. Was verbirgt sich hinter diesem glimmenden Etwas? Darüber stritten die Forscher noch vor 90 Jahren. Während die einen glaubten, der Andromedanebel sei Teil unserer Milchstraße und lediglich eine Gaswolke, in der neue Sterne zur Welt kämen, hielten ihn die anderen für eine eigenständige Galaxie. Schon der Philosoph Immanuel Kant hatte im Jahr 1755 angenommen, dass es neben unserer Milchstraße noch sehr viele andere »Welteninseln« gebe.

Der Zwist spitzte sich immer mehr zu – und sollte am 26. April 1920 entschieden werden. Im National Museum of Natural History in Washington halten die Zuhörer den Atem an, als die Protagonisten das große Auditorium betreten: Heber Curtis von der Lick-Sternwarte und Harlow Shapley, Wissenschaftler am Mount-Wilson-Observatorium. Schon bei der Anreise treffen sich die beiden zufällig im selben Zug und diskutieren heftig, was ihr Verhältnis zueinander nicht gerade verbessert. Auch jetzt, während der großen Debatte, schenken sie sich nichts. Das Duell endet ohne klaren Sieger, die meisten Zuhörer neigen aber eher der Meinung von Curtis zu, wonach das gesamte Universum nicht nur aus der Milchstraße besteht und die beobachteten Nebelflecken eigene Galaxien sind.

Im Oktober 1923 fand Edwin Hubble den Schlüssel zum Bau des Alls, und zwar – Ironie der Geschichte – ausgerechnet am Mount-Wilson-Observatorium, an dem ja Harlow Shapley arbeitete. Mit dem 2,5-Meter-Teleskop entdeckte Hubble im Andromedanebel einen veränderlichen Stern vom Typ Delta Cephei. Solche kosmischen Blinklichter pulsieren periodisch und dienen als Standardkerzen, aus deren Lichtkurve sich die Entfernung berechnen lässt. Am 19. Februar 1924 schrieb Edwin Hubble an seinen Kollegen Harlow Shapley: »Sie werden sich freuen zu hören, dass ich im Andromedanebel einen Delta-Cephei-Stern gefunden habe.« Shapley freute sich natürlich nicht! Denn Hubble berechnete eine Distanz von 900 000 Lichtjahren – damit musste das Objekt eine eigene Galaxie sein, was Shapley ja bestritt.

Mit einem Durchmesser von 140 000 Lichtjahren und ungefähr einer Billion Sternen übertreffen die Dimensionen der Andromedagalaxie (Katalogbezeichnung M 31) deutlich die unseres eigenen Systems. Mittlerweile wurde die von Hubble ermittelte Entfernung auf die anfangs genannten zweieinhalb Millionen Lichtjahre korrigiert. Die Strahlung, die wir heute von M 31 empfangen, verließ die Galaxie zu einer Zeit, als die ersten Exemplare der Gattung *Homo* über die Erde stapften.

Zwerge in der Lokalen Gruppe

Laue Nächte laden im August zu einem Spaziergang über die Milchstraße ein, die dann von Süden nach Norden hoch über unseren Köpfen verläuft und daher besonders eindrucksvoll schimmert. Schon im 5. Jahrhundert v. Chr. hatte der griechische Naturphilosoph Demokrit behauptet, das diffuse Band – von den afrikanischen !Kung-Buschmännern »Rückgrat der Nacht« genannt – bestehe aus unzähligen schwachen Sternen. Erst im Jahr 1610 bestätigte Galileo Galilei mit seinem Teleskop diese Behauptung. Heute wissen wir, dass die Galaxis Gas, Staub sowie etwa 200 Milliarden Sterne umfasst und einem Diskus ähnelt, den Dichtewellen in Form halten.

Gemeinsam mit der Andromedagalaxie dominiert unser Spiralnebel die Lokale Gruppe. Zu dieser kosmischen Familie gehören einige mittelgroße und rund drei Dutzend kleine Galaxien. Die Lokale Gruppe erstreckt sich über ein Gebiet von zehn Millionen Lichtjahren Durchmesser – und birgt manche Überraschung. So haben Astronomen kürzlich im Sternbild Großer Bär eine Zwerggalaxie aus einigen Zehntausend Sternen gefunden. In rund 350 000 Lichtjahren Entfernung umtanzt der Begleiter unser System wie eine Mücke das Licht. Die Forscher kennen ein gutes Dutzend solcher Winzlinge. Computersimulationen lassen vermuten, dass es in Wirklichkeit an die 70 sind. Und manche davon hat sich die Milchstraße schon einverleibt – etwa die Sagittariusgalaxie oder den Canis-Major-Zwerg, dessen schwach leuchtende Sterne sich nahezu über das halbe irdische Firmament zu erstrecken scheinen.

Die Gezeitenkräfte unserer Galaxis haben die Materie des erst im Jahr 2003 entdeckten Canis-Major-Zwergs in die Länge gezogen – möglicherweise zum sogenannten Monoceros-Ring aus Millionen von Sternen, der sich dreimal um die Milchstraße winden soll. Obwohl dieses Szenario noch nicht im Detail bewiesen ist, weil interstellare Wolken den Blick auf die zerrüttete Galaxie trüben und dadurch die Messungen erschweren, glauben manche Astronomen, dass sich vor ihren Augen ein besonders grausamer Akt von kosmischem Kannibalismus abspielt. Ins Bild würde es jedenfalls passen: Kollisionen gelten als wichtiger Faktor bei der Entwicklung von Sternsystemen. Und Zwerggalaxien könnten so etwas wie deren Bausteine sein.

Das Gespinst der Lehrerin

Am abendlichen Frühlingshimmel funkelt im Süden der helle Regulus im Löwen. Oberhalb seiner Mähne schimmern ein paar schwache Sterne. Sie gehören zum Bild Kleiner Löwe. Große Teleskope zeigen in dieser Region das Objekt IC 2497 – eine Galaxie, die unter der Nummer 2497 im *Index Catalogue of Nebulae* steht. Man sollte meinen, dass Forscher die fast 5400 darin verzeichneten fernen Milchstraßen, Gaswolken und Sternhaufen gründlich durchforstet haben, zumal der Katalog schon länger als ein Jahrhundert existiert. Doch im Jahr 2007 überraschte Hanny van Arkel die Wissenschaftler. Die holländische Biologielehrerin hat ein Faible für Kosmos und Gitarre – ebenso wie Brian May von der Band *Queen*. Der nämlich hatte vor seiner Musiker-Karriere Astrophysik studiert.

Beim Surfen auf Mays Website stieß van Arkel auf einen Link zum *Galaxy Zoo*. Dieses Projekt soll dabei helfen, die bei astronomischen Beobachtungen täglich anfallenden Terabyte an Daten zu bewältigen. So hatte Kevin Schawinski, einer der beiden Gründer, für seine Promotion 50 000 Fotos von Galaxien klassifiziert. Eine Million weiterer Bilder blieben unberücksichtigt. Am 12. Juli 2007 ging das Internet-Projekt online (www.galaxyzoo.org). Schon im ersten Jahr beteiligten sich weltweit nahezu 150 000 freiwillige Laienforscher und erledigten via Computer 50 Millionen Auswertungen.

Auch Hanny van Arkel war eine dieser sogenannten *citizen scientists*. Und hatte Glück: Bereits nach einer Woche entdeckte sie auf dem Bild der Galaxie IC 2497 einen grünlichen Klecks. Die Amateurin hatte eine neue Klasse kosmischer Objekte aufgespürt: *Hanny's Voorwerp* (Hannys Objekt) fand schnell Eingang in die Fachliteratur. Hinter dem filigranen Gespinst steckt offenbar eine Gaswolke, die der Kern der 650 Millionen Lichtjahre entfernten Galaxie vor 100 000 Jahren ausgespuckt hat. Denn im Herzen von IC 2497 vermuten die Forscher ein gigantisches Schwarzes Loch.

Das Massemonster mischte die Materie in seiner Umgebung auf und schleuderte sie ins All. Licht, das damals während des monumentalen Ausbruchs abgestrahlt wurde, lässt die gesamte Wolke grün fluoreszieren. Das Weltraumteleskop *Hubble* enthüllt in *Hanny's Voorwerp* außerdem einen kosmischen Kreißsaal, in dem Sterne geboren werden. Mittlerweile kennen die Astronomen mehrere solcher glimmenden Relikte aus den unruhigen Lebensphasen der Galaxien.

Bohrkerne in die Vergangenheit

Der Große Wagen zählt zu den bekanntesten Konstellationen. Trotzdem hat er es nicht zu einem Sternbild gebracht. Die Figur gehört zum ausgedehnten Bild Großer Bär – nach der griechischen Mythologie übrigens bisweilen eine Bärin. Der Wagen weist über seine beiden hinteren Kastensterne, die zum Polarstern zeigen, nicht nur den Weg nach Norden, sondern weit hinein in die Tiefen des Universums: Er birgt kosmische Schlüssellöcher – Regionen, in denen weder helle Vordergrundsterne noch Staub- oder Gaswolken innerhalb unserer Milchstraße den Blick bis an die Grenzen der Unendlichkeit versperren.

Lockman Hole heißt einer dieser Bereiche; vor allem Röntgen- und Radioteleskope nutzen ihn. Und im Dezember 1995 spähte das *Hubble*-Weltraumteleskop zehn Tage lang fast ununterbrochen auf ein Himmelsgebiet nahe der Deichsel des Großen Wagens von weniger als einem Zwölftel Vollmonddurchmesser. Die durch vier Farbfilter gewonnenen 342 Aufnahmen ergaben zusammengesetzt ein fantastisches Mosaik des Alls. Der Trip ans Ende der Welt war gleichzeitig eine Tour in die Vergangenheit. Denn das Licht der Objekte reiste je nach deren Entfernung mehr oder weniger lang durch den Raum, bevor es auf das Teleskop traf.

Damit ähnelt das *Hubble Deep Field* (HDF) einem kosmischen Bohrkern, in dem sich die Geschichte des Universums widerspiegelt. Wie auf schwarzem Samt hingestreut schimmern auf dem Bild rund 3000 Galaxien, die zuvor noch niemand sah. Mehrere hundert Millionen Lichtjahre entfernte Sternsysteme erscheinen relativ groß, viele ähneln Spiralen. Milchstraßen in mittleren Distanzen von einigen Milliarden Lichtjahren gleichen winzigen verwaschenen Fleckchen. Sie lassen sich nur schwer von den fernsten rötlich glimmenden Babygalaxien unterscheiden, die ihr Licht vor mehr als zehn oder zwölf Milliarden Jahren aussandten.

Im Jahr 1998 nahm das Weltraumteleskop eine Stelle am Südhimmel unter die Lupe. So entstand das *Hubble Deep Field South* (HDF-S). Es zeigt sehr große Ähnlichkeiten mit seinem nördlichen Pendant – was nahelegt, dass das Universum in allen Richtungen ungefähr gleich aussieht. Die Astronomen wollten es nicht dabei belassen: Von 3. September 2003 bis 16. Januar 2004 entstand das *Hubble Ultra Deep Field* (HUDF), das eine winzige Region im Sternbild Ofen südlich des Orions abbildet und rund 10 000 Galaxien zeigt. Schließlich wurde im September 2012 das *Hubble Extreme Deep Field* (XDF) veröffentlicht, das unter anderem Bilder des zentralen Bereichs aus dem HUDF enthält und den bisher weitesten Blick in die Vergangenheit eröffnet: Manche Galaxien erscheinen darauf so, wie sie wenige 100 Millionen Jahre nach dem Urknall ausgesehen haben.

Rätselhafte Gammablitze

Es passiert plötzlich und unerwartet – wie am 23. April 2009. Da erhellte ein greller Blitz den Gammahimmel. Schon wenige Sekunden später richteten sich Teleskope auf die Stelle. Kameras registrierten einen neuen Stern, dessen Helligkeit innerhalb von Sekunden stark anstieg, um nach einigen Minuten wieder zu sinken. Mithilfe großer Fernrohre bestimmten die Astronomen später die Entfernung der Quelle: Ihr Licht, so fanden sie heraus, war 13 Milliarden Jahre zu uns unterwegs und wurde ausgesandt, als das Universum 800 Millionen Jahre alt war. Der Knaller war offenbar in einem Sternsystem explodiert und leuchtete für wenige Augenblicke so hell wie hundert Billiarden Sonnen.

Das Feuerwerk vom 23. April 2009 ist kein Einzelfall, durchschnittlich zündet es zweimal pro Tag. Allein der Satellit *Compton* hatte während neun Betriebsjahren mehr als 2000 solcher Bursts beobachtet. Die Kaskaden dauern wenige Zehntel Sekunden bis zu einigen Minuten und sind gleichmäßig über das Firmament verteilt. Was steckt dahinter? Tobt draußen im Weltall etwa ein Krieg der Sterne? Detonieren Bomben von hoch entwickelten Zivilisationen?

Mindestens 150 Theorien haben die Astronomen bisher aufgestellt, um das Phänomen zu erklären. Wenn die Blitze tatsächlich aus mehrere Milliarden Lichtjahre entfernten Milchstraßensystemen stammen, gilt es einen Mechanismus zu finden, der die ungeheure Energiemenge erklärt.

So könnte hinter den kurzen Gammablitzen von wenigen Sekunden Dauer etwa die Kollision von zwei Neutronensternen stecken. In diesen ausgebrannten, nur 20 Kilometer großen schnell rotierenden Himmelskörpern ist die Materie extrem dicht gepackt; ein Teelöffel davon würde auf der Erde eine Milliarde Tonnen wiegen! Kämen sich zwei Neutronensterne zu nahe, würden sie sich zunächst in einer Art kosmischem Ballett umtanzen, sich immer näher kommen und schließlich in einem Feuerball miteinander verschmelzen – und dabei Gammastrahlen aussenden.

Und die längeren Gammablitze, die mindestens eine halbe Minute anhalten? Die ließen sich mit einer sogenannten Hypernova erklären. Das ist eine Sonne, die am Ende ihres Lebens in die Energiekrise gerät, explodiert und dabei zu einem Schwarzen Loch schrumpft. Niemand kann eine derartige Schwerkraftfalle sehen, gleichwohl gilt deren Existenz aufgrund von indirekten Beobachtungen als sehr wahrscheinlich. Explodierende Sterne gibt es wirklich: Der Crabnebel in der Konstellation Stier etwa ist der Überrest einer kosmischen Katastrophe, deren Lichtblitz die Erde im Jahr 1054 erreicht hat. Dahinter steckte allerdings eine gewöhnliche Supernova.

Eine Hypernova wäre von schwererem Kaliber und hätte mindestens die 20-fache Masse unserer Sonne. Ein Kandidat für einen solchen Giganten könnte der etwa 8000 Lichtjahre entfernte Stern Eta Carinae sein. Er bringt es möglicherweise auf 100 Sonnenmassen. Ginge er als Hypernova hoch, würde sein Gammablitz – sofern er direkt auf uns zeigte – wohl alles Leben auf der Erde auslöschen.

Energiebündel in den Tiefen des Alls

Ein mittelgroßes Fernrohr mit 20 Zentimeter Spiegel- oder Linsendurchmesser zeigt im Sternbild Jungfrau einen schwachen, unscheinbaren Stern. Hinter dem Objekt mit der Bezeichnung 3C273 verbirgt sich ein kosmisches Kraftwerk, das unablässig unvorstellbare Energiemengen produziert. Das wissen die Forscher aber erst seit Anfang der 1960er-Jahre. Damals fand Maarten Schmidt heraus, dass 3C273 sowie weitere dieser quasi-stellaren Radioquellen extrem hell leuchten müssen, um angesichts ihrer Distanzen zur Erde überhaupt sichtbar zu sein. Denn diese sind wahrlich astronomisch groß.

In den Spektren der Quasare, also in den Zentren junger Galaxien, fanden die Forscher nämlich die Fingerabdrücke bekannter Elemente, die extrem in den langwelligen roten Bereich verschoben waren – offenbar als Folge der Expansion des Alls. Die fernsten Quasare fliehen mit Geschwindigkeiten von mehr als 290 000 Kilometern pro Sekunde, mehr als 95 Prozent der Lichtgeschwindigkeit. Wie erwähnt, verfügen diese Objekte über immense Leuchtkräfte: Sie produzieren bis zu 100 000-mal mehr Energie als eine gewöhnliche Galaxie.

Woher aber stammt diese Energie? Angetrieben wird ein solcher Quasar von einem mehrere Milliarden Sonnenmassen schweren Schwarzen Loch. Es sitzt im Zentrum eines jungen Milchstraßensystems und zieht aufgrund seiner gewaltigen Gravitationskraft Gas und Sterne aus der Umgebung an. Die Materie verschwindet nicht einfach in dem Schlund, sondern sammelt sich in einer rotierenden Scheibe. Senkrecht dazu schießt eine magnetische Schleuder zwei jeweils Hunderttausende von Lichtjahren lange Gasbündel ins All: Jets, die wiederum Radio- und Röntgenwellen aussenden, jedoch auch im sichtbaren Licht leuchten.

Die Helligkeit von Quasaren variiert. Bei manchen schwankt sie besonders stark, bisweilen sogar innerhalb von Minuten. Das bedeutet: Die ungeheure Energie muss aus einer Region stammen, die nur einige Lichtminuten misst – so viel wie das innere Sonnensystem. Zudem deuten Spektralanalysen darauf hin, dass hier Gaspakete im Spiel sind, die mit 30 000 Kilometern pro Sekunde herumwirbeln. Die Astronomen glauben, dass sie in einem solchen Fall zufällig direkt in eine Jetröhre schauen – bis hinunter auf den Motor der zentralen Kraftmaschine nahe des Schwarzen Lochs. Blazare, wie diese Objekte heißen, sind also

Ansichtssache. Ebenso wie die Quasare zählen sie zur Klasse der aktiven galaktischen Kerne, die vor allem das junge Universum bevölkerten.

Die Geburt des Kosmos

Woher kommen wir? Wohin gehen wir? Wie hat alles begonnen? Die Antworten der Kulturen auf solche existenziellen Fragen unterscheiden sich, haben aber auch manches gemeinsam. So steht am Anfang oft das Chaos – bei den Griechen etwa eine ungeformte Urmasse. Daraus entspringen Gaia, die Erde, sowie die Finsternis (Erebos) und die Nacht (Nyx). Aus Erebos und Nyx gehen Himmel und Tag hervor. Gaia wiederum vereinigt sich mit dem Himmel und gebiert das göttliche Urgeschlecht der Titanen.

Im chinesischen Schöpfungsmythos gleicht das Chaos einem dichten Nebel, den irgendwann farbiges Licht durchdringt. Als sich der Nebel teilt, steigt das Leichte auf und bildet den Himmel, während das Schwere nach unten sinkt und die Erde formt. Zwei starke Kräfte entstehen und halten die Welt in der Waage: das weibliche Yin und das männliche Yang. Aus den beiden werden Sonne und Mond, die Elemente, die Jahreszeiten und schließlich der Mensch. In der Bibel gibt es kein Chaos. Am Anfang herrscht Gott, der Himmel und Erde erschafft. Am vierten Tag macht Gott »ein großes Licht, das den Tag regiere, und ein kleines Licht, das die Nacht regiere, dazu auch die Sterne«.

Kosmologen, die heute die Geburt des Universums beschreiben, verbinden die Erkenntnisse aus Astronomie und Kernphysik, aus Beobachtungen des Allergrößten und des Allerkleinsten. In ihrem Schöpfungsmythos fiel der Startschuss vor 13,8 Milliarden Jahren. Was bei diesem Urknall geschah, entzieht sich der Physik. Zeit und Raum existierten noch nicht. Das Weltall war unendlich dicht und auf unendlich kleinem Volumen konzentriert. Es glich einer unvorstellbar heißen Suppe aus Materie, Antimaterie, Lichtteilchen und starker Strahlung.

Sagenhafte 10^{-35} Sekunden nach dem Urknall blähte sich das Universum schlagartig auf – von der Größe eines Atomkerns zur Größe des heutigen Sonnensystems. Dieses Inflation genannte Ereignis brachte Schwung in die Welt: Sie begann zu expandieren. Eine Sekunde später existierten bei Temperaturen um eine Billion Grad bereits die Bausteine der Atome: Quarks und Gluonen, die sich zu Wasserstoff- und Heliumkernen sowie zu Elektronen vereinigten.

Noch erstickte undurchdringlicher Nebel dieses Ur-All. Ungefähr 380 000 Jahre später konnten Atomkerne endlich Elektronen einfangen, die Lichtteilchen hatten freie Bahn und breiteten sich in alle Richtungen aus. Heute empfangen Astronomen mit Antennen oder Satelliten diese Botschaft des Urknalls als kosmische Mikrowellenstrahlung. Unsere Augen sind für dieses langwellige Licht blind.

Der Urknall und sein Nachhall

Auf Tauben waren Arno Penzias und Robert Wilson gar nicht gut zu sprechen. Die Tiere nisteten ausgerechnet in einer Antenne, mit der die beiden Forscher den Ursprung eines Radiorauschens untersuchen sollten, das anscheinend aus allen Himmelsrichtungen kam. Waren etwa die Vögel oder deren Hinterlassenschaften der Grund für die Störung? Penzias und Wilson quartierten die Tauben aus und reinigten die Antenne – das Rauschen blieb. Die beiden Wissenschaftler zerlegten die Empfangsanlage und setzten sie wieder zusammen – ohne Erfolg. Im Mai 1965 veröffentlichten sie ihre Entdeckung, 13 Jahre später erhielten sie dafür den Nobelpreis für Physik. Penzias und Wilson hatten die kosmische Hintergrundstrahlung entdeckt, gleichsam den Nachklang des Urknalls.

Sie entstand, als das Universum etwa 380 000 Jahre nach seiner Geburt durchsichtig wurde und die Lichtteilchen freie Bahn hatten. Seitdem tragen sie die Botschaft des Urknalls hinaus in die Welt: als Mikrowellenstrahlung, die einer Temperatur von minus 270 Grad entspricht. In den vergangenen Jahren haben Astronomen dieses Echo mit Satelliten genau untersucht – und kürzlich darin Missklänge herausgehört, die nicht so recht zur Theorie passen wollen. Gab es den Urknall überhaupt? Noch fehlen stichhaltige Gegenbeweise.

Aber was vor knapp 14 Milliarden Jahren wirklich geschah, wissen die Kosmologen nicht mit letzter Sicherheit. Und auch über die weitere Entwicklung des Alls rätseln sie noch. Das favorisierte Szenario: Im wenige Hundert Millionen Jahre jungen Kosmos verklumpen gigantische Materiewolken zu ersten Sternen. Geburtshelfer könnte die geheimnisvolle Dunkle Materie gewesen sein, deren Schwerkraft das Material anhäufte wie in unsichtbaren Gruben. Einige Hundertmillionen Jahre nach dem Urknall bilden sich protogalaktische Bausteine, die zu Sternsystemen zusammenkleben.

Weil es im frühen Universum vergleichsweise eng zugeht, kollidieren diese relativ häufig miteinander und formen die erste Generation von Spiralgalaxien. Die Verschmelzung der Spiralen wiederum erzeugt später elliptische Galaxien. Vor vielleicht neun Milliarden Jahren nimmt auch unser Milchstraßensystem Gestalt an, die einem 100 000 Lichtjahre durchmessenden und 5000 Lichtjahre dicken Diskus gleicht. Und vor gut viereinhalb Milliarden Jahren endlich schälen sich aus einer verstaubten Wasserstoffwolke ein neuer Stern und ein paar kleine Himmelskörper heraus: unsere Sonne und ihre Planeten.

Alternative Weltmodelle

Der Ansbacher Hofastronom Simon Marius verglich das Wölkchen in der Andromeda mit einer Kerzenflamme, die man durch das Hornfenster einer Laterne sieht. Charles Messier nahm es als Nummer 31 in seinen Katalog auf. Heute zählt dieser Andromedanebel unter Sternguckern zu den beliebtesten Objekten im Herbst. Hinter der kosmischen Kerzenflamme verbirgt sich eine rund zweieinhalb Millionen Lichtjahre von der Erde entfernte Spiralgalaxie, größer und sternreicher als unsere eigene Milchstraße.

Das Universum ist erfüllt von solchen Systemen, Hochrechnungen zufolge sollte man mindestens 50 Milliarden davon beobachten können. Nahezu alle Galaxien scheinen von uns zu fliehen, denn deren Spektren sind zum langwelligen roten Bereich hin verschoben. Das heißt aber nicht, dass wir im Mittelpunkt der Welt sitzen. Vielmehr dehnt sich das gesamte All aus. In ferner Vergangenheit muss es winzig klein und unvorstellbar dicht gewesen und mit einem Schlag explodiert sein. Vieles spricht für diese Theorie, etwa die Mikrowellenstrahlung, die aus allen Richtungen kommt und als Nachhall des Urknalls gilt. Dennoch bleibt der eine oder andere Beobachtungsbefund rätselhaft. Zum Beispiel weiß kein Wissenschaftler so recht, weshalb 95 Prozent des Universums buchstäblich im Dunkeln liegen und aus Dunkler Materie und Dunkler Energie bestehen sollen.

Daher gibt es immer wieder Zweifler. Der bekannteste war der 2001 im Alter von 85 Jahren gestorbene Fred Hoyle. Seine Steady-State-Theorie beschreibt den Kosmos in einem Zustand der Gleichförmigkeit: Im All werde Materie kontinuierlich erzeugt und treibe es auseinander. Halton Arp wiederum legte Fotos vor, die angeblich beweisen, dass Galaxien mit Quasaren über Materiebrücken verbunden und demnach gleich weit von der Erde entfernt sein sollen. Und: Quasare würden von explodierenden Galaxienkernen ausgespuckt. Das widerspricht der Urknall-Theorie. Quasare gelten darin als Sternsysteme, die das frühe Universum besiedelten und daher die höchsten Rotverschiebungen und damit die größten Distanzen aufweisen – also in einer ganz anderen Epoche lebten als normale Galaxien.

Außerdem glaubte Arp nicht, dass die allgemeine Rotverschiebung von der Expansion des Universums herrührt; vielmehr würden die Atome im Laufe der Zeit immer schwerer und das Licht dadurch seine Farbe ändern. In alternativen Theorien spielen Veränderungen häufig eine Rolle: Was etwa, wenn die berühmte Gravitationskonstante keine Konstante ist? Dann hätten nicht nur die Urknall-Kosmologen ein Problem, sondern die gesamte Physik.

Der Große Attraktor

Seine Anziehungskraft ist unwiderstehlich. Mit einer Geschwindigkeit von rund 2,3 Millionen Kilometern pro Stunde rast unser Milchstraßensystem auf ihn zu. Er sitzt irgendwo südlich des Sternbilds Skorpion, zwischen 150 und 250 Millionen Lichtjahre entfernt. Sein Name: der Große Attraktor. Seine Entdecker: die sieben Samurai. Was nach Science-Fiction klingt, ist doch reale Wissenschaft. Die Geschichte des Großen Attraktors beginnt Ende der 1980er-Jahre. Damals untersuchen sieben Astronomen – in Fachkreisen bald als die sieben Samurai bekannt – die Verteilung von Galaxien im Universum. Die Forscher finden heraus, dass sich viele Galaxien schneller bewegen als man es aufgrund der allgemeinen Ausdehnung des Weltalls erwarten würde.

Auch unsere Galaxis überschreitet das Tempolimit und steuert auf das Zentrum des sogenannten Lokalen Superhaufens zu, einer Ansammlung von vielen Sternsystemen mit gewaltigem

Gravitationssog. Doch der Lokale Superhaufen scheint seinerseits an eine Schwerkraftfessel gebunden zu sein. Tatsächlich befindet sich in Richtung des Fluchtpunkts der Hydra-Centaurus-Superhaufen – der selbst auf ein geheimnisvolles Etwas zufliegt, eben den Großen Attraktor.

Der besitzt nach den Messungen der Wissenschaftler eine Masse von nicht weniger als zehn Billiarden Sonnen! Das Schwerkraftzentrum scheint im Norma-Galaxienhaufen zu liegen. Verbirgt sich hinter dem großen Unbekannten also eine Wand aus unzähligen Galaxien? Oder lauert in den Tiefen des Alls gar ein ungeheurer Ball aus Dunkler Materie?

Leider versperren dichte Gas- und Staubwolken unserer Heimatgalaxie den Blick in diese Raumregion. Mit Röntgenteleskopen haben Forscher den Staubschleier gelüftet und dahinter weniger Galaxien entdeckt als erwartet. Was also ist der Große Attraktor? Und welche Rolle spielt der 500 Millionen Lichtjahre entfernte Shapley-Superhaufen? Hat er womöglich etwas mit dem Phantom zu tun? Fragen über Fragen. Fest steht nur: Der Große Attraktor bleibt für Astronomen attraktiv.

Das kosmische Schaumbad

Das »Antlitz Gottes« ist elliptisch und nahezu 14 Milliarden Jahre alt. Aufgenommen hat es der Satellit *WMAP*. Allerdings spiegelt sich in der blau, grün, gelb und rot gesprenkelten Karte kein höheres Wesen, wie es der Physik-Nobelpreisträger George Smoot einmal euphorisch ausdrückte, sondern die Kontur des Universums wenige hunderttausend Jahre nach dessen Geburt. Damals kühlte das All nach dem unbeschreiblich heißen Urknall auf 3000 Grad ab, Protonen und Elektronen konnten sich zu Wasserstoff- und Heliumatomen vereinen.

Jetzt war der Weg frei für die Lichtteilchen, die das kosmische Babybild in die Welt hinaustrugen. Und dieses zeigt eben kein glattes Gesicht. Offenbar stammen die Runzeln von winzigen Störungen der anfänglichen Ursuppe, in der Materie und Energie – noch untrennbar vereint – gemeinsam brodelten. Mit der Ausdehnung des Universums haben sich im Laufe der Zeit auch die Fluktuationen aufgebläht.

Tatsächlich entdeckten die Astronomen Ende der 1980er-Jahre, dass die Galaxien den Raum keineswegs gleichmäßig erfüllen. Vielmehr bilden diese Bausteine des Weltalls einige hundert Millionen Lichtjahre große Honigwaben: Zellen, deren Wände aus galaktischen Superhaufen bestehen und riesige Leerräume umschließen. Wie erwähnt, gründet der Ursprung dieses kosmischen Geflechts in mikroskopischen Quanteneffekten während der ersten Sekundenbruchteile des Weltalls. Warum aber haften die Galaxien an diesem Netz wie Tautropfen an Spinnenfäden?

Die Forscher vermuten, dass ein Gerüst aus Dunkler Materie das Weltall durchzieht. Dieser mysteriöse Stoff soll knapp ein Viertel des Kosmos ausmachen. Bestünde etwa der Mond aus Dunkler Materie, würde er bei einer totalen Sonnenfinsternis die Sonne nicht verdecken. Dafür aber könnte seine Schwerkraft die Erde aus ihrer Bahn werfen – wirkt diese exotische Substanz doch nur über die Gravitation. Diese zog die normale Materie entlang des unsichtbaren Netzes so lange an, bis sie zurückprallte und in Schwingung geriet. So fungierte die Dunkle Materie als Geburtshelfer der Galaxien. Und die errechnete Länge der Wellen stimmt gut mit der beobachteten Zellengröße der kosmischen Honigwaben überein.

Auf der dunklen Seite

In einer klaren mondlosen Januarnacht zeigt sich der Himmel von seiner glänzendsten Seite. Die hellen Sterne wie Sirius, Aldebaran oder Beteigeuze funkeln am Firmament ebenso wie die markanten Konstellationen Orion, Stier oder Zwillinge. Doch der schöne Schein von einem strahlenden Universum trügt. Mindestens 95 Prozent des Weltalls sind unsichtbar. Mehr noch: Die Astronomen wissen nicht einmal genau, woraus diese geheimnisvolle Schattenwelt besteht.

Ihre Spuren zeigen sich zum Beispiel in Galaxien, also Milchstraßen mit Milliarden von Sternen. Die Geschwindigkeiten, mit denen diese Systeme in ihren Außenbereichen um ihre Achsen rotieren, sind höher als sie nach den Gesetzen der Himmelsmechanik sein dürften. Nur eine massereiche, »dunkle« Materie erklärt dieses merkwürdige Verhalten. Ebenso würden die Mitglieder von Galaxienhaufen in alle Richtungen auseinanderstreben, hielte sie nicht die Schwerkraft einer unbekannten Macht zusammen.

Seit zwei Jahrzehnten spüren Forscher dem rätselhaften Stoff nach. Einer der Kandidaten sind Machos – massive Objekte wie ausgebrannte Sterne, Schwarze Löcher oder planetengroße Eis- und Gesteinsbrocken in den Randbezirken der Galaxien. Obwohl selbst unsichtbar, sollten sich Machos durch ihre Wirkung auf das Licht verraten. Einer wandernden Gravitationslinse gleich, müssten sie das Licht hinter ihnen liegender Sterne bündeln und dabei kurzfristig verstärken.

Tatsächlich haben Astronomen mit aufwendigen Suchprogrammen bisher mehrere solcher Helligkeitsschübe ferner Sterne entdeckt. Und sie haben einen Macho innerhalb unserer Galaxis fotografiert, einen rot glimmenden Zwergstern in etwa 600 Lichtjahren Entfernung. Trotz dieses Erfolgs ist das Rätsel noch nicht gelöst. Denn die Fachleute glauben, dass die Machos nur einen vergleichsweise geringen Teil der Dunklen Materie darstellen.

So haben sie außerdem eine unbekannte Art von Geisterteilchen in Verdacht: WIMPs, *Weakly Interacting Massive Particles*, also schwach wechselwirkende massereiche Teilchen. Überall auf der Welt haben die Forscher Experimente aufgebaut, um diese ungemein schwer fassbaren Partikel in die Falle zu locken. Bisher jedoch waren alle Versuche vergeblich. Anstatt ein WIMP zu stellen, haben die Wissenschaftler in den vergangenen Jahren immer mehr Energiebereiche gefunden, in denen sie garantiert nicht vorkommen. Auch eine zweite Hypothese ist bisher erfolglos: Ein Axion genanntes Teilchen entzieht sich ebenfalls sämtlichen Messungen. Noch hat niemand Licht in die kosmische Schattenwelt gebracht. Die Natur der Dunklen Materie bleibt eines der größten Geheimnisse in der modernen Astrophysik.

Bis zum Horizont

Mit bloßem Auge kann man weit sehen, sehr weit. 23,75 Trillionen Kilometer, um genau zu sein. So weit ist die Andromedagalaxie entfernt, die man in klaren Nächten als verwaschenes Fleckchen im Sternbild Andromeda erkennt. Angesichts der astronomisch großen Zahlen drücken die Forscher kosmische Distanzen allerdings in der Einheit Lichtjahr aus. Danach läuft das Licht in einem Jahr rund 9,5 Billionen Kilometer durchs All. Daraus folgt, dass wir astronomische Objekte niemals so sehen, wie sie »im Moment« ausschauen. Vom Mond zu uns benötigt das Licht gut eine Sekunde, von der Sonne etwas mehr als acht Minuten. Licht, das wir von der Andromedagalaxie empfangen, machte sich vor rund zweieinhalb Millionen Jahren auf den

4. An den Grenzen der Unendlichkeit

Weg. Das heißt: Ein Blick in die Weiten des Weltalls bedeutet gleichzeitig eine Reise in dessen Vergangenheit.

Im Frühjahr 2013 haben Wissenschaftler eine neue Karte des Universums vorgestellt. Der Satellit *Planck* hatte im Laufe von gut 15 Monaten den Himmel gescannt und daraus ein Bild des Alls im Bereich der Mikrowellen gewonnen. Diese Strahlung wurde 380 000 Jahre nach dem Urknall ausgesandt, als die anfangs heiße Ursuppe allmählich abkühlte, die Lichtteilchen (Photonen) frei durch den Raum flitzen und die Botschaft vom furiosen Beginn der Welt mit sich tragen konnten. Das Ganze hat sich vor 13,8 Milliarden Jahren abgespielt – und zwar nicht etwa an einem bestimmten Punkt irgendwo »im Raum« (den es ja noch gar nicht gab), sondern überall gleichzeitig. Während Sie diese Zeilen lesen, sitzen Sie also genau dort, wo sich vor gut 13,8 Milliarden Jahren der Urknall ereignet hat ...

Wie weit ist das Muster aus Mikrowellen von uns entfernt? Man könnte meinen, es seien etwa 13,8 Milliarden Lichtjahre. Doch diese Rechnung würde nur aufgehen, wenn das All statisch wäre. In den 1920er-Jahren entdeckten Astronomen jedoch, dass weit entfernte Galaxien vor uns fliehen – umso schneller, je größer ihr Abstand ist. Das Überraschende: Es sind nicht die Sternsysteme, die sich im Raum von uns fortbewegen, vielmehr dehnt sich der gesamte Raum aus und nimmt die Galaxien mit wie ein aufgehender Hefeteig die Rosinen. Der Kosmos expandiert! In einer unvorstellbar kurzen Zeitspanne nach dem Urknall blähte ihn die sogenannte Inflation um mindestens 30 Größenordnungen auf, heute treibt ihn die unbekannte Dunkle Energie beschleunigt auseinander.

Was bedeutet das für die Entfernung? Angenommen, eine Galaxie sandte vor 13 Milliarden Jahren ein Photon aus. Während das Teilchen zu uns läuft, dehnt sich der von ihm zu durchquerende Raum aus. Trifft es nach 13 Milliarden Jahren am Ziel ein, hat sich sein Startpunkt aufgrund der Expansion weiter entfernt, als es die reine Lichtlaufzeit vermuten lässt. Der exakte

Faktor hängt vom kosmologischen Modell ab und beträgt, grob gesagt, drei. Das heißt: Der Rand des sichtbaren Universums – der Beobachtungshorizont – liegt ungefähr 43 Milliarden Lichtjahre entfernt. So weit können wir mit Teleskopen sehen.

Lupen für fernes Licht

»Ich danke Ihnen noch sehr für Ihr Entgegenkommen bei der kleinen Publikation, die Herr Mandl aus mir herauspresste. Sie ist wenig wert, aber dieser arme Kerl hat seine Freude davon.« Albert Einstein schreibt das im Jahr 1936 an den Chefredakteur des US-Magazins *Science*. Tatsächlich verdanken die Astronomen der Hartnäckigkeit des tschechischen Amateurforschers die Kenntnis vom Bauplan natürlicher Lupen im All: Gravitationslinsen.

Seitdem sich Einstein, »Experte II. Klasse« beim Berner Patentamt, 1907 daran gemacht hatte, Raum und Zeit auf neue Art miteinander zu verweben, stieß er auf so manches erstaunliche Phänomen. So fand der Physiker, dass große Massen den Raum eindellen und dadurch Lichtstrahlen ablenken. Der Nachweis dieses Effekts bei der totalen Sonnenfinsternis am 29. Mai 1919 verhalf der Allgemeinen Relativitätstheorie zum Durchbruch.

Bereits sieben Jahre zuvor hatte Einstein das Prinzip einer Gravitationslinse entdeckt: Läuft das Licht des Sterns A an einem Stern B vorbei und trifft schließlich auf die Erde, sieht ein Beobachter im Teleskop Stern A als Ring um Stern B – vorausgesetzt, alle drei Himmelskörper stehen auf einer Linie. Der Durchmesser des Rings hängt von der Masse des Sterns B (der »Linse«) sowie von den relativen Abständen der drei beteiligten Objekte ab. In der Praxis ist ein solcher Einstein-Ring um einen Stern nahezu unmessbar klein, ebenso wie die Distanz der beiden Doppelbilder, die Stern A dann zeigt, wenn er selbst, Stern B und die Erde nicht exakt auf einer Linie stehen.

Selbst wenn man diese optischen Phänomene nicht sieht, so helfen stellare Linsen doch bei der Suche nach fremden Planeten: Dazu beobachtet man eine große Anzahl von Sternen und misst ihre Helligkeit. Zieht ein Stern von uns aus gesehen an einem anderen zufällig vorüber, so lenkt die Gravitationslinse ein wenig Licht zu uns – und die Helligkeit steigt minimal an. Hat der »linsende« Stern einen Planeten, erhöht sich die Helligkeit des Hintergrundsterns noch einmal in charakteristischer Weise. Aus der Lichtkurve während eines solchen Mikrolinsenereignisses ziehen die Forscher wichtige Schlüsse auf die Eigenschaften des ansonsten unsichtbaren Planeten.

Die Geometrie von Gravitationslinsen bringt nicht nur Ringe und Doppelbilder hervor, sondern auch Bögen und Kreuze. »Selbstverständlich gibt es keine Hoffnung, dieses Phänomen direkt zu beobachten«, glaubte Einstein – und täuschte sich: Ausgerechnet 1979, im Jahr seines 100. Geburtstags, entdeckten Astronomen die erste Gravitationslinse. Nicht ein Stern verbiegt hier den Lichtweg, sondern ein massereiches System aus Milliarden Sternen.

Heute kennen die Forscher einige solcher Galaxien und Galaxienhaufen, die als Linsen wirken. Die »gelinsten« Himmelskörper sind meist ferne Quasare – junge Galaxien mit gigantischen Schwarzen Löchern in ihren Herzen –, deren Licht zusätzlich verstärkt wird. So erweisen sich Einsteins kosmische Brenngläser als wertvolles Werkzeug, um tief ins Universum vorzudringen.

In der Spiegelwelt

In einer klaren Herbstnacht schimmert im Sternbild Andromeda ein zartes Gespinst. Der Blick durchs Fernrohr offenbart ein helles, scheibenförmiges Wölkchen, das der persische Astronom Al-Sufi erstmals im 10. Jahrhundert erwähnt hat. Diese Andromedagalaxie misst etwa 140 000 Lichtjahre im Durchmesser und ist damit etwa eineinhalb Mal größer als unsere Milchstraße. Die kosmische Spirale umfasst neben Gas- und Staubwolken nicht weniger als eine Billion Sterne, ungefähr die fünffache Menge wie in unserem System. Abgesehen von den Dimensionen sind sich unsere Galaxis und ihre Nachbarin sehr ähnlich. So bestehen die Sonnen dort aus den gleichen Elementen wie jene in unserer Welteninsel, es gibt die gleichen Sterntypen – Rote Riesen oder Weiße Zwerge etwa –, Supernovae oder Schwarze Löcher und sicher auch Planeten.

Vielleicht aber gibt es doch einen entscheidenden Unterschied? Vielleicht blicken wir bei der Beobachtung fremder Milchstraßen in eine Art Spiegelwelt? So spekulierte der Physiker Arthur Schuster schon im Jahr 1898 über die Existenz von »Antimaterie«, die man aus der Ferne nicht identifizieren könnte. Schuster meinte jedoch Materie mit negativer Schwerkraft, die sich heute allenfalls in der Science-Fiction findet. In der Physik sollte zumindest der Begriff zu Ehren kommen, denn 1932 wies Carl D. Anderson das erste Teilchen der Antimaterie nach. Es war vier Jahre zuvor von Paul Dirac theoretisch beschrieben und auf den Namen Positron getauft worden.

Der Unterschied zur normalen Materie liegt nicht in der Schwerkraft, sondern in der elektrischen Ladung. Sie ist vertauscht: So kann man das Positron als ein positiv geladenes Elektron bezeichnen. Aber auch Antiprotonen, Antineutronen und viele andere Antiteilchen wurden nachgewiesen. Ja, die

Forscher konnten solche Spiegelmaterie in Beschleunigern sogar selbst erzeugen, etwa Antiwasserstoff.

Im Mai 2011 haben Astronauten auf der Internationalen Raumstation *ISS* einen Detektor montiert, der Antiteilchen aus dem All auffängt. Seither hat dieses 1,5 Milliarden Dollar teure *Alpha Magnetic Spectrometer* aus der kosmischen Strahlung einige Hunderttausend Positronen herausgefischt. Über ihre Quellen rätseln die Astronomen noch, die Ruinen explodierter Sterne kommen ebenso in Frage wie die geheimnisvolle Dunkle Materie. Dennoch scheint die normale Materie mengenmäßig die Antimaterie um ein Vielfaches zu übertreffen. Und diese Tatsache bereitet den Wissenschaftlern ebenfalls Kopfzerbrechen: Im Urknall sollten eigentlich gleich viele Antiteilchen wie Teilchen auf die Welt gekommen sein – und sich gegenseitig vernichtet haben. Das Universum beweist, das dies keineswegs der Fall war, sonst würde es ja nicht existieren.

Warum also hat es die vollständige Annihilation in der Natur nicht gegeben? (Raumschiffe mit entsprechendem Antrieb flitzen zuhauf immerhin durch Romane und Filme.) Offenbar verlief der Urknall unsymmetrisch. Jeweils auf eine Milliarde Antiteilchen kamen eine Milliarde und ein Teilchen – und dieses Letztere überlebte das Strahlenmassaker. Materie dominiert das All. Demnach wären ganze Sternsysteme aus Antimaterie sehr unwahrscheinlich. Bei der Andromedagalaxie haben wir in etwa vier Milliarden Jahren Gewissheit, wenn sie mit unserer Milchstraße kollidiert. Bestehen beide aus gewöhnlicher Materie, überleben sie den Crash und verschmelzen zu einem größeren System. Wenn nicht, zerstrahlen sie in einem spektakulären Feuerwerk zu nichts.

Universen ohne Zahl

Ihr Doppelgänger liest in diesem Moment denselben Text. Er sitzt in einem Zimmer, das identisch ist mit dem Ihren. Er wohnt in einem Haus, das genauso aussieht wie das Ihre. Die Straße, die Stadt und das Land, in dem Sie und er leben, sind identisch. Nur trinkt Ihr Doppelgänger in diesem Moment keinen Tee, sondern nippt an einer Tasse heißer Schokolade. Und: Er lebt in einem völlig anderen Universum! Ziemlich verrückt, oder? Solche Paralleluniversen gehören zwar zum beliebten Stoff der Science-Fiction, werden aber durchaus auch von seriösen Physikern diskutiert. So lässt die Stringtheorie nicht weniger als 10^{500} Kosmen zu – eine eins mit 500 Nullen.

Schon die antiken Naturphilosophen spekulierten über Paralleluniversen. Es wird überliefert, dass etwa Petron von Himera an 183 Welten glaubte, die ein gleichseitiges Dreieck formen sollten. Ebenso nahm offenbar Anaximander im 6. Jahrhundert v. Chr. die Existenz vieler Welten an. Die mittelalterlichen Denker hielten – vor allem aus theologischen Gründen – an der einen Welt fest. Noch Gottfried Wilhelm Leibniz spricht von der »besten aller möglichen Welten«. Immanuel Kant hingegen möchte ein Paralleluniversum nicht kategorisch ausschließen.

Im 20. Jahrhundert begann auch die Wissenschaft, sich mit dem Thema zu beschäftigen. Der amerikanische Physiker Hugh Everett erregte in Fachkreisen einiges Aufsehen, als er 1957 seine Viele-Welten-Interpretation der Quantenmechanik veröffentlichte. Eine der Schlussfolgerungen lässt zahlreiche nebeneinander existierende Welten zu, die außerhalb der Realität unseres beobachtbaren Universums existieren sollten.

Und was sagen die Kosmologen, die den Anfang von Raum und Zeit erforschen? Ihrer Meinung nach begann das Universum mit dem Urknall vor 13,8 Milliarden Jahren. Unvorstellbare Sekundenbruchteile nach seiner Geburt soll sich das All schlagartig von der Größe eines Atoms zu der des heutigen Sonnensystems aufgebläht haben – was der Theorie ihren Namen gibt: Inflation. Sie hat offenbar den Raum geglättet und alles schön gleichmäßig gemacht, denn das Universum bietet überall denselben Anblick. Und sie erklärt die Existenz von Galaxienhaufen. Diese gingen aus Dichteschwankungen hervor, hinter denen Quantenfluktuationen stecken. Die Inflation hat sie auf kosmische Skalen vergrößert.

Aus der Geburtsstunde des Weltalls empfangen wir Mikrowellenstrahlung. Eine am Südpol installierte Antenne hat im Frühjahr 2014 in diesem kosmischen Babybild angeblich so etwas wie die Fingerabdrücke von Gravitationswellen aufgespürt. Diese Rippel in der Raumzeit wiederum gelten als starkes Indiz für die Inflationstheorie. Nach der Auffassung von Andrei Linde und Alexander Vilenkin lässt die Inflation Raum für ein Multiversum, in dem es nicht nur *einen* Urknall gibt, sondern unzählige. Wie in einem großen Schaumbad blubbert aus jeder Blase ein eigener Kosmos – unendlich viele. In diesen kann alles passieren, was von den jeweiligen Naturgesetzen nicht verboten ist. Und in einem davon sitzt Ihr Doppelgänger und hat diesen Text gerade zu Ende gelesen.

Das letzte Stündlein des Weltalls

Wenn in rund vier Milliarden Jahren unser Milchstraßensystem mit der Andromedagalaxie aneinandergerät und möglicherweise zu einem einzigen galaktischen Gebilde verschmilzt, gibt das ein Riesenspektakel: Gewaltige Gezeitenkräfte werden die Gas- und Staubwolken durcheinanderwirbeln und damit eine heftige Geburtswelle von Sternen auslösen. Die kosmische Kollision bedeutet also längst nicht das Aus, sondern im Gegenteil die Geburt einer neuen Sterngeneration. Diese existiert aber auch nicht ewig. Ihre Mitglieder werden altern und, je nach Masse, ihr Leben als Planetarische Nebel aushauchen (wie unsere Sonne) oder bersten und als Supernovae hochgehen. Dabei wird erneut Materie ins All geblasen – und der Kreislauf von Werden und Vergehen setzt sich fort.

Eines Tages jedoch – in spätestens zehn Billionen Jahren – werden im gesamten Weltall die letzten Sonnen erlöschen. Und weil keine neuen geboren werden, gehen im Universum die Lichter aus. In hundert Billionen Jahren treiben nur mehr stellare Leichen durch Raum und Zeit: erkaltete Planeten, Schwarze Zwerge und Neutronensterne sowie Schwarze Löcher. Die Temperatur liegt bei minus 272 Grad und damit ein Grad über dem absoluten Nullpunkt. Jetzt beginnt der langsame Tod der Galaxien. Während ein Teil der Sternklumpen aus den Milchstraßen in den freien Raum katapultiert wird, verschwindet der andere in den zentralen Schwarzen Löchern. In zehn Quadrillionen Jahren brechen die Galaxien zusammen. In hundert Quintillionen Jahren zerfällt die Materie, weil sich die Kernbausteine auflösen.

Jetzt regieren nur mehr Massemonster den Kosmos: Schwarze Löcher. Doch auch die sind nicht stabil, quantenmechanische Prozesse lassen sie verdampfen. Nach 10^{100} Jahren (eine eins mit 100 Nullen!) ist das letzte Schwarze Loch in einem Feuerwerk aus Gammastrahlen verschwunden. Schließlich bevölkern lediglich Photonen und Neutrinos das All. Unaufhörlich dehnt sich der Raum aus – wie er das seit dem Urknall tut. Irgendwann steht die Zeit still. Die Ewigkeit beginnt.

IV. Tipps für die Astropraxis

Die Beobachtung des gestirnten Himmels erfordert nicht viel: eine sternklare Nacht, einen freien Blick nach allen Richtungen und möglichst wenig Streulicht. Leider sind diese Bedingungen heute selten geworden. Die Atmosphäre ist oft trüb, und hell erleuchtete Siedlungen und Städte dehnen sich immer mehr aus. Wer dann im Urlaub zum ersten Mal am Meer oder im Gebirge das Firmament betrachtet, ist fasziniert und verwirrt zugleich angesichts der scheinbar unzähligen Sternenpünktchen. Um sich den Himmel zu erschließen, sollte man in drei Schritten vorgehen.

1. Beobachtungen mit bloßem Auge

Der Anfänger beginnt als Erstes mit der Orientierung am Firmament. Man muss zunächst wissen, wo die vier Himmelsrichtungen liegen. Dazu peilen wir den Polarstern an. Wir finden ihn durch die etwa vierfache Verlängerung der Hinterachse des Großen Wagens, der wiederum als markante Figur am Himmel prangt. Der Polarstern selbst ist nicht übermäßig hell, aber doch deutlich zu sehen. Dank seiner Hilfe können wir Norden, Osten, Süden und Westen recht einfach festlegen – und haben damit Bezugspunkte für unsere Sternkarte. Wie man eine solche Karte benutzt, haben wir eingangs (Seiten 11 ff.) ausführlich beschrieben.

Es kann viel Freude bereiten, Ordnung in das Gewirr der Himmelslichter zu bringen und mithilfe von Sternkarten die Konstellationen zu erkennen. Jahrtausendelang haben die Menschen das Firmament nur mit dem bloßem Auge erkundet. So stand Nikolaus Kopernikus, dem Begründer des heliozentrischen Weltbilds mit der Sonne im Mittelpunkt des Planetensystems, keinerlei optisches Instrument zur Verfügung. Das Teleskop wurde erst 65 Jahre nach seinem Tod erfunden; längst ist es zum unentbehrlichen Werkzeug und geradezu zum Sinnbild astronomischer Forschung geworden.

2. Beobachtungen mit dem Fernglas

Wer das Weltall erkunden möchte, benötigt nicht unbedingt eine teure Ausrüstung mit großem Teleskop. Bereits ein Fernglas öffnet den Himmel. Dabei sollte es dem Beobachter nicht so sehr um die Vergrößerung gehen, sondern um die Lichtstärke. Zwar holt auch ein Fernglas den Mond heran, doch Einzelheiten wie kleine Krater oder schmale Furchen auf seiner Oberfläche lassen sich am besten mit dem Fernrohr studieren. Beim Betrachten von flächenhaften Objekten wie offenen Sternhaufen oder Gasnebeln jedoch bieten Ferngläser nicht zuletzt wegen ihres großen Gesichtsfelds erstaunliche Einblicke.

Vergrößerung, Lichtstärke, Gesichtsfeld – was hat es damit auf sich? Am Gehäuse der meisten Ferngläser finden wir einen optischen Steckbrief, zum Beispiel steht dort »10 x 50«. Das heißt: Das Instrument vergrößert zehnfach und besitzt einen Linsendurchmesser von 50 Millimetern. Die an die Dunkelheit angepasste Pupille unseres Auges misst im günstigsten Fall etwa sieben Millimeter. Nach einem physikalischen Gesetz sammelt das beschriebene Fernglas daher ungefähr die 50-fache Lichtmenge wie das bloße Auge und zeigt entsprechend schwache Sternchen. Um noch etwas über die Lichtstärke herauszufinden, teilen wir Linsen-(Objektiv-)durchmesser durch Vergrößerung und setzen das Ergebnis ins Quadrat. Bei unserem Musterfernglas erhalten wir 25, denn wir rechnen $(50 : 10)^2$. Dieser Wert weist das Instrument als für astronomische Beobachtungen gut geeignet aus. Die weit verbreiteten 8x30-Feldstecher bringen es im Vergleich dazu nur auf 14.

Achten sollten wir darüber hinaus auf das Gesichtsfeld. Dessen Größe wird meist in Grad angegeben und besagt, welchen Ausschnitt einer irdischen oder himmlischen Landschaft wir mit dem Instrument gerade noch überblicken können. Finden wir auf dem Gehäuse etwa die Gravur »8,5 Grad«, hätten in dem Panoramafenster ins All nicht weniger als 17 nebeneinander aufgereihte Vollmondscheiben Platz. Mit einem solchen Feldstecher erscheinen die Milchstraße oder der Schweif eines hellen Kometen besonders eindrucksvoll. Und noch ein Tipp: Die Sternguckerei aus der freien Hand ist eine ermüdende und zittrige Angelegenheit. Ein höhenverstellbares stabiles Stativ steigert den Genuss erheblich. Empfehlenswert ist außerdem ein bequemer Sessel (Liegestuhl), bei dem man während der Beobachtung die Arme abstützen kann.

Ein Fernglas ist für Spaziergänge am Sternenhimmel hervorragend geeignet. Es zeigt ausgedehnte, lichtschwache Objekte wie Wölkchen innerhalb der Milchstraße, Gas- und Staubnebel (M 42 im Orion, M 1 im Stier), Galaxien (M 31 in der Andromeda, M 33 im Dreieck), offene Sternhaufen (Plejaden im Stier), Kugelsternhaufen (M 13 und M 92 im Herkules), aber auch Doppelsterne (Mizar und Alkor im Großen Wagen). Zu den Paradeobjekten zählen Kometen, die im Fernglas eindrucksvoller erscheinen als im Teleskop. Wegen des großen Gesichtsfelds hat der Beobachter Kopf und Schweif im Blick, was einen plastischen Eindruck vermittelt. Mond und Sonne (Letztere unbedingt nur mit geeigneten Filtern betrachten!) sind im Fernglas schön zu sehen. Bei den Planeten wird es jedoch schwieriger. Oberflächendetails auf dem Mars oder die Ringe des Saturn bleiben verborgen, allenfalls die vier hellsten Jupitermonde zeigen sich – vorausgesetzt, das Fernglas ist auf einem wackelfreien Stativ montiert.

3. Beobachtungen mit dem Teleskop

Die meisten Sternfreunde möchten früher oder später ein Fernrohr besitzen. Wer Rillen und kleine Krater auf dem Mond studieren oder Wolken und Flecken in der Jupiteratmosphäre mit eigenen Augen sehen will, braucht ein Teleskop. Bevor man sich zum Kauf entschließt, sollte man einige Beobachtungserfahrung gesammelt, die hier beschriebenen Schritte 1 und 2 absolviert haben und sich am Himmel schon gut auskennen. Nichts frustriert mehr, als wenn der Anfänger, dem jegliche Grundbegriffe fehlen, ein neues Fernrohr auspackt und es zum Himmel richtet. Oft ist nicht einmal der Sucher richtig justiert und nach etlichen verzweifelten Versuchen endet die Entdeckungsreise ins All vorzeitig und das Fernrohr wandert erst mal in den Keller. Daher lautet die Regel: In Ruhe die Bedienungsanleitung lesen und sich am besten schon tagsüber mit dem Teleskop vertraut machen. Aber Vorsicht: Keinesfalls ohne ausreichendem, vom Hersteller mitgeliefertem Zubehör wie Filter oder Projektionsschirmen in die Sonne schauen!

Welches Fernrohr darf es sein? Der Markt befriedigt jeden Wunsch – vorausgesetzt, man hat das nötige Kleingeld. Für jemanden, der nicht allzu viel Geld ausgeben möchte, kommen prinzipiell zwei Typen in Frage: Refraktoren mit ungefähr 60 Millimeter und Reflektoren mit etwa 110 Millimeter Öffnung. Das sind die Standardgrößen, wie sie auch Kaufhäuser anbieten. Im Prinzip haben Refraktoren eine bikonvexe Sammellinse (Objektiv), die im Brennpunkt von einem Gegenstand ein Bild entwirft, das durch eine weitere Sammellinse (Okular) betrachtet wird. Die Angabe »Öffnung 60 Millimeter« entspricht dem Durchmesser des Objektivs, die Brennweite (zum Beispiel 900 Millimeter) gibt an, in welchem Abstand vom Objektiv das Bild entsteht. Das Öffnungsverhältnis schließlich ist der Quotient aus Objektivöffnung und Brennweite, in unserem Fall also 60 : 900 gleich 1 : 15.

Die genannten Begriffe sind jedem Hobbyfotografen geläufig. Er weiß auch, dass das Öffnungsverhältnis entscheidend ist für die Lichtstärke. Das heißt: Je größer die Öffnung und/oder je kürzer die Brennweite, desto lichtstärker ist das Instrument. Diesen Vorteil bietet ein Spiegelteleskop Newtonscher Bauart: Die Lichtstrahlen treffen auf einen konkaven, meist parabolisch geschliffenen Hauptspiegel, werden von ihm reflektiert und einige Zentimeter vor dem Brennpunkt von einem kleinen, plan geschliffenen Fangspiegel aus dem Tubus gelenkt. Das Bild wird außerhalb des Rohrs mit dem Okular betrachtet.

Newtonspiegel haben in der Regel im Vergleich zu ihrer Öffnung kürzere Brennweiten als Refraktoren (Öffnungsverhältnis meist zwischen 1 : 5 und 1 : 8) und sind dadurch lichtstärker. Und: Ein 60-Millimeter-Linsenteleskop besitzt eine Auffangfläche von 2800 Quadratmillimetern, ein 110-Millimeter-Spiegelfernrohr eine von 9500 Quadratmillimetern. Das dunkeladaptierte menschliche Auge bringt es dagegen nur auf etwa 30 Quadratmillimeter.

Ein Teleskop bietet neben dem Zuwachs an Licht außerdem einen Gewinn an Auflösung; das ist die Fähigkeit, eng benachbarte Objekte getrennt zu zeigen. Die beiden Sterne Alkor und Mizar im Großen Wagen sind rund 700 Bogensekunden voneinander entfernt. Trotzdem fällt es vielen Beobachtern schwer, mit bloßem Auge die zwei Lichtpünktchen zu unterscheiden. Die Auflösung eines Teleskops in Bogensekunden ergibt sich aus dem Wert 115 geteilt durch den Objektivdurchmesser in Millimeter. Bei einem 60er-Refraktor sind das 115 : 60 gleich 1,9 Bogensekunden – Alkor und Mizar erscheinen als deutlich getrennt.

3. Beobachtungen mit dem Teleskop

Die Auflösung hängt in der Praxis stark von der Luft ab. Ist sie unruhig, verschwimmen die Details.

Wo bleibt die Vergrößerung? Bewusst behandle ich sie zum Schluss, spielt sie doch bei Weitem nicht die überragende Rolle, die ihr Laien zumessen. Die Vergrößerung ergibt sich aus der Objektivbrennweite geteilt durch die Okularbrennweite. An ein und demselben Fernrohr ändert sich die Vergrößerung also nur durch den Einsatz unterschiedlicher Okulare. Ein Okular von neun Millimeter Brennweite ergibt bei 900 Millimeter Objektivbrennweite eine 100-fache Vergrößerung. Am 60er-Refraktor sollte diese das Maximum sein! Denn: Die sinnvolle Vergrößerung liegt beim etwa Eineinhalbfachen der Objektivöffnung in Millimeter. Herstellerangaben wie »Vergrößerung bis 400-fach« sind unsinnig. In solchen Fällen spricht man von »leerer Vergrößerung« – das Bild im Okular wird dunkel und unscharf, der Mond etwa sieht in einem solchen Fall wie Brotteig aus, der unter Wasser schwimmt.

Welches Fernrohr ist denn nun das richtige? Diese Frage lässt sich nicht pauschal beantworten. Ein Reflektor ist wegen seiner Lichtstärke gut geeignet für die Beobachtung schwacher, diffuser Objekte. Den Refraktor setzen erfahrene Sternfreunde eher für Sonne, Mond und Planeten ein, weil seine Bauart eine höhere Detailauflösung und damit eine bessere Bilddefinition liefert als die des Reflektors. Die beiden beschriebenen »Kaufhaus-Teleskope« kosten um die 100 bis 250 Euro und sind natürlich keine Spitzeninstrumente. Sie verfügen aber über eine Optik von halbwegs brauchbarer Qualität und eine parallaktische Montierung, an die sich ein Motor anschließen lässt. Er führt das Fernrohr der täglichen Himmelsdrehung nach.

Der Vorteil einer parallaktischen Montierung besteht darin, dass eine der senkrecht aufeinander stehenden Achsen zum Himmelspol zeigt. Auf diese Weise wird ein eingestellter Stern im Gesichtsfeld gehalten, das heißt: Man muss lediglich an der sogenannten Stundenachse nachführen, entweder per Hand an einem

Schraubenrad oder – komfortabler – mittels eines Elektromotors. Für astronomische Beobachtungen ist eine solche parallaktische Montierung ohne Frage einer azimutalen vorzuziehen, bei der ständig in beiden Achsen nachgeführt werden muss. Das Aufstellen und Ausrichten einer parallaktischen Montierung erfordert allerdings einige Übung, auch hier sollte man gründlich die Bedienungsanleitung studieren. Es sei angemerkt, dass die Montierung, auch die parallaktische, leider häufig der Schwachpunkt bei billigen Teleskopen ist: Die Achsen sind in der Regel zu dünn und haben zu viel Spiel. Dreht man zum Scharfstellen am Okularauszug, wackelt der Tubus und lässt das Bild im Okular erzittern.

Wer aber die ersten Hürden mit vergleichsweise billigen Teleskopen genommen hat, der kann über die Anschaffung eines teureren und besser ausgestatteten Instruments nachdenken. Infrage kommen Refraktoren ab 90 sowie Reflektoren ab 150 Millimeter Öffnung. Bei den Refraktoren sollten es – einen entsprechend gefüllten Geldbeutel vorausgesetzt – vorzugsweise sogenannte Apochromaten sein, die ein farbreines Bild liefern. Lichtstrahlen werden nämlich beim Durchgang durch eine einfache Linse je nach Wellenlänge unterschiedlich stark gebrochen und vereinigen sich daher nicht exakt in einem Brennpunkt. Der resultierende Fehler heißt chromatische Aberration und macht sich im Okular durch Farbsäume um die abgebildeten Objekte bemerkbar. Durch den Einsatz von unterschiedlichen Glassorten, jede mit einem anderen Brechungsindex und einer anderen Dispersion, wird der Farbfehler korrigiert. So liefern Refraktoren mit dem Zusatz »APO« (oder auch »ED APO«) gestochen scharfe Bilder – wenn die Qualität stimmt. Und die kostet leider, mindestens 1000 Euro muss man für ein solches Teleskop (ohne Montierung) ausgeben.

Achten sollte man bei den teureren Geräten darauf, dass sie auf eine stabile parallaktische Montierung platziert werden. Meist verfügt diese dann über zwei Elektromotoren und lässt sich per mitgelieferten Computer steuern, das heißt: Nach dem Eintippen eines Objektnamens, etwa M1, fährt das Teleskop selbstständig auf das gewünschte Ziel. Im genannten Beispiel sollte also der Krebsnebel mitten im Okular schimmern. Die Elektronik speichert mehrere Tausend Himmelsobjekte, die – falls sie jeweils über dem Horizont des Beobachtungsorts stehen – gleichsam auf Knopfdruck im Fernrohr erscheinen.

Der Vollständigkeit halber seien noch zwei Teleskoptypen erwähnt: der Schmidt-Cassegrain und der Dobson. Ersterer zeichnet sich durch kurze Bauweise aus. Das optische System besteht aus einem sphärischen Hauptspiegel sowie einem Fangspiegel, der das Licht durch ein Loch in der Mitte des Hauptspiegels zurückwirft. Der kleine Fangspiegel sitzt im Zentrum einer Glasplatte, die am Eingang des Rohrs montiert ist und gleichzeitig als optischer Korrektor dient.

Wesentlich einfacher ist der Dobson aufgebaut. Dahinter verbirgt sich ein kurzbrennweitiges Newtonteleskop mit einem dünnen Hauptspiegel von vergleichsweise großem Durchmesser. Der Clou des Dobson ist die recht einfache, azimutale (Holz-)Montierung. Sie kommt ohne Klemmen aus, weil Spiegel und Tubus im Idealfall so austariert sind, dass das Teleskop in jeder Lage stabil bleibt, ohne zu kippen. Fernrohr und Montierung lassen sich sehr einfach transportieren, aufbauen und zerlegen. Sternfreunde schätzen die unkomplizierte Handhabung und beobachten damit vor allem Nebel und Galaxien.

Noch ein Tipp zum Schluss: Im Internet finden sich unter den Stichworten »Teleskope« oder »Teleskope kaufen« eine große Menge an Verkaufsangeboten und (Online-)Händlern. Der Onlinekauf sollte allerdings dem Erfahrenen vorbehalten sein, der die Hersteller kennt und weiß, was ihn erwartet. Ansonsten gilt: Kaufen wie gesehen! Denn es ist äußerst sinnvoll, sich von einem Fachmann das gewünschte Fernrohr im Laden vorführen zu lassen und vielleicht sogar die eine oder andere Probebeobachtung zu machen.

Anhang

Weitere Literatur und Internet-Adressen

Allgemeine Einführungen

Der Markt bietet eine schier unübersehbare Fülle von Büchern und Kartenmaterial zum Thema »Astronomie«. Im Folgenden seien einige empfehlenswerte Titel genannt, die auch Laien ohne Vorkenntnisse mit Gewinn lesen können. Die Bücher sind in alphabetischer Reihenfolge der Autoren aufgeführt und decken den gesamten Bereich der Himmelskunde ab, von Kometen und Planeten über die Sterne bis zur Kosmologie.

Mike Brown, Wie ich Pluto zur Strecke brachte, und warum er es nicht anders verdient hat, Springer-Verlag, Berlin – Heidelberg 2012

Werner E. Celnik / Hermann-Michael Hahn, Astronomie für Einsteiger, Schritt für Schritt zur erfolgreichen Himmelsbeobachtung, Kosmos Verlag, Stuttgart 2013

Brian Clegg, Vor dem Urknall, Eine Reise hinter den Anfang der Zeit, Rowolth Taschenbuch Verlag, Reinbek bei Hamburg 2013

Thomas Eversberg, Hollywood im Weltall, Waren wir wirklich auf dem Mond?, Springer-Verlag, Berlin – Heidelberg 2013

Florian Freistetter, Der Komet im Cocktailglas, Wie Astronomie unseren Alltag bestimmt, Carl Hanser Verlag, München 2013

Florian Freistetter, Die Neuentdeckung des Himmels, Auf der Suche nach Leben im Universum, Carl Hanser Verlag, München 2014

Anne Frebel, Auf der Suche nach den ältesten Sternen, S. Fischer Verlag, Frankfurt am Main 2012

Mark A. Garlick, Der große Atlas des Universums, Kosmos Verlag, Stuttgart 2011

Günther Hasinger, Das Schicksal des Universums, Eine Reise vom Anfang zum Ende, Verlag C.H. Beck, München 2009

Helmut Hornung, Streifzüge durch das All, Forscher enträtseln ferne Welten, Deutscher Taschenbuch Verlag, München 2008

Daniela Leitner, Als das Licht laufen lernte, Eine kleine Geschichte des Universums, C. Bertelsmann Verlag, München 2013

Harald Lesch / Jörn Müller, Sterne, Wie das Licht in die Welt kommt, Wilhelm Goldmann Verlag, München 2011

Harald Lesch / Jörn Müller, Kosmologie für Fußgänger, Eine Reise durch das Universum, Goldmann Verlag, München 2014

Brian May / Patrick Moore / Chris Lintott, Bang!, Die ganze Geschichte des Universums, Kosmos Verlag, Stuttgart 2011

Diedrich Möhlmann / Stephan Ulamec, Raumsonde Rosetta, Die abenteuerliche Reise zum unbekannten Kometen, Kosmos Verlag, Stuttgart 2014

Ben Moore, Elefanten im All, Unser Platz im Universum, Verlag Kein & Aber, Zürich – Berlin 2012

Richard Panek, Das 4%-Universum, Dunkle Energie, dunkle Materie und die Geburt einer neuen Physik, Carl Hanser Verlag, München 2011

Ulf von Rauchhaupt, In den Sternen, Die 88 Konstellationen im Portrait, S. Fischer Verlag, Frankfurt am Main 2013

Herbert J. Rose, Griechische Mythologie, Ein Handbuch, Verlag C.H. Beck, München 2011

Roger W. Sinnott, Kosmos Sternatlas kompakt, Der Sternenhimmel auf 80 handlichen Karten, Kosmos Verlag, Stuttgart 2011

Jahrbücher

Hans-Ulrich Keller, Das Kosmos Himmelsjahr 2015, Sonne, Mond und Sterne im Jahreslauf, Kosmos Verlag, Stuttgart 2014

Oliver Montenbruck / Uwe Reichert, Kalender für Sternfreunde 2015, Beobachtungstipps für das Himmelsjahr, Verlag Spektrum der Wissenschaft, Heidelberg 2014

Hans Roth, Der Sternenhimmel 2015, Das Jahrbuch für Hobby-Astronomen, Kosmos Verlag, Stuttgart 2014

Drehbare Sternkarten

Michael Feiler / Stephan Schurig, Drehbare Himmelskarte, Oculum-Verlag, Erlangen 2009

Hermann Michael Hahn / Gerhard Weiland, Drehbare Kosmos-Sternkarte, Sterne finden, Planeten entdecken, Kosmos Verlag, Stuttgart 2013

Arnold Zenkert, Drehbare Sternkarte, Nördlicher Sternhimmel, mit Planetenzeiger, Verlag für Lehrmittel Pößneck, Pößneck 2012

Internet

Das Internet ist ein Tummelplatz für Wissenschaftler und solche, die sich dafür halten. Für den Laien ist das Angebot verwirrend, und selbst der Fachmann verliert schnell den Überblick. Zur ersten Orientierung sind hier einige bewährte Adressen genannt, unter denen kompetent und zuverlässig über das Neueste aus Astronomie und Raumfahrt informiert wird. Viele der genannten Links führen auf englischsprachige Websites. Außerdem gibt es bei Twitter eine geradezu astronomisch große Anzahl an Meldungen zur Astronomie; ein wenig online zu stöbern lohnt sich.

Europäische Südsternwarte ESO:
www.eso.org/public/germany

Europäische Raumfahrtbehörde ESA:
www.esa.int

US-Raumfahrtbehörde NASA:
www.nasa.gov

Die Seiten der Max-Planck-Gesellschaft bieten aktuelle Meldungen zu astronomischen Themen sowie Links zu den astronomischen Instituten:
www.mpg.de

Hubble-Institut mit Informationen über das Weltraumteleskop:
www.stsci.edu

Solar Center der amerikanischen Stanford University, das die Sonne erforscht:
http://solar-center.stanford.edu

Tagesaktuelle Informationen zur Sonne:
www.spaceweather.com

SETI-Institut, das nach Radiosignalen außerirdischer Zivilisationen sucht:
www.seti-inst.edu

Alles rund um die Astronomie für Amateure:
www.astronomie.de

Die Seite »Astronomie in Deutschland« bietet Links zu astronomischen Institutionen, zur Vereinigung der Sternfreunde oder aktuellen Neuigkeiten:
www.astronomie-in-deutschland.de

Yahoo stellt eine sehr ausführliche Liste mit Links zu astronomischen Themen bereit:
http://dir.yahoo.com/Science/Astronomy

Interessante Blogs findet man unter
www.scilogs.de/kosmologs

Die monatlichen Sternenvorschauen von Helmut Hornung in der *Süddeutschen Zeitung* stehen unter
www.sueddeutsche.de/thema/Sternenhimmel

Verzeichnis der Sternbilder

Die Tabelle enthält alle 88 Sternbilder des Nord- und des Südhimmels. Die Sichtbarkeit der Konstellationen hängt von der geografischen Breite ab. Von Deutschland aus sind im Laufe des Jahres die 54 Nordhimmelbilder zu sehen und – je weiter südlich der Standort liegt, desto besser – zusätzlich die acht Horizontbilder. Für diese 62 Konstellationen sind in der vierten Spalte der Tabelle zur groben Orientierung die Sichtbarkeiten am Abendhimmel genannt. Der Zusatz »zirkumpolar« bedeutet, dass das Sternbild in unseren Breiten während des ganzen Jahres über dem Horizont steht. Die 26 Südhimmelbilder zeigen sich nur am Firmament der südlichen Erdhalbkugel, auf Angaben zu ihren Sichtbarkeiten wurde in der Tabelle verzichtet.

Nordhimmelbilder

Name des Sternbildes	Lateinischer Name	Abk.	Sichtbarkeit
Adler	Aquila	Aql	Juni – November
Andromeda	Andromeda	And	Juli – Februar
Becher	Crater	Crt	Februar – Mai
Bootes	Bootes	Boo	Februar – September
Delfin	Delphinus	Del	Mai – November
Drache	Draco	Dra	zirkumpolar
Dreieck	Triangulum	Tri	August – März
Eidechse	Lacerta	Lac	teilweise zirkumpolar
Einhorn	Monoceros	Mon	Dezember – April
Eridanus	Eridanus	Eri	Oktober – Januar
Fische	Pisces	Psc	August – Januar
Füchschen	Vulpecula	Vul	Mai – November
Fuhrmann	Auriga	Aur	Mai – Januar

Verzeichnis der Sternbilder

Füllen	Equuleus	Equ	September – Mai
Giraffe	Camelopardalis	Cam	zirkumpolar
Großer Bär	Ursa maior	UMa	zirkumpolar
Großer Hund	Canis maior	CMa	Dezember – März
Haar der Berenike	Coma Berenices	Com	Januar – August
Hase	Lepus	Lep	November – März
Herkules	Hercules	Her	März – Oktober
Hinterdeck	Puppis	Pup	Februar – April
Jagdhunde	Canes venatici	CVn	Dezember – September
Jungfrau	Virgo	Vir	März – Juli
Kassiopeia	Cassiopeia	Cas	zirkumpolar
Kepheus	Cepheus	Cep	zirkumpolar
Kleiner Bär	Ursa minor	UMi	zirkumpolar
Kleiner Hund	Canis minor	CMi	November – Mai
Kleiner Löwe	Leo minor	LMi	Dezember – Juli
Krebs	Cancer	Cnc	Dezember – Mai
Leier	Lyra	Lyr	April – Dezember
Löwe	Leo	Leo	Januar – Juni
Luchs	Lynx	Lyn	teilweise zirkumpolar
Nördliche Krone	Corona borealis	CrB	Februar – Oktober
Orion	Orion	Ori	November – März
Pegasus	Pegasus	Peg	Juli – Januar
Perseus	Perseus	Per	teilweise zirkumpolar
Pfeil	Sagitta	Sge	Mai – November
Rabe	Corvus	Crv	März – Juni
Schild	Scutum	Sct	Juni – Oktober
Schlange	Serpens	Ser	April – September
Schlangenträger	Ophiuchus	Oph	Mai – September
Schütze	Sagittarius	Sgr	Juli – September
Schwan	Cygnus	Cyg	Mai – Dezember
Sextant	Sextant	Sex	Januar – Mai
Skorpion	Scorpius	Sco	Mai – August
Steinbock	Capricornus	Cap	Juli – Oktober
Stier	Taurus	Tau	September – März
Südlicher Fisch	Piscis austrinus	PsA	September – November
Waage	Libra	Lib	April – Juli
Walfisch	Cetus	Cet	September – Januar
Wassermann	Aquarius	Aqr	August – November
Wasserschlange	Hydra	Hya	März – Mai

| Widder | Aries | Ari | August – März |
| Zwillinge | Gemini | Gem | Oktober – Mai |

Horizontbilder

Name des Sternbildes	Lateinischer Name	Abk.	Sichtbarkeit
Bildhauer	Sculptor	Scl	November – Januar
Grabstichel	Caelum	Cae	Februar
Kompass	Pyxis	Pyx	März – April
Luftpumpe	Antlia	Ant	März – April
Mikroskop	Microscopium	Mic	September – November
Ofen	Fornax	For	Januar – Februar
Taube	Columba	Col	Februar – März
Zentaur	Centaurus	Cen	Mai

Südhimmelbilder

Name des Sternbildes	Lateinischer Name	Abk.
Altar	Ara	Ara
Chamäleon	Chamaeleon	Cha
Fernrohr	Telescopium	Tel
Fliege	Musca	Mus
Fliegender Fisch	Volans	Vol
Indianer	Indus	Ind
Kleine Wasserschlange	Hydrus	Hyi
Kranich	Grus	Gru
Lineal/Winkelmaß	Norma	Nor
Maler	Pictor	Pic
Netz	Reticulum	Ret
Oktant	Octans	Oct
Paradiesvogel	Apus	Aps
Pendeluhr	Horologium	Hor
Pfau	Pavo	Pav

Verzeichnis der Sternbilder

Phönix	Phoenix	Phe
Schiffskiel	Carina	Car
Schwertfisch	Dorado	Dor
Segel	Vela	Vel
Südliche Krone	Corona australis	CrA
Südliches Dreieck	Triangulum australe	TrA
Südliches Kreuz	Crux	Cru
Tafelberg	Mensa	Men
Tukan	Tucana	Tuc
Wolf	Lupus	Lup
Zirkel	Circinus	Cir

Personenregister

Adams, John (1819 bis 1892) 206
Adamski, George (1891 bis 1965) 141
Airy, George Biddell (1801 bis 1892) 206
Aldrin, Edwin (geb. 1930) 166 f.
Al-Sufi (903 bis 986) 276, 304
Amenophis IV. (ca. 1340 v. Chr.) 152
Anderson, Carl D. (1905 bis 1991) 304
Apollodoros 36
Apollonius von Rhodos (295 bis 215 v. Chr.) 36
Aratos von Soloi (ca. 315 bis ca. 245 v. Chr.) 36, 64
Aristarch von Samos (ca. 310 bis ca. 230 v. Chr.) 114
Aristoteles (384 bis 322 v. Chr.) 102, 216, 224
Arkel, Hanny van (geb. 1983) 286 f.
Armstrong, Neil (1930 bis 2012) 163, 166 f.
Arnold, Kenneth (1915 bis 1984) 141
Arp, Halton (1927 bis 2013) 295 f.
Arrhenius, Svante (1859 bis 1927) 137, 184, 186
Barnard, Edward Emerson (1857 bis 1923) 230, 236
Bauersfeld, Walther (1879 bis 1959) 128
Bayer, Johann (1572 bis 1625) 37, 74
Bessel, Friedrich Wilhelm (1784 bis 1846) 124, 229, 242
Bethe, Hans (1906 bis 2005) 103
Biermann, Ludwig (1907 bis 1986) 144 f., 157
Bignami, Giovanni (geb. 1944) 256

Bode, Johann Elert (1747 bis 1826) 99
Brahe, Tycho (1546 bis 1601) 180, 216
Burney, Venetia (1918 bis 2009) 208
Campanella, Tommaso (1568 bis 1639) 176
Cassini, Giovanni Domenico (1625 bis 1712) 159, 202 f.
Challis, James (1803 bis 1882) 206
Chappe d'Auteroche, Jean-Baptiste (1722 bis 1769) 190
Chen Zhou (4. Jahrhundert) 38
Clark, Alvan G. (1832 bis 1897) 242 f.
Collins, Michael (geb. 1930) 166 f.
Curtis, Heber (1872 bis 1942) 283
Darquier, Antoine (1718 bis 1802) 258
d'Arrest, Heinrich Louis (1822 bis 1875) 206
da Vinci, Leonardo (1452 bis 1519) 170
Darwin, Charles (1809 bis 1882) 162
Darwin, George Howard (1845 bis 1912) 162
Delisle, Joseph N. (1688 bis 1768) 130 f.
Demokrit (5. Jahrhundert v. Chr.) 270, 284
Diodoros Sikulos (1. Jahrhundert v. Chr.) 72
Dirac, Paul (1902 bis 1984) 304
Dove, Heinrich (1803 bis 1879) 103
Drake, Frank (geb. 1930) 139
Dreyer, John Ludwig Emil (1852 bis 1926) 29

Personenregister 327

Eddington, Arthur (1882 bis 1944) 103
Einstein, Albert (1879 bis 1955) 104, 119 f., 135, 155, 182, 243, 302 f.
Eratosthenes (275 bis 195 v. Chr.) 36, 43, 54, 62, 64
Eudoxos von Knidos (ca. 408 bis ca. 355 v. Chr.) 36, 80
Everett, Hugh (1930 bis 1982) 306
Flamsteed, John (1646 bis 1719) 27, 132
Friedrich der Große (1712 bis 1786) 99
Galilei, Galileo (1564 bis 1642) 103, 122 f., 129 f., 161, 169, 195, 197 f., 201, 205 f., 235, 270, 276, 284
Galle, Johann Gottfried (1812 bis 1910) 206
Gassendi, Pierre (1592 bis 1655) 111
Gervasius von Canterbury (ca. 1141 bis ca. 1210) 226
Giotto di Bondone (1266 bis 1337) 133
Goodricke, John (1764 bis 1786) 253
Gould, Benjamin (1824 bis 1896) 266
Gruithuisen, Franz von Paula (1774 bis 1852) 169 f., 186
Haerendel, Gerhard (geb. 1935) 144
Hagen, Johann Georg (1847 bis 1930) 110 f.
Hall, Asaph (1829 bis 1907) 195
Halley, Edmond (1656 bis 1742) 98, 216
Hawking, Stephen (geb. 1942) 262
Herschel, John (1792 bis 1871) 266
Herschel, Karoline (1750 bis 1848) 132
Herschel, Friedrich Wilhelm (1738 bis 1822) 132, 204, 237, 270
Hesiod (ca. 700 v. Chr.) 36, 82, 238
Hess, Viktor (1883 bis 1964) 142
Hevelius, Johannes (1611 bis 1687) 38, 96 f.
Hill, John (1716 bis 1775) 98

Hipparch (190 bis 120 v. Chr.) 124
Hoffmeister, Cuno (1892 bis 1968) 254
Homer (etwa zweite Hälfte des 8. Jahrhunderts v. Chr.) 36, 82, 195
Horrocks, Jeremia (1619 bis 1641) 115
Houtman, Frederick de (1571 bis 1627) 38
Hoyle, Fred (1915 bis 2001) 136 f., 295
Hubble, Edwin (1889 bis 1953) 103, 250, 283 f.
Huygens, Christiaan (1629 bis 1695) 201, 203
Hyginus (64 v. Chr. bis 17 n. Chr.) 36, 43, 63 f., 73, 80
Itagaki, Koichi (geb. 1947) 250 f.
Jacob, William S. (1813 bis 1862) 147
Jan Sobieski III. (1629 bis 1696) 96
Kant, Immanuel (1724 bis 1804) 276, 283, 306
Karl II. (1630 bis 1685) 98
Kepler, Johannes (1571 bis 1630) 103, 114 f., 169, 181, 195
Keyser, Pieter Dirkszoon (1540 bis 1596) 38
Konon von Samos (ca. 280 v. Chr. bis ca. 220 v. Chr.) 43
Kopernikus, Nikolaus (1473 bis 1543) 102, 180, 182, 310
Kordylewski, Kazimierz (1903 bis 1981) 178
Kuiper, Gerard (1905 bis 1973) 215
Lacaille, Nicolas Louis de (1713 bis 1762) 38, 95, 98
La Galaisière, Jean-Baptiste Le Gentil de (1725 bis 1792) 189 f.
Lagrange, Joseph-Louis (1736 bis 1813) 214
Laplace, Pierre Simon de (1749 bis 1827) 262
Leavitt, Henrietta Swan (1868 bis 1921) 249 f.

Leibniz, Gottfried Wilhelm (1646 bis 1716) 306
Leverrier, Urbain (1811 bis 1877) 181, 206
Linde, Andrei (geb. 1948) 307
Lowell, Percival (1855 bis 1916) 192, 207f.
Ludwig der Fromme (778 bis 840) 176
Ludwig XV. (1710 bis 1774) 130f.
Lukian von Samosata (ca. 120 bis ca. 200) 169
Lyne, Andrew (geb. 1942) 147f.
Magellan, Ferdinand (1480 bis 1521) 280
Manilius, Marcus (1. Jahrhundert) 65, 79
Marius, Simon (1573 bis 1625) 129f., 276, 295
Maunder, Annie (1868 bis 1947) 156
Maunder, Edward Walter (1851 bis 1921) 156
Maximilian I. (1459 bis 1519) 224
Mayor, Michel (geb. 1942) 147
Messier, Charles (1730 bis 1817) 23, 28, 130f., 258f., 272, 295
Mercator, Gerhard (1512 bis 1594) 43
Miller, Oskar von (1844 bis 1934) 128
Montanari, Geminiano (1633 bis 1687) 253
Newton, Isaac (1643 bis 1727) 103
Olbers, Wilhelm (1758 bis 1840) 211
Ovid (43 v. Chr. bis ca. 17 n. Chr.) 36, 41
Palitzsch, Johann Georg (1723 bis 1788) 131
Papin, Denis (1647 bis ca. 1714) 95
Parsons, William (1800 bis 1867) 281f.
Peiresc, Nicolas Claude Fabri de (1580 bis 1637) 234
Penzias, Arno (geb. 1933) 293f.
Petit, Fréderic (1810 bis 1865) 177f.
Petron von Himera (5. oder frühes 4. Jahrhundert v. Chr.) 306

Piazzi, Giuseppe (1746 bis 1826) 211
Plancius, Petrus (1552 bis 1622) 94, 96
Plutarch (ca. 45 bis ca. 125) 169
Ptolemäus, Claudius (ca. 85 bis ca. 165) 36f., 51, 68, 94, 238, 253
Queloz, Didier (geb. 1966) 147
Riccioli, Giovanni Battista (1598 bis 1671) 185, 247
Rittenhouse, David (1732 bis 1796) 191
Römer, Ole (1644 bis 1710) 119
Schawinski, Kevin 286
Schiaparelli, Giovanni (1835 bis 1910) 191, 218
Schiller, Julius (? bis 1627) 98
Schmidt, Maarten (geb. 1929) 290f.
Schuster, Arthur (1851 bis 1934) 304
Schwarzschild, Karl (1873 bis 1916) 262
Semjenow, S. B. 222f.
Shapley, Harlow (1885 bis 1972) 283f.
Smoot, George (geb. 1945) 297
Snyder, Lewis 138
Swift, Jonathan (1667 bis 1745) 195
Swift, Lewis (1820 bis 1913) 218
Tombaugh, Clyde (1906 bis 1997) 207f., 210
Turner, Herbert Hall (1861 bis 1930) 208
Tuttle, Horace Parnell (1837 bis 1923) 218
Urban VIII. (1569 bis 1644) 176
Valerian (ca. 200 bis ca. 260) 217
Verne, Jules (1828 bis 1905) 113, 282
Vespucci, Amerigo (1441 bis 1512) 280
Vilenkin, Alexander (geb. 1949) 307
Voltaire (1694 bis 1778) 128, 195
Weizsäcker, Carl Friedrich von (1912 bis 2007) 103
Wells, Herbert George (1866 bis 1946) 192

Wickramasinghe, Chandra (geb. 1939) 136 f.
Wilson, Robert (geb. 1936) 293 f.
Witt, Gustav (1866 bis 1946) 213
Wolf, Max (1863 bis 1932) 128, 214, 237
Wright of Derham, Thomas (1711 bis 1786) 270
Wulf, Theodor (1868 bis 1946) 142
Zöllner, Johann Karl Friedrich (1834 bis 1882) 183

Sachregister

Abendstern → *Venus*
Achilles (Asteroid) 213 f.
adaptive Optik 107 f., 125
Adler 37, 233, 235
Agamemnon (Asteroid) 213 f.
Airglow 110 f.
Ajax (Asteroid) 213 f.
aktive Optik 107
Aldebaran (Stern) 17, 27, 32–37, 82 f., 227 f., 266
Algol (Stern) 32, 91, 252–254
Alioth (Stern) 248
Alkor (Stern) 87, 247, 312, 314
Alkyone (Stern) 238
Allgemeine Relativitätstheorie 104, 119 f., 182, 243, 275 f., 302
Almagest 36 f., 51, 94
Alpha Canis Maioris → *Sirius*
Alpha Centauri (Doppelstern) 230
Amalthea (Jupitermond) 236
Andromeda 23, 27–29, 31, 67 f., 276 f., 283, 295, 300, 304
Andromedagalaxie → *Andromedanebel*
Andromedanebel 28 f., 103, 118, 130 f., 250, 276–281, 283–285, 295, 300, 304 f., 307
Antares (Stern) 21, 63 f., 244 f.
Antennengalaxie 278
Antimaterie 100, 293, 304 f.
Antiteilchen 304 f.
Aphel (Sonnenferne) 157
Apochromat 316
Apogäum (Erdferne des Mondes) 175
Apollo 11 166 f.

Ap-Sterne 248
Arktur (Stern) 17, 22, 25, 53, 239
Aschgraues Mondlicht 170
Asteroid 125, 127 f., 162, 182, 196, 211–215, 220, 222, 225
Asterope (Stern) 238
Astrometrie 124 f.
astronomische Einheit (AE) 114 f.
astronomischer Frühling 75, 83 f., 120, 122, 150 f., 239
Atair (Stern) 22, 25, 50, 233 f.
Atlas (Stern) 82, 238
Augenprüfer → *Alkor*
Axion 300

Barnard 92 (Dunkelwolke) 235
Becher 40 f.
Bedeckungsveränderliche 252 f.
Bellatrix (Stern) 31, 33, 81 f., 228
Beteigeuze (Stern) 31–33, 81 f., 135 f., 227–229, 240 f., 299
Bildhauer 94 f.
Blazar 291
Blutegel 98
Bolid 221, 225
Bootes 17, 22, 25, 53, 88, 239
Brauner Zwerg 264–266
Brennweite 314 f.

Carina → *Schiffskiel*
Cassiopeia A (Überrest einer Supernova) 261
Celaeno (Stern) 238
Cepheid 231, 250
Ceres (Asteroid) 211 f., 215
Cetus → *Walfisch*

Sachregister 331

Chamäleon 38
Coma-Haufen 278
Crabnebel → *Krabbennebel*

Dark Sky 108
Delfin 54 f., 250 f.
Deneb (Stern) 17, 22, 25, 31, 62, 234, 237
Denebola (Stern) 18
Dobson-Teleskop 317
Doppelstern 188, 245–247, 251–253, 263, 282, 312
Drache 15, 22, 27, 31, 86 f., 233
Dreieck 27–29, 32, 96
Dreiecksnebel 28 f.
Dunkelwolke 110 f., 236 f., 271
Dunkle Energie 104, 301
Dunkle Materie 104, 267, 294, 298, 305

Eidechse 96
Einhorn 96
Einstein@Home 145
Eiszeit 155 f., 274
Ekliptik 16, 20, 26, 30, 84, 120 f., 159 f., 175
Elektra (Stern) 238
Ellipse 181, 216, 229, 266
elliptische Galaxie 278, 294
Elongation 179
Enceladus (Saturnmond) 204
Epsilon Aurigae (Stern) 253
Erdtrabant 178
Eris (Zwergplanet) 215
Eros (Asteroid) 212 f.
Eta Carinae (Stern) 245 f., 290
Europa (Jupitermond) 129, 198 f., 200, 204
Exoplanet 148, 186

Fernglas 18, 23 f., 28, 33 f., 123, 131, 161, 170, 198, 203, 206, 212, 230, 235, 237 f., 251, 258, 312 f.
Fernrohr → *Teleskop*
Fische 27, 32, 75, 77 f., 121 f., 134

Fixstern 18, 32, 36, 102, 114, 124 f., 175, 179, 206, 211, 230, 241 f., 273
Fomalhaut (Dreifachsternsystem) 25, 73
Fomalhaut A (Stern) 25
Fomalhaut B (Stern) 25, 73
Fomalhaut C (Stern) 25, 73
Friedrichs Ehre 98
Frühlingsdreieck 239
Frühlingspunkt 75, 83 f., 122, 239
Füchschen 96
Fuhrmann 17, 23, 27, 32, 41 f., 227 f., 253
Fulleren 269

Gaia (Raumsonde) 124 f.
Galaxie 277–288, 291, 295–299, 301, 303, 308
Galaxienhaufen 297, 303, 307
Galaxis → *Milchstraße*
Galaxy Zoo 286
Galileische Monde → *Jupitermond*
Gammablitz 249, 289 f.
Ganymed (Jupitermond) 129, 198
Geminga (Pulsar) 256
Gesichtsfeld 28, 217, 311 f., 315
Gezeiten 162, 172 f.
Gezeitenkräfte 198, 200, 240, 275, 278, 280, 285, 307
Giordano Bruno (Mondkrater) 226
Giraffe 96
Gliese 229 265
Gliese 229B 265
Gliese 581d 148
Gliese 581g 148
Gliese 710 230 f.
Gouldscher Gürtel 266 f.
Grabstichel 96
Granulen 152 f.
Gravitationslinse 299, 302 f.
Gravitationsphysik 135
Gravitationswelle 135 f., 145, 307
Große Konjunktion 78, 134, 180
Große Magellansche Wolke 280
Großer Attraktor 296 f.

Großer Bär 15, 36, 54, 80, 87f., 90f., 285, 287
Großer Hund 18, 32, 78f., 118, 241, 265f.
Großer Wagen 15, 17, 22, 27, 31, 53f., 87f., 90, 232, 247f., 281, 287, 310, 314
grüner Strahl 113f.

Haar der Berenike 42f.
Hagensche Wolke → *Dunkelwolke*
Hahn 98
Hale-Bopp 133, 144, 216
Halleyscher Komet 133, 216, 218
Halo 173f., 272f.
Hanny's Voorwerp (Hannys Objekt) → *IC 2497*
Hase 32, 79f., 265
Haumea (Zwergplanet) 215
Hektor (Asteroid) 213
Helioseismologie 154
Herbstpunkt 122
Herkules 17, 22–25, 55f., 254, 272
Himmelsäquator 75, 83f., 116, 120f., 150f.
Himmelsscheibe von Nebra 168, 238
Hinterdeck 43f., 98, 266
Hipparcos (Satellit) 124f.
Homunkulus-Nebel 246
Horizontbilder 94f., 324
Hubble (Weltraumteleskop) 73, 123, 146, 207, 211, 231, 234f., 246, 261, 264f., 277, 287f.
Hyaden (offener Sternhaufen) 34, 83
Hyakutake (Komet) 216
Hydra-Centaurus-Superhaufen 297
Hydraiden (Sternschnuppen) 220
Hypernova 290
HZ Herculis 254f.

IC 2497 (Galaxie) 286f.
Impakthypothese 163
Index Catalogue of Nebulae 286
Inflationstheorie 307

Internationale Astronomische Union (IAU) 38, 49, 88, 99, 211, 222
Io (Jupitermond) 129, 198

Jagdhunde 96, 281
Jahreszeiten 120f., 163, 192, 273, 292
Jungfrau 18, 22, 56f., 66, 239, 281, 290
Juno (Asteroid) 211f.
Jupiter (Planet) 160, 179f., 195–200, 202, 204–206, 208, 211, 214f., 225, 264f., 282
Jupitermond 123, 130, 198f., 236, 276, 312

Kallisto (Jupitermond) 129, 198
Kanopus (Stern) 266
Kapella (Stern) 17, 23, 27, 32f., 41f., 227f.
Karlseiche (Robur Carolinum) 98
Kassiopeia 17, 22, 27, 32, 89f., 235
Kastor (Stern) 39, 84f., 282
Kastor und Pollux → *Zwillinge*
Kepheus 17, 22, 27, 32, 68, 89f., 235
Kiel → *Schiffskiel*
Kleine Magellansche Wolke 249, 280
Kleiner Bär 15, 90f., 232
Kleiner Hund 18, 32, 45, 82, 85
Kleiner Löwe 17, 22, 33, 96, 286
Kleiner Wagen 12, 15, 22, 27, 31, 90, 108, 232
Kleinplanet → *Asteroid*
Kohlensack (Dunkelwolke) 236
Komet 97, 99, 125, 127, 130f., 132–134, 136, 138, 143–145, 157, 179, 204, 211f., 214f., 216f., 218f., 220, 222, 225f., 231, 273f., 312
Kompass 94f.
Konvektion 153, 155, 227
Korona 158–160
kosmische Hintergrundstrahlung 104, 294
kosmische Strahlung 142, 305
Krabbennebel 34, 259, 290, 317

Sachregister

Krebs 18, 33, 46, 49
Krebsnebel → *Krabbennebel*
Kreuz des Nordens 25
Kreuz des Südens 12, 236, 266
Krone 17, 22, 25, 46 f.
Kugel(stern)haufen 24, 131, 268, 272 f., 312
Kuipergürtel 210, 215

Lagrange-Punkt 178, 214
Laurentiustränen → *Perseiden*
Leier 17, 22–25, 31, 57 f., 233, 258 f.
Leoniden (Sternschnuppen) 164, 219 f.
Leviathan von Parsonstown (Teleskop) 282
Libration 171 f., 175
Lichtgeschwindigkeit 118 f., 262, 291
Lichtjahr 118, 228, 230, 300
Lichtsmog 108
Lichtstärke 311, 314 f.
Lichtverschmutzung 107–109
Lockman Hole 287
Lokale Gruppe 279, 280 f., 284 f.
Lokaler Superhaufen 281, 296 f.
Löwe 17 f., 22, 33, 43, 48 f., 219, 239, 286
Luchs 96
Luftpumpe 94 f.
Luftunruhe 106 f., 161, 189, 242

M 1 → *Krabbennebel*
M 13 (Kugelsternhaufen) 23 f., 272, 312
M 31 → *Andromedanebel*
M 32 (Begleitgalaxie des Andromedanebels) 28 f., 277
M 33 → *Dreiecksnebel*
M 42 → *Orionnebel*
M 45 → *Plejaden*
M 51 (Whirlpoolgalaxie) 281 f.
M 57 → *Ringnebel*
M 92 (Kugelsternhaufen) 24
Macho 299

Magnetar 248 f.
Magnetfeld 112, 143–145, 153, 155, 248 f., 260
Maja (Stern) 238
Makemake 215
Mare Imbrium 226
Mare Orientale 172
Mars (Planet) 35, 102, 114, 129, 180 f., 186, 191–196, 200, 202, 204, 207 f., 211, 213–215, 218, 225, 229, 240, 244 f.
Marsmond 195
Merkur (Planet) 35, 102, 114, 179, 181–184, 244, 257 f.
Merope (Stern) 238
Messier-Katalog 23, 28, 34, 131, 258, 272, 277, 295
Meteor 173, 217–222, 224
Meteorit 127, 137 f., 164, 218, 222–225, 269
Meteoroid 218, 222, 224–226
Mikroskop 38, 94 f.
Milchstraße 13, 18, 21–23, 25, 28, 55, 103, 105, 108–110, 123, 125, 138, 143, 234–236, 248–250, 261, 263, 266 f., 270–272, 274–280, 282–289, 291, 294–296, 299, 304 f., 307 f., 312
Mira (Stern) 32, 73, 254
Mirach (Stern) 28 f.
Mizar (Stern) 87, 247, 314
Molekül 137 f., 196 f., 210, 220, 236, 267, 269 f.
Mond 113, 136, 160–178, 186–188, 193, 225 f., 238, 261, 282, 292, 300, 311–313, 315
Mondfinsternis 163, 171 f., 177
Mondjahr 168
Monoceros-Ring 285
Moonblink 163 f.
Morgenstern → *Venus*

Neptun (Planet) 180, 204, 206–209, 214 f.
Neuer Stern → *Nova*

Neumond 120, 158, 168, 170, 175 f., 188
Neutrino 146, 157, 308
Neutronenstern 135, 145, 249, 255 f., 262, 289, 308
New General Catalogue of Nebulae and Clusters of Stars (NGC) 29
NGC 205 (Begleitgalaxie des Andromedanebels) 29
NGC 7000 → *Nordamerikanebel*
Nordamerikanebel 236 f.
Nordhimmel 38, 251
Nordpolbild 86
Norma-(Galaxien-)Haufen 297
Nova Delphini 250–252
Nova (neuer Stern) 133 f., 250–252, 259, 273, 283, 289

Oceanus Procellarum → *Ozean der Stürme*
Ofen 94 f., 288
Offener Sternhaufen 96
Olympus Mons 193
Oortsche Wolke 215, 231
optischer Doppelstern 245, 247
Orion 17, 31–33, 36–38, 81 f., 118, 135, 227 f., 234 f., 240 f., 266, 271, 288, 299
Orionnebel 32 f., 149, 234 f.
Oriontrapez 34
Ortszeit 116
Ozean der Stürme 161, 165, 170

Pallas (Asteroid) 211 f.
Panspermie-Hypothese 136 f.
parallaktische Montierung 315 f.
Parallaxe 124
Paralleluniversum 306
Patroclus (Asteroid) 213
Pelikannebel 237
Perigäum (Erdnähe des Mondes) 175
Perihel (Sonnennähe) 157, 182
Perioden-Leuchtkraft-Beziehung 250

Perseiden (Sternschnuppen) 217–220
Perseus 17, 27, 32, 91–93, 219, 252 f.
Pfeilstern 230
Phaethon (Asteroid) 220
Phoenix (Landesonde) 139 f., 193
physischer Doppelstern 247
Pistolenstern 263 f.
Planetarischer Nebel 23, 258 f., 308
Planetarium 128 f.
Planetesimale 149
Planetoid → *Asteroid*
Plejaden (offener Sternhaufen) 28, 34, 83, 131, 141, 238 f.
Plejone (Stern) 238
Plutino 209
Pluto (Zwergplanet) 208–210, 215
Polaris → *Polarstern*
Polaris Ab (Stern) 231
Polaris B (Stern) 231
Polarlicht 111 f., 157, 159
Polarstern (visueller Doppelstern) 12, 15, 22, 27, 31, 86, 90, 108, 231 f., 273, 287, 310
Pollux (Stern) 33, 85
Priamus (Asteroid) 213
Prokyon (Stern) 18, 32 f., 45
Proxima Centauri (Stern) 114, 230
Pulsar 135, 143, 145–147, 255 f., 260
Pulsationsveränderliche 254
Puppis → *Hinterdeck*

Quaoar (Asteroid) 215
Quasar 143, 291 f., 295 f., 303
Quasar 3C 273 290 f.

Rabe 18, 40 f.
Radiant 219
Radioteleskop 139, 185, 209, 270 f., 287
Reflektor 313, 315 f.
Refraktion 113, 151
Refraktor 313–316
Regenwurm 98

Sachregister

Regulus (Stern) 17, 48, 239, 286
Reiterlein → *Alkor*
Rentier 98
Rigel (Stern) 31, 33, 37f., 81f., 118, 227–229, 240
Ringnebel 23, 258f.
Röntgendoppelstern 263
Röntgenteleskop 297
Roter Riese 100, 104, 133, 251, 254, 257–259, 261, 269, 278, 304

So-102 275
So-2 275
Sagittariusgalaxie 285
Saiph (Stern) 228
Saturn (Planet) 35, 78, 97, 102, 114, 134, 160, 179f., 200–204
Saturnring 202
Schiffsheck → *Hinterdeck*
Schiffskiel 33, 44, 98, 246, 266
Schlange 22, 58f., 230f.
Schlangenträger 21, 25, 59f., 121, 230
Schmidt-Cassegrain-Teleskop 317
Schütze 21f., 25, 61f., 94, 138, 235, 263, 271, 275
Schwan 17f., 21f., 25, 31, 62f., 234f., 237, 252
Schwarzes Loch 100, 104, 123, 135, 143, 223, 254, 262–264, 271, 274f., 277, 287, 290f., 299, 303f., 308
Schwertfisch 38, 280
Segel 44, 98, 266
Sekundärstrahlung 143
SETI (Search for Extraterrestrial Intelligence) 139f.
SETI@home 146
Sextant 96
Shapley-Superhaufen 297
Shoemaker-Levy 9 197, 226
Siderius Nuncius 130
Siebengestirn → *Plejaden*
Sirius (Doppelsternsystem) 78, 241, 118, 241–243, 246, 266
Sirius B (Stern) 242f.

Skorpion 21f., 52, 63f., 187, 231, 244f., 266, 296
Sofia (fliegende Sternwarte) 126f.
Sofi-Brille 188f.
solare Röntgenstrahlung 187
Solarkonstante 157
Sommerdreieck 22, 25, 33, 233
Sonne 12, 18, 21, 24f., 32, 34f., 45f., 65, 75, 83f., 101–104, 109, 112–116, 118–124, 126–129, 133, 137f., 142–144, 147f., 150–161, 164, 167, 170, 172–177, 179–185, 186, 188–191, 198f., 216–218, 228–235, 238–249, 251, 253–259, 262–269, 271–275, 277f., 290, 294, 297, 300, 304, 308, 312f., 315
Sonnenfinsternis 119f., 158, 175f., 188, 298, 302
Sonnenfleck 130, 152, 154f., 182
Sonnenjahr 168
Sonnentag 115f.
Sonnenuhr 116
Sonnenwind 112, 144f., 156f., 158, 164, 217, 243, 257
spektroskopischer Doppelstern 247
Spiegelteleskop 103, 250, 314
Spika (Stern) 18, 22, 56f., 66, 239f.
Spinne 98
Spiralgalaxie 29, 103, 294f.
Steady-State-Theorie 295
Steinbock 22, 25, 71f.
stella nova → *Nova*
Stern von Bethlehem → *Weihnachtsstern*
Sternhaufen 28f., 34, 46, 83, 96, 131, 238, 259, 286, 311f.
Sternkarte 11–17, 20, 26f., 30, 62, 65, 82, 128, 250, 310, 320
Sternschnuppe 141, 215, 218–222, 224
Stier 17, 27, 32, 34, 82f., 227, 259, 290
Stringtheorie 306
Südhimmel 38, 230, 246, 280, 288
Südlicher Fisch 25, 72f.
Supernova 32, 34, 128, 133–135, 143, 149, 179, 240f., 245, 248, 256, 259,

260 f., 263, 266 f., 269, 274, 280, 290, 304, 308
Swift-Tuttle (Komet) 218 f.
Szintillation 106

Tagundnachtgleiche 84, 122, 150
Taube 44, 94
Taygeta (Stern) 238
Teleskop 24, 96 f., 106 f., 122 f., 126, 127–129, 131 f., 135, 143, 145–147, 150, 152, 154, 161, 167, 169, 187, 191, 195 f., 198 f., 201 f., 205–207, 210, 212, 217, 230 f., 235, 237 f., 242, 245, 247, 252, 255, 259, 265, 272, 275, 282, 284, 286, 302, 310–317
Terminator 167, 171
Teufelsstern → Algol
Theia (Asteroid) 163
Tierkreissternbilder 121
Tierkreiszeichen 121
Titan (Saturnmond) 203 f.
Toliman → Alpha Centauri
trigonometrische Parallaxe 229
Trojaner (Asteroiden) 213 f.
Tscheljabinsk 127, 223 f.
Tukan 38, 280
Tunguska-Ereignis 223

Überriese 32, 134 f., 229, 234, 240, 244–246
Ufo 140 f., 185, 223
Universum 100–105, 110, 114, 119, 125 f., 135, 137, 139, 143, 195, 229 f., 248, 250, 253, 267, 269 f., 273, 279, 281, 283, 287–289, 292–299, 301–303, 305–308
Uranus (Planet) 132, 180, 204–206
Urknall 100–102, 104, 129, 137, 267, 279, 281, 288, 292–297, 301, 305–308
Ursa Maior → Großer Bär

V 1500 Cygni 252
variable Sterne → Veränderliche
Vela → Segel
Venus (Planet) 35, 102, 114 f., 140, 179, 182, 184–191, 257 f.
Venusianer 185 f.
Venustransit 115, 188–191
Veränderliche 32, 38, 249, 252–255, 284
Vergrößerung 106, 161, 311, 315
Vesta (Asteroid) 212
Virgo-(Galaxien-)Haufen 18 f., 281

Waage 22, 49, 65 f.
Wagenradgalaxie 278
Walfisch 27, 32, 68, 73 f., 90, 139, 254
Wassermann 22, 25, 51, 73–75, 79
Wasserschlange 18, 33, 41, 48 f.
Wega (Stern) 17, 22, 25, 31, 57 f., 150, 233 f., 273
Weihnachtsstern 78, 133 f., 160, 179 f.
Weißer Zwerg 45, 100, 104, 133, 243 f., 248, 251 f., 257–260, 269, 304
Widder 27, 32, 83 f., 121 f.
Widderpunkt → Frühlingspunkt
Wintersechseck 33
WISE 0855-0714 (Brauner Zwerg) 265
Wolf 266

Zeitrechnung 117
Zeitzonen 116
Zentaur 49, 94, 230, 244, 266
Zerberus 99
Zodiakallicht 159 f.
Zooniverse 146
Zwerggalaxie 273, 280, 285
Zwergplanet 208–212, 215
Zwillinge 17, 33, 37, 39, 84 f., 204, 208, 220, 255, 282